U0385460

# 伟大的建筑

## 图解世界文明的奇迹

# 伟大的建筑

## 图解世界文明的奇迹

英国DK公司　编著　邢真　译

北京出版集团公司
北京美术摄影出版社

# 目录

## 1700 - 1900年



## 1900年至今

# 欣赏建筑

**建筑无所不在**，也是最大的人造结构之一。除农业之外，没有比建筑更加能够剧烈地改变地球表面的人类活动了。放眼全球，建筑的历史源远流长，有的甚至可以追溯到几千年前。从简单的木结构教堂到宏伟华丽的哥特式大教堂，从浮夸的宫殿到极简抽象派的现代主义别墅，建筑种类的多样令人目眩。

从某种程度上来说，建筑的多样性源于世界各地多姿多彩的文化传统。从古典到哥特，西方建筑的风格一脉相承，成为最有特色的传统之一，影响力极其深远。而其他文明的建筑，如中国、日本建筑及伊斯兰教建筑也同样令人赞叹。本书旨在为读者深入介绍不同文化传统中涌现出的最杰出的建筑，同时也探究了部分 20 世纪和 21 世纪的创新性建筑，它们的建造者打破了传统，极具国际视野。

虽然欣赏建筑是一种个人体验，但是知识越丰富的人，或者说更加了解建筑的人，往往能够发现更多的美妙之处。如同一位称职的向导站在身旁，本书为您带来环游世界 53 座伟大建筑的视觉之旅，它们是其所在年代和所属风格的最杰出代表。本书建议您以这样的方式来欣赏每座建筑——首先整体观察，接着慢慢地欣赏建筑外部，然后进入建筑内部，并仔细观赏每个细节。按照这种方法，您绝不会错过在精心布局、近乎夸张的郊区住宅中的房间连接方式，或者弗兰克·劳埃德·赖特的有机建筑是怎样实现空间的无缝接合的。您能够更加深刻地理解佛教寺庙的空间是如何体现信仰的实质，以及当代建筑中美术馆和写字楼的内部布局之不同。通过了解建筑的部件，您才能够欣赏建筑的全部——它们的历史和目的，它们对空间和形式的运用，以及令它们特立独行的迷人的细节，并忍不住赞叹它们的设计者、建造者和工匠们的匠心独运。

# 外部形式

任何建筑都存在于三维空间之中。从建筑外部观测，您所看到的是一个固态实体。结构的这一三维特性一般被称为形式，而建筑的形式对人们的观感有极大影响。无论建筑在环境中无比醒目还是与之融为一体，无论高耸入云还是紧贴地面，无论其正面是对称的还是不规则的，无论是否建造了内部庭院，这些都是建筑形式的不同方面。

## 紧凑或延伸形式

即使两座建筑有相似的建造目的，仍然会因为建筑的主人和建筑师的关注点不同而采用截然不同的建筑形式。以郊区住宅为例，部分住宅采用紧凑而对称的形式，以某个特色构件为中心——如柱廊或穹隆等。帕拉迪奥建造的别墅即是此类典范，庄重文雅，独门独户，但是占地面积相对较小，仅限于容纳少量人口。然而，另有一些郊区住宅呈现出完全不同的形式，巨大而张扬，建有侧厅、庭院、门楼和其他各种元素。巴黎城外的凡尔赛宫就是这样一座建筑。它的正面绵长而复杂，入口庭院面积广阔。这两类郊区住宅体现了两种大不相同的生活方式——帕拉迪奥别墅是文雅娴静的乡间僻静之所，而凡尔赛宫则支持着人数众多的王室及其服务人员的奢华生活。别墅之外，风景如画；而宫殿，则以无所不包的姿态成为风景的主宰。

## 形式与信仰

与前文中提及的两类郊区住宅所形成的强烈对比相似，宗教建筑的形式也是丰富多彩的。清真寺一般建有宽敞的祷告厅，有时覆以圆屋顶，耸立着一个或若干细长的尖塔；大型的清真寺还建有通向其他房间和建筑物的庭院。很多基督教教堂，特别是大教堂和修道院，会建造大量指向天空的尖顶、角楼和小尖塔，并且越高越好。与东方宗教有关的建筑，如佛教神殿，大多采用向心式结构，尽管也具备一个制高点，但是并没有哥特式大教堂那样的高耸、细长的尖塔。不同宗教建筑的不同结构是由它们的用途决定的。一座清真寺必须能够容纳一群信徒进行祷告，并且提供完成宣礼仪式的场所。而大教堂希望借助尖顶和宏伟的西侧大门将来访者的目光指引向天堂的方向，并且也引导人们进入前门和内部巨穴似的空间，这个空间足以完成游行圣歌仪式。另一方面，佛教神

◀▲ **差异巨大的住宅** 意大利的圆厅别墅（左图）平面紧凑、独立，以其圆屋顶为中心；而英国的布莱尼姆宫（上图）面积庞大，即使隔着广阔的公园，人们也能欣赏到它的美景。但是，两者也有相同之处：文雅、对称的立面，古典建筑元素的运用，形成了宏伟的气势。

▲▶ **舍利塔和尖顶** 婆罗浮屠（上图）舍利塔的阶地渐渐上升，并且越接近中心处越是狭窄。而与之形成对比的基督教教堂则试图通过建造尖顶强化建筑的高度感，如右图中的夏特尔大教堂，其尖顶被建在教堂的一端。

殿或寺庙则通过建造一系列低矮的阶地形式象征朝圣之路。朝圣者们必须徒步攀爬，每每抬头看到佛像雕刻，心中便会冥想佛祖的教义。

## 形式与效果

在进入一座建筑之前，最好先围绕着建筑物外围走一圈，这样便于观察建筑的形式，了解建造者的意图。大多数建筑的各个立面都是不同的。每个立面的形状和纹理，特别是背面和入口所在的正面，往往有惊人的不同之处。建筑外部的每个部分都会影响到建筑的整体效果。举例来说，城堡塔楼和摩天大楼在其所处环境中都是十分引人注目的，这也正是建造者展示自身实力的方式。实现这种令人驻足的效果有多种途径，比如在城堡塔楼上建造突出的角楼和阳台，在摩天大楼上加设缩进式结构来加强对比效果（缩进式结构指的是摩天大楼的尖塔部分采用分层缩进的方式向上延伸）。增加一些特色元素，如古典式门廊、入口和开窗设计，或者支撑拱券，都是为了突出效果。这些元素打破了建筑的固有形式，有时借助摩天大楼上的开窗或者中世纪大教堂外部成排的扶壁结构，能够在建筑外部创造出充满韵律的重复性，进一步增加了建筑的视觉变化效果。这些手法都可归于建筑的形式，并且成为建筑的特色。

◀▶ **塔楼** 在高耸的中世纪晚期建筑中，通过运用一系列突出结构，增强了建筑形式的复杂性和装饰性，如贝伦塔（左图）。相比之下，传统的摩天大楼形式是高塔形状，通过缩进式结构形成锥形效果。在一些建筑师的倡导下，如纽约克莱斯勒大厦（右图），这一形式被世界各地的摩天大楼广泛借鉴。

# 内部空间

在设计师眼中，建筑是一系列空间的组合。着手设计一座新建筑时，他们首先考虑的是结构必须实现功能，为这些功能设计空间，然后通过墙体、窗户和屋顶来定义空间。因此，不同建筑的内部特征往往大相径庭。

## 简单与复杂空间

从空间层面上来看，有些建筑可谓相当简单。开门进入后，一眼就能把整个内部空间收入眼底。典型的例子包括部分宗教建筑，如寺庙或大教堂，以及一些古代结构，如中世纪豪宅。在这些简单建筑中，居住者的饮食起居实际上都是在一个房间内进行的。但是，大部分的建筑仍然是多重空间构成的，有时分隔成若干个房间，有时通过建造拱券或相似的开口划分不同区域。宏伟的宫殿称得上是最复杂的建筑，如凡尔赛宫就拥有上百个房间，布局精巧有序。套房能够起到空间指引的作用。第一间一般是面积最大的，功能也最为正式，如用作谒见厅。最后一间房通常面积最小，也最为私密，主人可能会用它来接待关系亲密的朋友和同仁。这些空间的比例设置会影响到它们的功能。在古典建筑中，房间设置一般会采用单立方体或双立方体比例，另有一些会采用正圆形或遵循一些经典表达式，如黄金分割。这些潜在的几何学营造出了一种正式和有序的风格，与小型住宅或农舍式小别墅的随意形成对比。

## 秩序与重复

运用一系列相同尺寸和形状的重复元素是空间布局的另一种方式，如教堂或大教堂中的拱券、墩柱和窗户，这样的安排为结构强度增加了一种仪式感。特别是拱券，使得内部空间多出一个维度，从而某种趣味甚至神秘感油然而生。看到建筑内部的拱券时，人们会不由自主地想要穿过拱券，到另一侧一探究竟。拜占庭和哥特建筑的拱券结构为建筑增加

◀▲ **单一与多重空间** 左图所示为英国的国王学院礼拜堂，尽管木制屏风将空间一分为二，但是几乎整个内部仍然一览无余，无论是壮阔的扇形拱顶天花板，还是雕刻精美的座椅。尽管内部装饰精美华丽，但是从空间角度来说十分简洁。在大型宫殿建筑中，如上图的法国凡尔赛宫，很多房间的面积小于国王学院礼拜堂，但是一间间连接巧妙，吸引游客不断探究。无论是一抹抹浓墨重彩的画卷，还是透过门边可以窥到的画像，都令人意兴盎然。

了新的透视线，同时也是一种空间连接方式，比如在大教堂中连接功能不同的侧廊或小礼拜堂。即使大教堂的内部空间极其复杂，却总是存在一条通向圣坛的主轴。在很多教堂建筑中，通过内部延伸来强调这条轴线的存在，引导人们的目光穿过一排排的拱券和墩柱，最终落到圣坛上。法国的韦兹莱修道院和夏特尔大教堂即是这种结构。向心式是布置内部空间的另一种形式。很多古代教堂建有巨大的中央穹隆，如伊斯坦布尔的圣索菲亚大教堂，也有部分现代宗教场所采用相同结构，如巴西利亚的大教堂。

在上述例子中，内部空间的划分往往非常清晰明显，而在部分结构，特别是当代建筑中，空间是以一种更加流动的方式展开的。勒·柯布西埃喜欢运用自由平面，使得空间的连接更为自然，这一形式也常被弗兰克·劳埃德·赖特采纳。相互连接的空间、平缓的坡道、连接建筑内外的大阳台和屋顶平台是这种住宅的典型特征，部分现代公共建筑也运用了相似的内部布置。这些流动的内部空间丰富了房间的定义，展示了建筑的创意和精彩。

◀ **流动的空间** 罗马的MAXXI博物馆被建在形状怪异的基地上，内部的一条条走道和桥梁仿佛是流动的，不断上升、下沉，配合雪白而弯曲的内墙，创造出流动的空间，与传统艺术馆中的矩形房间形成了鲜明的对比。

▲▶ **空间组织** 进入法国的韦兹莱修道院（上图），一个个重复的拱券将游客的目光吸引到建筑的焦点——主圣坛。拱券勾勒出了正式而规整的空间。而侧面的拱券则引出了侧廊和小礼拜堂，令人感到这个建筑尽管巨大，却绝不单调。同样地，巴西利亚大教堂中也运用了强烈的重复形式，如著名的混凝土柱子，构成了建筑的主要结构元素。这种设计与韦兹莱修道院截然不同，聚合成中心的皇冠造型，强调了中央内部空间的宏大规模。

# 建筑细节

德国现代主义建筑师路德维希·密斯·凡德罗说过，“上帝就在细节中”，意思是建筑的方方面面，乃至最微小的细节，都是至关重要的。简单来说，只有一个宏观的想法是不够的：每一块石板是否被放置到了正确的位置，每一根玻璃格条是否安装到位，每一只门把手是否造型恰当，一位建筑师必须对每个细节有足够把握，并且细节与细节、细节与建筑整体之间相互协调，才能完成他或她的构想。建筑是各个细节发挥作用才能支撑起的整体，这一观点也是建筑学中极重要的一部分。

## 举例简述

对参观者来说，细细品味建筑的每一个细节——拱券、带雕刻的柱头、窗钩、彩色玻璃窗、壁画等——都能够得到巨大启发。从这些令人着迷的细节中，依稀可辨的是建造者的思想、建筑的用途，以及过往居住者的需求、生活和信仰。哥特式大教堂是华美的建筑细节的集大成者。能工巧匠们倾注了全部心血，希望在人间建造出他们心中天堂的模样，因此诞生了一件件令人惊叹的杰作。门口和柱头的雕刻、彩色玻璃窗、壁画以及唱诗班席位，这些形象化的细节将基督教故事中的场景带到人间，极具启发性。类似的丰富意象也出现在印度神庙和部分佛教神殿。虽然像伊斯兰教等宗教文化中不允许出现有代表意义的艺术表现，但是一些大型清真寺仍然会采用瓷砖等材料装饰出阿拉伯花纹图案或者铭刻《古兰经》经文，其华丽丝毫不逊于基督教大教堂或印度神庙。

## 风格与实质

住宅、宫殿或政府机构等世俗建筑也可以同宗教建筑一样，运用大量繁复的细节装饰。比如说，在宫殿的壁画中描绘其皇家赞助人的美德，或者用画像、雕刻或石膏工艺等手段展示主人的兴趣爱好，如家族纹章或狩猎场景等。无论是古典圆柱还是洛可可式石膏工艺品，很多细节也透露出了设

▲ **柱头** 罗马万神庙的每一处细节都传达出清晰的建筑风格，比如图中看到的科林斯柱头，体现了万神庙从古希腊传承下来的古典风格。同时，古典风格也被世界各地的建筑师继承并应用。

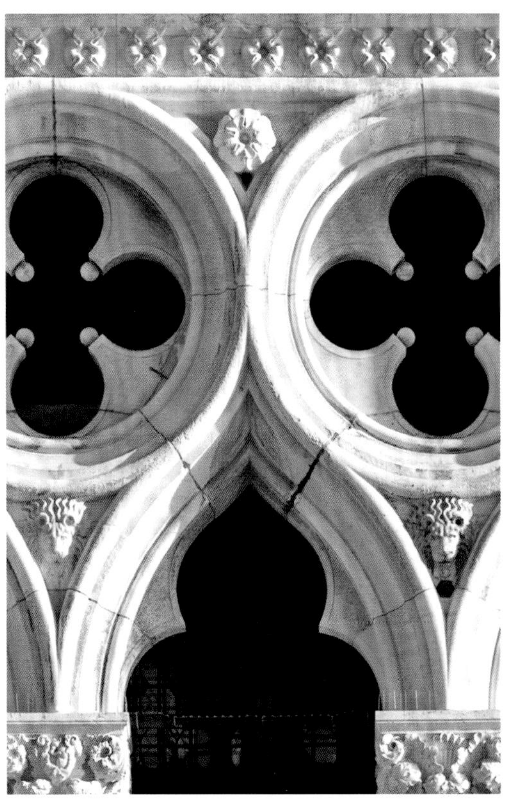

▲ **哥特式拱券** 意大利威尼斯的总督府拥有独一无二的哥特风格，建筑正面的拱券装饰精美、雕刻繁复，集中体现了威尼斯及其统治者的雄厚财力。

▲ **高棉浮雕** 装饰在高棉寺庙的浮雕表现了印度神话中的人物和故事，如柬埔寨的吴哥窟。由此可见，建筑是整个信仰体系的实物体现。

◀ **铁艺制品** 19 世纪，铸铁成为被广泛应用的结构或装饰材料。图中看到的是新艺术运动风格的建筑巴黎大皇宫，蜿蜒曲折的铁艺制品覆盖着支撑屋顶的巨柱和桁架。

计师的背景和兴趣。有些建筑师严格遵循古典建筑原则，有些则接受更具动感的巴洛克风格。装饰风格同时传达了建筑师对建筑风格与建筑用途的匹配性的看法。例如，在 19 世纪，人们普遍认为哥特式是建造教堂的理想风格，有助于营造虔诚的氛围；而古典风格更适用于市政厅等公共建筑，能够更好地体现市民或国家价值观念，唤起作为市民的自豪感。到 19 世纪末期，欧洲的建筑师们有意地摆脱过去风格的限制，并创造出了“新艺术主义”风格。不同于当时流行的复古风格，新艺术派从自然元素而不是历史中汲取灵感，如植物或皮鞭的弯曲形状。现代主义建筑则更进一步，有的甚至彻底摒弃任何装饰元素。但是即使如此内敛的结构，也具备生动的功能性细部特征，如精心设计的浴室配件、比例完美的门和窗，极具美感。

无论是最不起眼的一块地砖，还是嵌在高挑的拱形天花板顶点处带浮雕的凸起装饰石，任何建筑细节都极易被忽略，这着实不公。这些细微之处的美妙提醒着人们，伟大的建筑不仅是瑰丽的艺术品，更是数不清的建造者、设计师、工匠们的辛勤劳动和创造。从气势恢宏的宽广立面，到细微精巧的窗孔雕刻或图案，建筑散发出无穷魅力，令人赏心悦目。

◀ **米哈拉布** 图中看到的精美华丽的壁龛位于伊朗的伊斯法罕皇家礼拜寺中，指向圣城麦加，因此在祷告进行时会众必须朝向米哈拉布。

▲ **彩色玻璃** 在大部分建筑中，色彩都是极其重要的元素。在法国的夏特尔大教堂中，透过色彩艳丽的玻璃窗，阳光倾泻而入，使室内充满耀眼的光芒。

# 公元前2500–1100

# 大金字塔

约公元前2560年 ▪ 皇家陵墓 ▪ 埃及，吉萨

## 建筑师未知

大约公元前2600年到公元前1800年间，古王国和中王国时期的埃及统治者修建了大量皇家陵墓——金字塔，这也是世界上最早的大型纪念碑式结构。其中最壮观的要数胡夫金字塔、海夫拉金字塔和门卡乌拉金字塔。这三座金字塔耸立在开罗以西的吉萨，其中胡夫金字塔规模最大，又被称为大金字塔。

古埃及人为什么要选择金字塔作为他们的法老的陵墓？个中原因不得而知。有人认为金字塔的形状像发散的太阳光芒，因此代表了古埃及人所崇拜的太阳神；也有人认为金字塔是为法老建造的天梯，以便他登上天堂；还有人认为金字塔的形状模仿了埃及创世神话中的“神圣沙丘”。无论如何，金字塔的形状对法老们显然意义重大。他们调动了极大的人力物力，搬运成千上万的石块——有的石块甚至重达 15 吨——砌成高达 146 米的结构，而结构内部仅有一间陈列皇室石棺的小室。大金字塔底部的水平差距只有 2.1 厘米，巨石垒砌的精确程度十分惊人。

大金字塔原本属于一个大型墓葬群，但是墓葬群的大部分早已消失。大金字塔并不是孤立的建筑，在尼罗河岸边有一座小庙，用于停放国王的遗体，通过一条堤道与陵墓所在地连接，另外在国王的大金字塔周围还建造了一座祭庙和若干用于供奉国王几位妻子的小金字塔。在大金字塔内部，除了处于核心的国王墓室，还有其他房间、通道、竖井，这些内部构造设置巧妙，但是它们的预期用途却不为人知。沙漠中若隐若现的大金字塔虽然看似结构简单，但是它的壮观和神秘却散发着永恒的魅力。

### 胡夫

约公元前2609—公元前2560年

埃及第四王朝法老，王朝的第二位统治者，其父是第四王朝的缔造者斯尼夫鲁。斯尼夫鲁法老在位约50年，在美杜姆和达舒尔建造了三座金字塔。胡夫在年约20岁时登上王位，大约统治了23年，但是具体年份已不可考。历史上对胡夫的记载极少，只留下了暴君的恶名，并且可能远征过努比亚和利比亚。胡夫的全名是库努姆-胡夫，意思是“库努姆神保护我”——库努姆神是控制尼罗河泛滥的神明。尼罗河每年的泛滥期长达三个月，这期间无法从事农业劳动，胡夫便命令周围的10万农业工人聚集到吉萨并提供食宿，为他建造金字塔。

# 视觉之旅

1

▲ **砌体** 金字塔塔身的主要部分用巨大的石灰岩石块砌成。这些石灰岩产自当地的采石场，平均重达约 2.5 吨。因为有些石块被牢牢垒砌在塔的内部，所以无法测得准确的数字。建造者们将外形粗糙的石块砌成水平层列，用石膏灰泥黏合在一起，并填补缝隙。

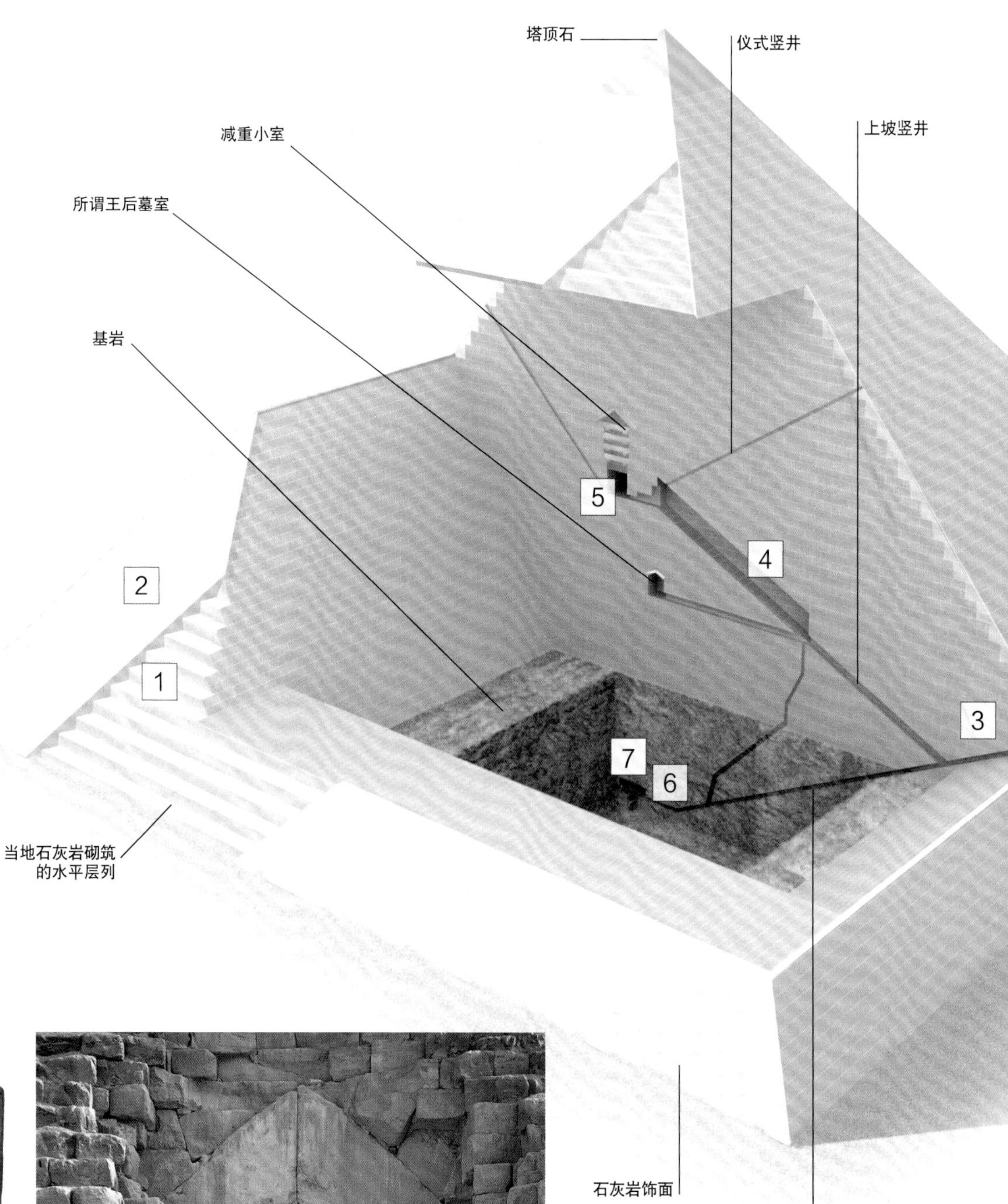

2

▲ **石灰岩外壳** 大部分的金字塔白色石灰岩外壳已不复存在，并回收用于其他建筑。这种高质量的岩石产自吉萨以南的图拉，位于尼罗河另一侧（现在的开罗和阿勒旺之间）。为了开采到这种白色石灰岩，采石场的工人必须挖掘到地下深处。虽然开采费力，但是石头的品质却令人欣喜。建造者可能使用了滑车将石料运抵现场，并借助坡道和杠杆将沉重的石块安装到位。

3

◀ **入口** 金字塔入口上方布置了两对巨石，用来分担上方砌体的重量。虽然现在该入口清晰可见，但是当时安葬法老时却是被隐藏在视线之外的。入口位于金字塔中轴线以东 7.3 米处。一条狭窄的通道由入口开始，穿过金字塔的核心部分，直达底部基岩，与一间地下小室相连，建造者原本可能计划在此安葬法老遗体。

▲ **大走廊** 通往国王墓室的上坡通道原本十分狭窄，到达大走廊处突然豁然开朗，形成一个高 8.74 米、长 46.7 米的空间，气势宏大，令人赞叹。大走廊的侧壁修建着向内的托臂，形成越向高处越尖细的空间，同时墙壁上还开凿了一系列孔洞，可能是为了固定支撑巨石的木梁。一旦法老入葬后，工人们可以移除这些木梁，巨石便可向下滑落，封住上坡通道。

▲ **国王墓室** 法老的墓室中镶嵌着巨大的红色花岗岩，包括 9 块横跨 5.5 米宽的屋顶的大石板。金字塔竣工后，这些天花板石板上出现了裂缝，于是石匠们直接在墓室上方修建了一系列减重功能的小室。在墓室一端，停放着法老的石棺。石棺也是用红色花岗岩制成，但是墓室中的其他物品已被盗墓者洗劫一空。

## 设计

金字塔的设计谜团重重，其中之一就是狭窄、笔直的竖井的作用。这些竖井分别以国王墓室和其下方的未完成墓室，即所谓的王后墓室为起点，沿相似的方向向金字塔外部延伸，但是未完成墓室的竖井并没有到达塔外。关于这些只有约 20 平方厘米的极窄的竖井，埃及古物学家过去曾经认为是“通风井”，但是当今的学者认为它们是为了某种仪式而建造的。这些竖井指向一些特定的星星，可能是帮助国王的灵魂升到天堂的通道。

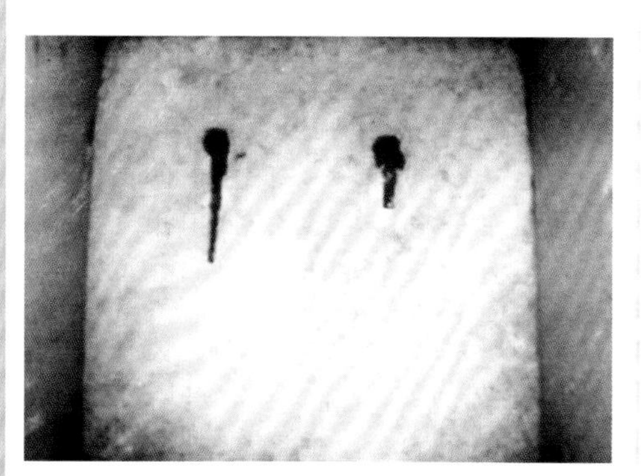

▲ **被堵塞的竖井** 研究人员曾经将机器人摄影机放进竖井里，发现被一块石灰岩堵塞，并且岩石上还有两枚铜针。竖井中出现石块的原因至今未明。

▲ **地下小室** 这间小室被开凿在金字塔以下 30 米的基岩中，内部绘制的象形文字据说意为胡夫的姓名。一条长达 58.5 米的笔直的下坡通道穿过了金字塔的石灰岩核心部分和基岩后，与小室相连。按照当时的习惯，法老的墓穴一般被设计在地面附近或以下的位置，因此可能建造者原计划将这间地下小室作为胡夫的墓室。然而，这里从未完工。

▲ **吊闸** 胡夫法老安葬完成后，工人们小心地封闭了国王墓室，以防盗墓者破坏。他们将 3 块厚重的花岗岩石板缓缓降下，堵住大走廊和国王墓室之间的通道。据推测，为了将石板放置到位，工人们在国王墓室的入口上方凿出若干细槽，并且使用了绳索等工具。

## 环境

吉萨的石灰岩高原坡度平缓，适宜建造大型建筑结构。一方面石头开采方便，另一方面开建前的地基找平也相对不太困难。埃及第四王朝的法老们为自己主持建造的 3 座大金字塔可谓煞费苦心。金字塔的正面朝向正北，同时金字塔、祭庙和附近其他建筑也似乎是根据某种至今仍不能确定的天文意义而精确排列的。

▲ **金字塔复合体** 于吉萨的 3 座大金字塔因被精确地排列在一条直线上，所以是以完全相同的角度迎接阳光的照射的，气势磅礴的光和影的交汇令人惊叹不已。

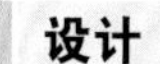

# 帕特农神庙

公元前447—公元前438年 ▪ 希腊，雅典

## 卡利特瑞特，伊克提诺斯

公元前5世纪中期，雅典已经成为希腊最强盛的城邦，也是整个古代世界的主要文化中心之一。公元前447年，雅典人在卫城（可以俯瞰雅典的一座山峰）着手重建在与波斯帝国的战争中被毁坏的旧神庙，其中最大的一座就是用来供奉雅典的守护女神雅典娜的帕特农神庙。在神庙的心脏位置，即被称为内堂的神龛中，竖立着一座用象牙和黄金铸成的巨大神像。

凭借无与伦比的完美比例和装饰雕刻，帕特农神庙很快就成为最著名的希腊神庙，它的建筑师也名声大噪，成为众人效仿的对象。卡利特瑞特和伊克提诺斯改良了最简单的希腊柱式（见第23页）——多立克柱式，引入了非常少见的雕刻式檐壁，围绕着整个建筑。他们还运用了一些视觉校正技术，使得建筑比例看起来完美和谐。神庙所在的地基凸起，而柱子则略微倾斜，在两者的同时作用下，使得整座建筑看起来是绝对垂直的。

帕特农神庙的作用并非仅限于宗教活动。1687年，威尼斯军队入侵雅典，当时统治着希腊的土耳其人用它来储备武器和炸药。威尼斯人的攻击引爆了神庙，整个建筑几乎毁灭殆尽，他们逃走时甚至还窃取了大量雕像。至19世纪早期，英国大使埃尔金勋爵收集了很多剩余雕像，后被保存在大英博物馆。尽管希腊希望有朝一日收回这些艺术作品并已经为此建造了新的博物馆，但始终未果。虽然帕特农神庙如今仅剩断壁残垣，但它依然是世界上最令人赞叹的建筑之一。

### 环境

在帕特农神庙建成之前，雅典卫城已是有千年历史的重要宗教场所。除了卫城中最引人注目的帕特农神庙，希腊人在公元前5世纪还建造了3座大型建筑：两座神庙，即伊瑞克提翁神庙和雅典娜胜利女神神庙，以及壮观的卫城入口　山门。这些建筑在希腊历史及神话中占据着中心的地位——有些被波斯人毁坏的古建筑仍保持着原貌，而伊瑞克提翁神庙的建造位置正好就是传说中雅典娜女神和海神波塞东为争做雅典保护神而争斗的地方。

▲ **雅典卫城**　最引人注目的建筑就是帕特农神庙。

# 视觉之旅

▲ **多立克柱式** 神庙的外围柱子采用了多立克柱式，柱身带凹槽，顶部是未经雕琢的方形石板，被称为柱顶石。在地中海地区强烈的阳光下，简洁的造型极易捕捉光线，令每个设计细节一览无余。柱顶石上方的水平石条构成了神庙檐部，较朴素的一条被称为柱顶过梁，修饰略多的被称为檐壁。

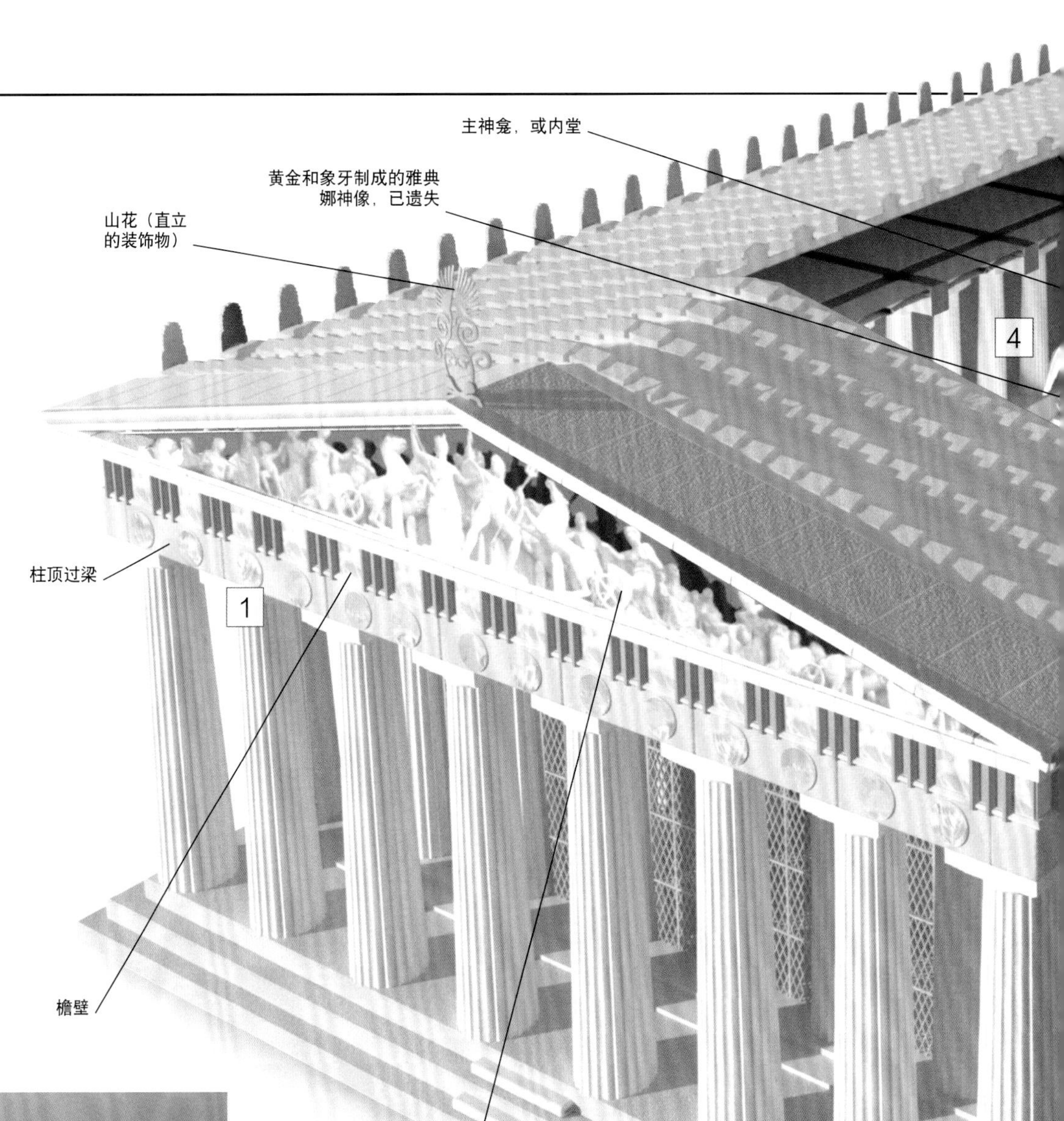

▲ **南部檐壁** 神庙的檐壁由交替出现的三叠板和名为“柱间壁”的浅浮雕构成。虽然大部分柱间壁已经被移除，但是还有少量幸存下来，包括上图所见，表现了希腊的拉皮斯人与人头马（centaur，一种人首马身的神兽）之间的战斗。这些雕刻意在歌颂希腊文明对野蛮蒙昧的胜利。这些作品出自伟大的雅典雕刻家菲狄亚斯及其学徒之手。

▼ **西端柱间壁** 神庙西端的柱间壁描绘了雅典人与传说中的女战士族亚马逊人之间的战斗场面。相同的主题也被雕刻在女神所持的盾牌上，可见在供奉雅典娜女神的神庙中，该主题的地位异常重要。同样地，希腊人在与亚马逊女战士的战争中也取得了胜利。

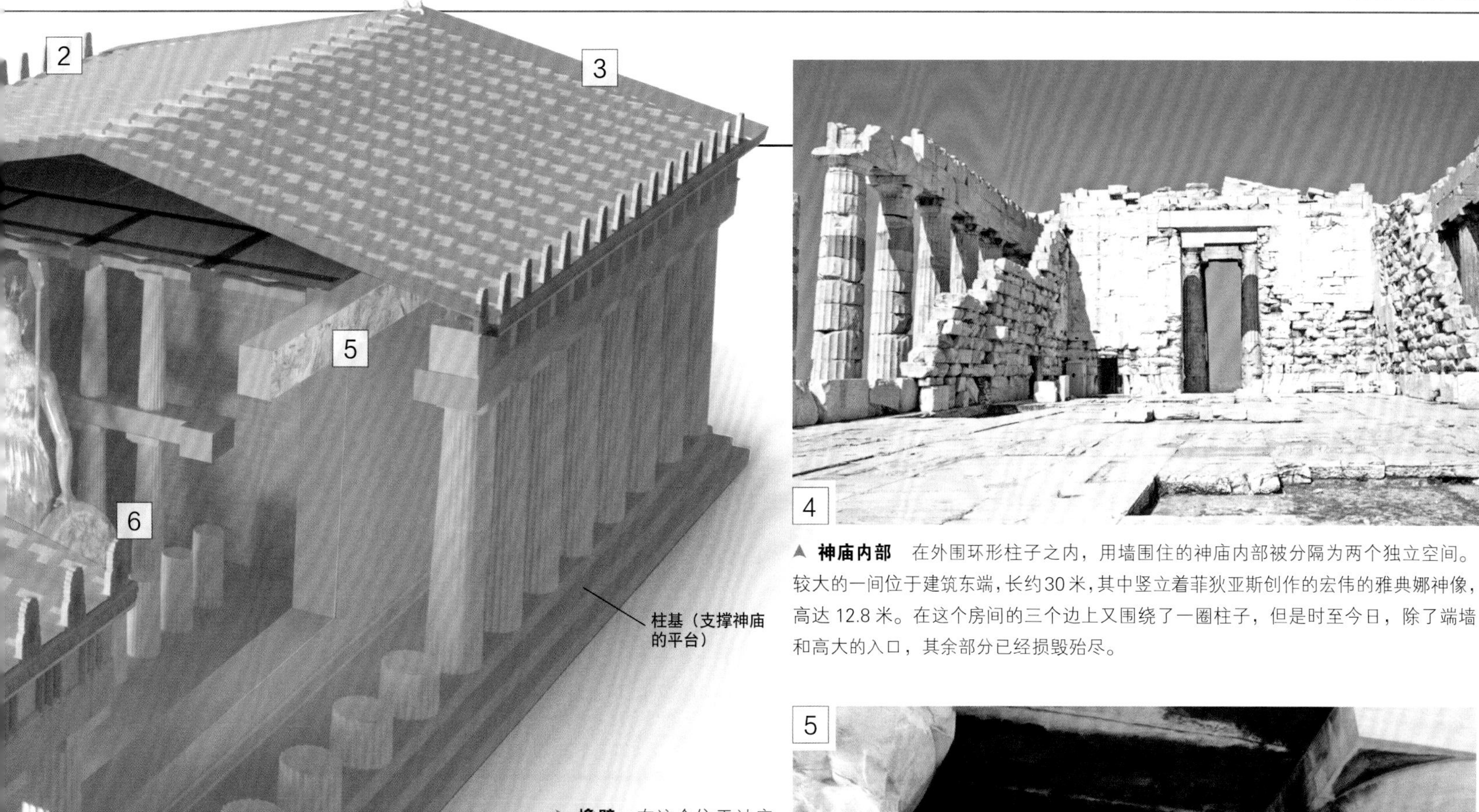


▲ **神庙内部** 在外围环形柱子之内，用墙围住的神庙内部被分隔为两个独立空间。较大的一间位于建筑东端，长约30米，其中竖立着菲狄亚斯创作的宏伟的雅典娜神像，高达12.8米。在这个房间的三个边上又围绕了一圈柱子，但是时至今日，除了端墙和高大的入口，其余部分已经损毁殆尽。

▶ **檐壁** 在这个位于神庙内部的檐壁上，表现了雅典人向雅典娜女神敬献贡品的游行场面。这个活动可能属于泛雅典娜节的一部分。泛雅典娜节每四年举行一次，包括宗教祭祀、竞技比赛以及各种文化活动。部分游行人群拿着由雅典的妇女制作的特别的绣袍，敬献给神庙中的雅典娜神像。

▲ **帕特农神庙的重建图** 再现了如今已不复存在的神庙内堂、神像及其他雕刻品。

▲ **柱廊** 在神庙的柱廊中，转角处的柱子间距略微小于其他位置的柱子间距。这种细微的不规则设计使得建筑正面看起来更富于变化和韵律感。

## 结构

古希腊人在建造神庙、纪念碑和其他类型建筑的过程中，发展出了一系列不同风格的建筑，称为“柱式”，包括柱子及柱子所支撑的结构的设计。常见柱式共有三种，分别规定了若干特定的建筑元素。这些柱式被后来的罗马人及其他文明不断改进，产生了深远的影响。

多立克柱式是其中最早、最简单的柱式，柱身雕刻着凹槽，顶部有两块极其朴素的石块——尖顶渐渐变细的柱帽和方形的柱顶石。爱奥尼柱式略微华丽，柱头装饰着螺旋形的涡卷。科林斯柱式出现最晚，也最为华丽，柱头雕刻着弯曲的莨苕植物叶片形装饰。爱奥尼柱式和科林斯柱式带有柱础，即柱子和地面之间有一块较宽的部分，而多立克柱式通常没有柱础。

# 罗马斗兽场

69—81年 ▪ 圆形竞技场 ▪ 意大利，罗马

## 建筑师未知

在古罗马时期，最流行的娱乐项目也许就是角斗士表演了。参加的角斗士要与一只猛兽（如狮子和老虎）搏斗直到一方死亡为止，也有人与人之间的搏斗，而圆形竞技场就是举办此类活动的场所。竞技场一般规模宏大，一排排的观众席围绕着表演场地层层升起，中央表演区用浸着牺牲者鲜血的沙子覆盖，并且以此命名。罗马斗兽场是规模最大的圆形竞技场，由韦斯巴芗皇帝（69—79年）下令修建，在其子提图斯在位期间（79—81年）建成。

罗马斗兽场也叫做大斗兽场，可能是因为靠近尼禄皇帝的巨型雕像，不过建筑本身也确实极其庞大、壮观——这座巨型的椭圆形建筑长轴是188米，短轴156米，观众坐席达到55000个。从外部看，斗兽场的椭圆形外墙共分四层，下方是三圈环形拱廊，每层有80个拱，最上方则是实墙，外墙正面由石灰华构成。底层的圆拱通向入口通道和楼梯形成大型网络，这样保证了数量庞大的观众能够迅速找到自己的座位并且视野不受妨碍。观众的石质座位是由拱顶支撑的，而楼梯就位于拱顶下方。

建造罗马斗兽场的工程量浩大。仅仅正面的石灰华的用量就多达10万立方米，另外还使用了不计其数的混凝土建造地基和拱顶，以及构成隐蔽墙的砖块和凝灰岩。尽管接近一半的外墙早已斑驳，但是这丝毫不会影响整座建筑的气势。不论是复杂的入口通道、场内区域，还是墙壁、拱券以及拱顶的设计，都足以展示出工程的宏大规模和娴熟的建筑技巧。

**韦斯巴芗皇帝**

约9—79年

韦斯巴芗是一位成功的军事领袖。43年，他参加了罗马入侵不列颠战役；66年，他又平定了犹太叛乱。68年，韦斯巴芗身在耶路撒冷，残暴的尼禄皇帝自杀后，陆续有几位不成气候的皇帝攫取了皇位。在接下来的几年中，韦斯巴芗赢得了军队和元老院的支持，被推举为皇帝。韦斯巴芗是个实干家，是一位充满热情的建设者。他主持建造了罗马的克劳狄乌斯神庙及和平神庙。同时作为一位精明的政治家，他明白要巩固地位必须要取悦罗马人民，于是选择在尼禄其中一座宫殿的人造湖旁边修建罗马斗兽场，作为市民的娱乐中心。这一选址意味深长，它向人们宣告了令人憎恨的尼禄暴政结束了。韦斯巴芗死后，他的儿子继承了皇位，并完成了罗马斗兽场的建设。

# 视觉之旅

▲ **正面** 在罗马斗兽场外部，半圆形拱券的两侧用不同风格的古典柱式装饰，底层采用最简单的塔斯干柱式（罗马人的发明），中间一层用爱奥尼柱式，上层用华丽的科林斯柱式，柱头雕刻着弯曲的莨苕叶饰。这种顺序也遵循了大多数古典建筑常见的等级划分模式（见第 23 页），即最底层采用最简单的柱式，而最高层采用最华丽的柱式。上两层的拱券中间原本有雕像，但现在已不复存在。

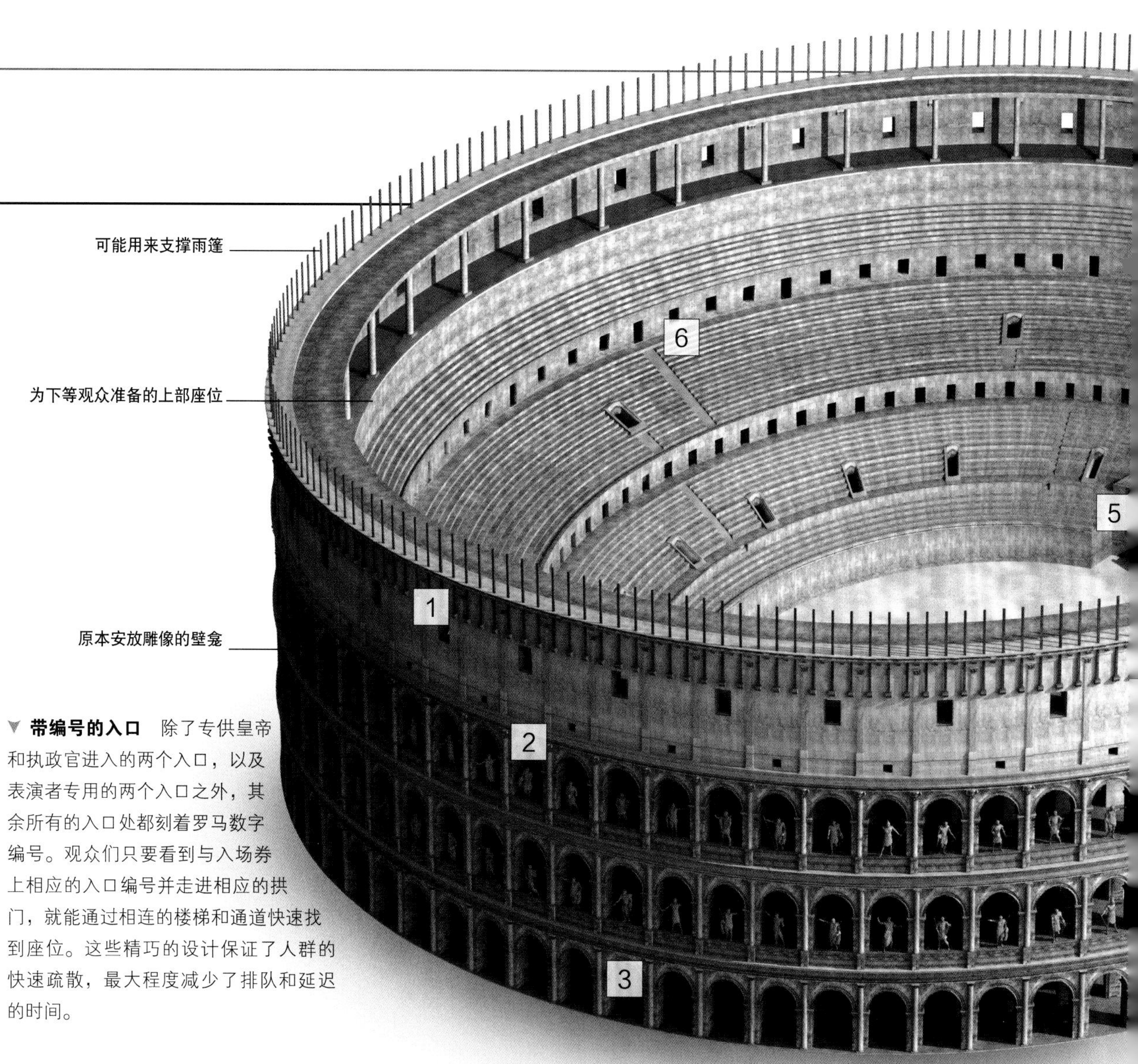


▼ **带编号的入口** 除了专供皇帝和执政官进入的两个入口，以及表演者专用的两个入口之外，其余所有的入口处都刻着罗马数字编号。观众们只要看到与入场券上相应的入口编号并走进相应的拱门，就能通过相连的楼梯和通道快速找到座位。这些精巧的设计保证了人群的快速疏散，最大程度减少了排队和延迟的时间。

▲ **钩孔** 为了将建筑正面及其他各处的石块连接起来，建造者动用了总计重达 300 吨的铁钩。在后来的文艺复兴时期，大部分石头被移走并重新使用，而这些结构表面的孔洞正是原先铁钩的位置。

▶ **环形走廊** 座位下方有四道环形走廊围绕着整个竞技场，连接起各个通道和楼梯。走廊中分布着巨大的拱券——拱券这种结构虽然不是罗马人的发明，但是它的作用却在罗马人手中发挥到了极致。拱券被广泛应用在各种大型工程结构中，如渡槽或者圆形竞技场。罗马竞技场的拱券结构支撑着上方观众席的巨大重量，同时为下方的走廊留出了足够的底面积。由于环形走廊的设计，空出了宽敞的空间，表演的组织者能够通过最高效的路径引导观众。

科林斯式圆柱

爱奥尼式圆柱

塔斯干式圆柱

4

7

**扩展**

考古学家认为，罗马斗兽场底部的大型场地中安装了抬升兽笼的机械装置，使得猛兽能直接冲入场内。另外，还安装了控制活板门和升起舞台的绞盘机。在意大利南部的卡普阿·维特莱，一座圆形竞技场的内部保存较完好，至今能看到完整的场地地板和活板门。这些活板门有的安装在走廊上方，可能是供角斗士使用；有的与兽笼的升降装置相连。

▲ **卡普阿·维特莱的圆形竞技场** 这座竞技场安装了64个活板门，估计罗马斗兽场的活板门数量更多。

▶ **阶梯** 大量的内部楼梯形成了坐席下方的主要结构，因此也得以保存。这些保存完好的结构直接与一层层的座位相连，连接处修建了开口或接入点，叫做“vomitoria”，意为“吐口”（与“呕吐”无关），是用来疏散观众的快速通道。

5

▶ **席位** 罗马斗兽场中原本的座位已全部消失，但是考古学家通过残留的碎片重建了部分“骑士席位”（maenianum secundum immum），即第二等席位。每个座位高44厘米，宽61厘米，为了便于走动，石块铺成的台阶在席位分区的较远侧。罗马元老们的席位在最底层的指挥台上，离表演场地最近。不同于其他席位，指挥台上没有安装座位，元老们可以使用自己的凳子或椅子。

6

7

◀ **表演场下方** 在表演场地下层，是由一系列通道、小房间或密室构成的庞大网络。角斗士们就在这些小房间里等待出场。另外有32间带拱顶的小房间，一般认为是关押猛兽的地方。这些结构的砌石也有支撑场地地板（可能是木地板）的作用。场地下方的结构在古罗马时代经历了几次调整，但是大部分时期，有可能都安装了用来升起活板门或为其他机械提供动力的设备，如供角斗士使用的坡道或楼梯。

M·AGRIPPA·L·F·COS·TERT

# 万神庙

约110—124年 ■ 神庙 ■ 意大利，罗马

## 建筑师未知

坐落在罗马的万神庙是整个罗马地区保存最完好的神庙，以其宏伟的门廊和穹隆著称。特别是巨大的圆形穹隆，不仅是当时最大的此类结构，甚至直到今天也是世界上最大的无钢筋混凝土穹隆。万神庙是在一处被火灾毁坏的寺庙旧址上建造的。历史学家原本认为万神庙是出自哈德良皇帝（统治期117—138年）和他的建筑师的手笔，但是最近有考古学发现显示，万神庙的部分砖块早于哈德良统治时期，所以可以认为，图拉真皇帝（统治期117—138年）在位期间就已经开始建造万神庙，最终在哈德良时代完工。

大部分罗马神庙是长方形结构，柱子环绕方式与希腊神庙相似，如帕特农神庙（见第20—23页）。但是万神庙是与众不同的。与门廊相连接的是一个长方形前厅，前厅后面是一个比例完美的圆形大厅，直径和高度都是43.4米，即150罗马尺。为什么要将万神庙设计成不合常规的球形，其中原因不得而知。由于万神庙供奉的是所有神明，所以可能用圆形象征和谐统一。

除了精美绝伦的大穹隆和独特的比例结构，万神庙的保存完好程度也令人称奇。进入公元纪年后，万神庙成为一座教堂，因此得到了很好的保护。大部分罗马建筑曾遭到部分建材被拆除并另作他用的厄运，但是万神庙幸免于难，甚至连内部的大理石外饰面都未动分毫。万神庙的影响极其深远，特别是数不清的有穹隆屋顶和古典门廊的建筑都是受到了万神庙的启发。

### 结构

建造万神庙穹隆的材料是混凝土，这是一种被罗马人大量使用的建材，特别是用于建造拱顶、穹隆和弯曲的墙体等结构。万神庙的穹隆是古代建筑中最令人赞叹的屋顶结构之一，外部朴素坚实，内部优雅高贵。

穹隆设计精巧，其外壳边缘厚重，越往高处越薄，上部分的厚度只有1.2米。为了突出顶部的轻盈，设计师在顶部使用的是混凝土混合石灰华和浮石，而不是底部使用的混凝土混合石灰华和砖块。这种独特的设计减轻了穹隆的重量，从而最大限度地减轻了承重墙受到的强大压力。穹隆最顶部开出了一个圆形的孔洞，即眼窗，自然光线能够照射进万神庙的核心部位。

▲ **穹隆** 从上方俯视，可以清楚地看到穹隆的阶梯式轮廓和眼窗。

# 视觉之旅

▲ **门廊** 万神庙门廊的前面围绕着八根科林斯式圆柱，柱身高 12 米，相当于 40 罗马尺。圆柱支撑着简单的檐部，其上方是巨大的三角山墙。如今看来万神庙的正面相当朴素，但是估计当时装饰了一些雕像，可能是花环饰当中的鹰状镀金铜像，与下方的青铜大门相呼应，大门保存至今。

2

◀ **柱头** 虽然受到岁月的严重侵蚀，仍然能看到柱头上的科林斯柱式茛苕叶饰。这种装饰图案是古希腊人的发明，后来被罗马人模仿使用。这些精致的装饰点缀了相对质朴的建筑正面，不仅吸引了参观者的目光，也成为高大的花岗岩圆柱的优雅端点。

眼窗直径8.2米，供内部采光

为了减轻重量，越往高处穹隆越薄

5

4

3

6

上部墙壁有支撑穹隆的作用，外部看来穹隆呈碟形，内部则是半球形。

地面铺砌的是花岗岩、大理石和斑岩石板

神庙原本高出周围地面，为此修建了台阶

◀ **减重拱** 万神庙圆形大厅的墙壁使用的是混凝土和砖块的混合材料，虽然是简单的环形，但是建造方法却非常复杂，而且地基极深，目的是承受上方巨型穹隆产生的压力和张力。为了强化墙体，修建了一系列大型砖石减重拱，分布在建筑的不同层次。在墙体的上层，能够清楚地看到这些减重拱。同时，上层墙壁对隐藏和加固穹隆底部起到了重要作用。

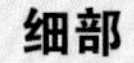

▶ **内部穹隆** 万神庙圆形大厅的内部墙壁装饰着一圈圈藻井、壁龛和开孔，是保存最完好的大型罗马建筑的内部，也是建筑和工程完美结合的典范：一方面，壁龛和半穹隆装饰极具视觉美感；另一方面，它们也是重要的结构部件，能够有效地支持墙壁并且承受大穹隆的重量。

▲ **穹隆藻井** 藻井装饰是一种内凹的矩形嵌板，在万神庙穹隆内表面上，一共镶嵌了5排藻井，不仅形成了美观的建筑图案，也能减轻穹隆重量。穹隆的中央原本装饰着石墁。

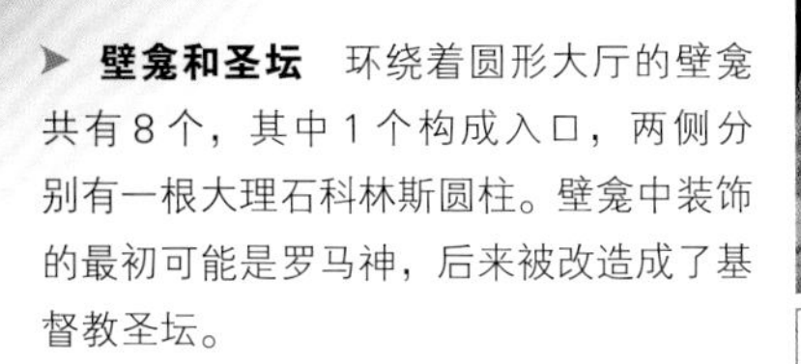

▶ **壁龛和圣坛** 环绕着圆形大厅的壁龛共有8个，其中1个构成入口，两侧分别有一根大理石科林斯圆柱。壁龛中装饰的最初可能是罗马神，后来被改造成了基督教圣坛。

## 细部

罗马人善于雕刻精美的大写字母题字，在现在的印刷业和石工当中仍然能看到他们的影响。这些题字的一大特点就是变化多端的笔画宽度，不仅方便辨认，而且增加了美感。在墓碑、纪念碑、凯旋门、城市建筑中，大写的罗马字母题字随处可见。万神庙的题字镌刻在门廊的檐部，表达了对此处过去的神庙的纪念，是由罗马将军及政治家阿格里帕在1世纪题刻的。在哈德良皇帝和图拉真皇帝眼中，万神庙是对原有神庙的重建，所以并没有刻上自己的名字。

▲ **门廊题字** 通过题字，如万神庙题字所纪念的马尔库斯·阿格里帕，罗马人使得大写字母趋于完美，并沿用至今。

## 扩展

罗马人使用混凝土建成了各种结构，不仅是万神庙这样的大型穹隆，而且还包括拱券和拱形天花板。桶形拱顶常常用在大型建筑中，是由一个半圆形拱券沿着一条轴线挤压而成，形成一个半圆柱形状的拱顶。这种天花板造型带来的庄严肃穆感极适宜大型公共建筑或皇家建筑。混凝土拱顶尤其适用于建造浴室，因为木构屋顶极容易受到潮湿的空气的破坏。

▲ **卡拉卡拉大浴场** 这个浴场由卡拉卡拉皇帝兴建于3世纪，建有大量穹隆和桶形拱顶的天花板。

# 圣索菲亚大教堂

约532—537年 ▪ 教堂 ▪ 土耳其，伊斯坦布尔

## 伊西多尔，安提莫斯

5世纪，罗马帝国四分五裂，其东部领土成为东罗马帝国，接连由信仰基督教的皇帝统治，首都定在君士坦丁堡（现在的伊斯坦布尔）。在历史上，这个政权被称为拜占庭帝国，得名自帝国更早的都城“拜占庭城”。这个地区最出众的建筑当属它的教堂。部分教堂是遵循罗马典范的带侧廊的巴西利卡，但是还有很多教堂是圆顶建筑，内部空间开敞，墙面用大理石包裹，天花板上装饰着闪闪发光的马赛克。

圣索菲亚大教堂位于君士坦丁堡的心脏位置，意为“神圣智慧”教堂，由查士丁尼一世在532年至537年间建造，是当地最大的圆顶教堂。大教堂最突出的特色是其恢宏的大穹隆，直径约32.5米，是古代建筑中的瑰宝。中央大穹隆两侧包围的是一对相似直径的半穹隆，从而创造出巨大的空间，仅由外部的扶壁和内部成排的圆柱和拱券支撑。

558年，有部分结构被地震毁坏，后来得到修复。大部分结构都安然无恙，包括华丽的大理石外饰面、雕刻精美的柱头装饰。然而其精致的马赛克却只剩下残留的碎片，从中仍然能看到耶稣基督马赛克、圣母玛利亚马赛克、基督教圣人马赛克和著名皇室成员的马赛克。这些马赛克精美绝伦，展示了建筑师是如何利用照射进窗户的光线在穹隆和上部墙壁上营造出梦幻般的效果。摄人心魄的内部空间和装饰细节，使圣索菲亚大教堂成为当之无愧的世界著名建筑。

### 查士丁尼一世

483—565年

查士丁尼出身卑微，后来与他的妻子狄奥多拉于527年共同称帝。他知人善用，精通军事，建立了庞大的帝国，但是他最伟大的成就是修订了《罗马法》，这部法典影响了欧洲几乎所有的国家。同时，查士丁尼也有宏伟的建筑规划，在他统治期间，分别在君士坦丁堡和意大利的拉文那修建了多座教堂。他挑选了希腊特拉勒斯的安提莫斯和米利都的伊西多尔作为圣索菲亚大教堂的设计师。这两位都是当时著名的数学家，特别是在几何学方面天赋异禀，也正是凭借他们的伟大才能，才设计并建成了大教堂无与伦比的穹隆结构。

▲ **查士丁尼大帝** 手持圣索菲亚大教堂的模型。

# 视觉之旅：外部

◀ **中央穹隆** 砌成中央穹隆的砖块较大，表面积是610平方毫米至686平方毫米，厚度是50毫米。砖块之间使用灰泥黏合并砌成深度只有15.2米的浅穹隆，由下方的石砌体支撑。周围的半穹隆对这个巨大的而沉重的中央穹隆也起到了辅助支撑的作用。

▲ **小穹隆** 各种小型结构围绕在教堂周围，其中大部分是后来加盖的，也覆盖着穹隆屋顶。这些设计显示出了拜占庭建筑对后来的伊斯兰教风格建筑师的持久影响，他们不仅建造了大量带穹隆屋顶的清真寺，同时也把这种屋顶结构用于陵墓或浴室等建筑。

▶ **东端** 从教堂的东端望过去，可以看到组成整个教堂的一系列不同结构，从最近最矮的半圆后殿到最远最高的穹隆，后方的结构总是比前方的结构更高、更宽，并且结构之间相互支撑。由于建筑的石砌体设计精巧，所以即使在上面开凿了大量窗孔，也没有削弱整座建筑结构的平衡。由于深受罗马时代建筑的影响，每个窗孔的顶部都是半圆形造型。

◀ **帝国大门** 帝国大门是两扇华丽的青铜大门，位于教堂的西南端，是主入口之一。大门是9世纪拜占庭时期加建的，刻有字母组合图案。大门的装饰图案组成十分独特——用一条条装饰带围绕着朴素的中央面板，这些装饰图案包括饰钉、蛇纹曲线、花朵造型，以及希腊人常用的钥匙图案。

新月形的尖顶饰代替了原来的十字架

558年，浅穹隆曾倒塌，此为重建结构

半圆后殿是教堂东端的标志

## 改建

1453 年，穆罕默德二世率领的奥斯曼土耳其帝国的铁蹄攻陷了君士坦丁堡，成为帝国的首都。为了把圣索菲亚大教堂变成一座清真寺，奥斯曼人对这座建筑做了若干改造。

这些改造旷日持久，包括加盖 4 座尖塔、移除基督教室内陈设、建造一个米哈拉布（mihrab），即指示圣城麦加方向的壁龛。同时，奥斯曼人试图遮盖住大部分马赛克，但是进程却慢得惊人，一直到 18 世纪，还是能看到拱顶上的一些马赛克图案。1934 年，现代土耳其之父凯末尔・阿塔蒂尔克下令将这座清真寺改成博物馆。从那以后，大量马赛克得以重见天日，但是仍然允许保留一些清真寺元素，如引人注目的讲坛。

▲ **铭文** 圣索菲亚大教堂被改建成清真寺以后，奥斯曼人在围绕着中殿四周的墩柱高处铭刻了《古兰经》经文。

▼ **石砌体细部** 虽然圣索菲亚大教堂的大部分砖块都隐藏在灰泥或打底下面，但是仍然掩盖不了砌工的精湛技巧。这些砖块垒砌整齐，用高质量的石灰泥混合砖灰黏合。它的工艺甚至比很多罗马时代晚期的建筑更加完美，那些建筑的砖块垒砌随意杂乱，只是遮住了内核的碎石。

◀ **扶壁** 建筑四周的扶壁结构用来支撑墙壁，将上方穹隆产生的压力和张力传导到地面。大部分扶壁结构中还有一个与石砌体相连的拱券。这种结构叫作“飞扶壁”，一般认为是中世纪西欧地区的石匠发明的，用在哥特式建筑中。而此处支撑大教堂的特别结构的扶壁称得上是早了几个世纪的飞扶壁雏形。

# 视觉之旅：内部

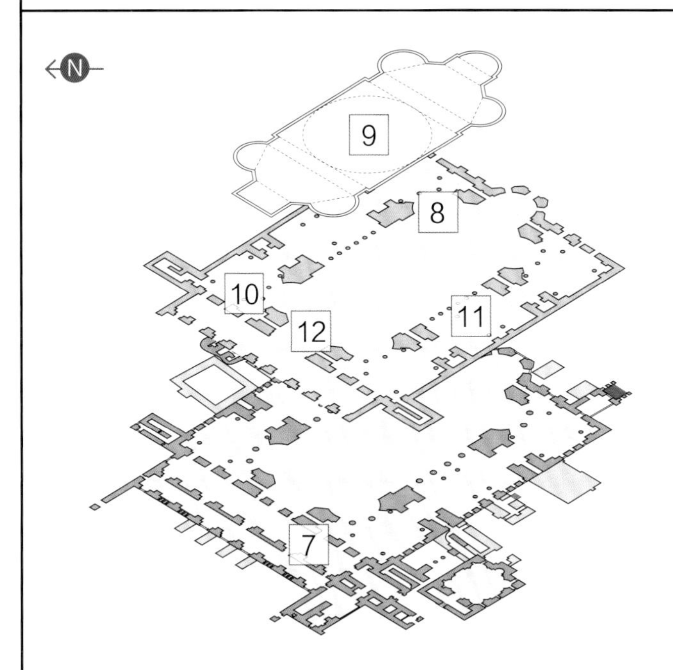

▲ **教堂前廊** 教堂前廊是访客进入教堂时经过的一条狭长门廊，位于建筑一端。前厅的天花板呈一系列连续的拱形分段，下方墙壁包裹着大理石，门口装饰着简洁的古典檐口。

▼ **高侧廊内部** 高侧廊环绕着教堂延伸，贯穿教堂南边、西边和北边，为教堂议会会议开辟了更多空间。站在高侧廊上，可以更清楚地看到宽敞的教堂中央空间，礼拜者不仅可以从更好的角度观看楼下举行的宗教仪式，而且可以欣赏到装饰在墙壁和穹隆上的马赛克。

▲ **中殿内部** 进入教堂宽敞的中殿内部，首先映入眼帘的就是恢宏的中央大穹隆。大穹隆被四周的小型半穹隆环绕着，下方排列着一系列拱券结构。围绕着穹隆底部，开凿了一圈小窗孔。如此巨大的穹隆仅靠窗户之间的石质拱肋连接到穹隅（下方的石质三角形区域），仿佛是悬浮在下方的石砌体之上，其轻盈空灵不禁令人赞叹，包括同时代的拜占庭历史学家普罗科匹厄斯。

10

▲ **坡道** 坡道是拜占庭教堂中常见的结构，连接圣索菲亚大教堂的上层回廊和底层之间的也是这种坡度平缓的坡道。坡道的天花板是用砖块砌成的简洁的拱形。坡道的设计使得底层与上方区域的连接十分便利，连穿着长袍的拜占庭神职人员也不会感到行走困难。1453 年，奥斯曼土耳其帝国穆罕默德攻占了君士坦丁堡，据说他曾骑着马踏上其中一条坡道，以炫耀他的胜利。

## 设计

圣索菲亚大教堂的装饰马赛克原本是非人像图案，当时的作家称教堂内部“闪着金子般的光芒”。从 9 世纪开始，用人物图案装饰教堂在拜占庭帝国流行起来。艺术家们开始用宗教主题和皇室成员画像马赛克装饰教堂。几百年来，越来越多的马赛克出现在教堂里，但是被改建成清真寺后，因为伊斯兰教禁止出现人像艺术，所以这些马赛克又被石膏覆盖起来。

但是，后来的学者又恢复了一些基督教马赛克，如圣母子、圣人约翰一世、伊格内修斯、查士丁尼大帝和君士坦丁大帝。皇帝的服装、珠宝，以及十字架和圣经等神圣物品的色彩浓重丰富。最美的当属刻画了耶稣基督、圣母玛利亚和施洗者约翰的三圣像马赛克（祈祷者）。图案中使用了大量镶嵌片，形成了精细的光影渐变效果。对于金色小片的镶嵌，制作者会特别小心，确保每一片都能在不同方向捕捉到光线，从而使画面更加光彩夺目。

▲ **圣母子及站立在两侧的皇帝、皇后**

▲ **南侧廊三圣像马赛克中的耶稣基督**

11

▲ **上层拱券** 支撑高侧廊拱券的是灰色大理石质地的圆柱。柱头颜色比柱身浅，雕刻复杂的花纹，展现了拜占庭石匠的娴熟技巧。柱头的设计多样，但是大部分装饰都是由小卷轴形线脚和叶形装饰组成，形成弯曲的叶片样图案。由于柱头雕刻极深，形成了强烈的光影对比效果。

12

▲ **皇后包厢** 教堂西端的高侧廊位于教堂前厅正上方，有拱形天花板，专为皇后及其仆从预留，有时也被称为“皇后包厢”。在此处，可以完整清楚地看到教堂东端——集中进行宗教仪式的地方，也是原本安放圣坛和圣幛（屏风）的位置。

# 碑铭神庙

约615—683年 ▪ 神庙 ▪ 墨西哥，帕伦克

## 建筑师未知

碑铭神庙隐藏在墨西哥雨林深处，是中美洲玛雅文明古典时期（250—900 年）最著名的宗教建筑之一。这座陡峭的大型阶梯式金字塔高 21 米，顶点处建有一座神庙。金字塔共有 9 层，塔身其中一个面的中间建有一条阶梯，直达塔顶神庙。虽然金字塔原本色彩明亮的灰墁装饰已经消失殆尽，但是仍然不失为一座耀眼的伟大建筑，矗立在古城帕伦克的中心广场。

然而，这座建筑最令人赞叹的部分实际上是埋在地下的帕伦克国王巴加尔大帝的陵墓。直到 683 年，巴加尔大帝去世，他的统治时间接近 70 年。国王石棺的厚重棺盖上雕刻着复杂的图案，陵墓内还有一些珠宝玉器等人造制品。陵墓始建于巴加尔大帝统治末期，直到他的儿子强·巴鲁姆二世时期才完工。

同大部分玛雅金字塔相似，碑铭神庙被建得很高。考古学家认为，这样的高度是为了使人们从远处也能看到金字塔，并且希望它能够离天空更近。金字塔五个门口侧面的墩柱（支承结构）上雕刻着浮雕图案，金字塔内部刻有铭文，记录了巴加尔大帝的统治事迹，极具特色，这座伟大建筑也因此被称为碑铭神庙。

### 环境

800 年后，帕伦克渐渐衰落，城邦四周密林丛生，几乎将其掩盖，只有一些当地人知晓它的存在。直到 16 世纪 60 年代，一位叫做洛伦佐的牧师发现了这座失落的城市。从 18 世纪开始，考古学家掀起了研究这座遗址的热潮。他们发现碑铭神庙附近有一座巨大的建筑，可能是城市主要广场上的皇家宫殿。另外一些神庙、住宅和球场也散布在附近。碑铭神庙与皇宫的距离之近也显示了这座神庙的重要意义。有些学者推测，国王可能会站在皇宫高塔的有利位置观赏神庙，在冬至日时甚至能欣赏到旭日与神庙连成一线的奇景。

▲ 帕伦克

# 视觉之旅

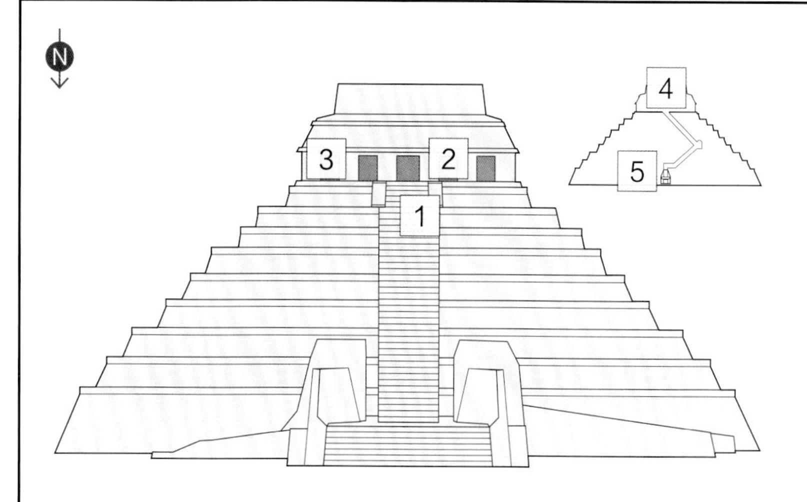


▼ **阶梯** 沿着宽阔的阶梯，可以攀上陡峭的金字塔顶，到达神庙。虽然阶梯宽阔，但是不可能是为了容纳大量人群，塔顶神庙共有5个入口，可能是专为玛雅神父和皇室服务的神圣场所。阶梯建造得如此宏伟更有可能是为了强调建筑的重要性，并且为神父们提供完成登高仪式的足够空间。

▼ **墩柱** 神庙正面的四根墩柱上原本装饰着丰富的灰墁浮雕，但是现在已经损毁严重。从残留的浮雕中可以看到站立的人像，每人手中都握着一个神像，并且神像的一条腿是蛇的形态。虽然画面描绘的是先祖，但是站立的人像代表的却是象征着皇权和重生的玛雅闪电之神 k'awiil，他能够将自己的腿幻化成蛇。因为玛雅的统治者已经被神化，所以用这个图案装饰国王陵墓的神庙也是适宜的。

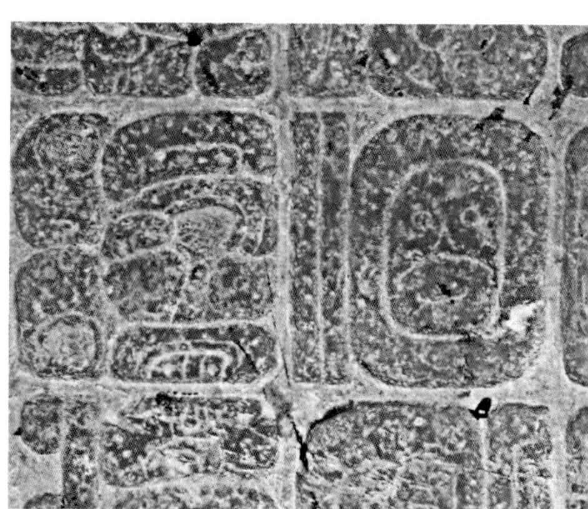

3

◀ **铭文** 神庙中最大面积的铭文被镌刻在内墙的三块巨石上。铭文采用了浅浮雕雕刻，使用的是一种叫做象形文字的半图示玛雅文字。整篇铭文的象形文字超过600个，是目前已知的最长的可以辨识的玛雅铭文。由于损坏严重，翻译这些象形文字非常困难，但是可以知道的是这些铭文描绘了巴加尔大帝的一生。他12岁即位时，帕伦克刚刚经历了敌对玛雅军队的攻击，城市遭到破坏。巴加尔不仅重建了这座城邦，并且在位期间将版图不断扩大。铭文终止于巴加尔的死讯，其后是他的继承者强·巴鲁姆二世的名字，他最终完成了这座伟大的建筑建造。

▼ **陵墓入口** 通向地下陵墓的是一条从神庙开始向下延伸、穿过金字塔岩石的狭窄石阶，陡峭的阶梯两侧是粗糙的石壁。这条阶梯仅用于皇家葬礼，一旦国王被安葬，就会被密封在神庙地板中间的一块石板下方。直至1952年，有一位考古学家注意到石板上有若干被石塞堵住的钻孔，石板下方的阶梯和陵墓才得以重见天日。巴加尔被安葬后，工人们很有可能是借助穿过石孔的绳套将石板小心地降下，放置到位后，用石塞将孔洞堵住。从此，国王的陵墓被完全封闭并安然度过了1000多年。

4

5

◀ **陵墓** 金字塔地基下方的密室是国王的安息之所。密室的屋顶十分坚固，两侧墙壁有斜度，这样精巧的设计是为了承载上方石块巨大的重量。巴加尔被安葬进石棺之后，用一块巨大的石质棺盖密封起来。棺盖上雕刻了一个年轻男子的人像，关于这个图案的意义，学者们各持己见，但是可以达成一致的是，他们照着神的模样刻画了国王，并且描绘了国王到另一个世界的旅程。在巴加尔的葬礼中，献祭了他的5个侍从，尸体被留在墓中，然后用玉器、贝壳和陶器等贡品封闭了入口，同时用碎石填满并封闭了阶梯。

## 设计

建造玛雅金字塔是一场浩大的工程，动用了上百劳工和石匠，以及技术纯熟的艺术家。还有一些专业人才也被招入建设队伍，如雕刻匠、灰墁制作工人和画匠。铭文、石棺盖上的图案以及各种石制品上的装饰都是雕刻匠的作品；灰墁制作者则完成了在遗址中发现的浮雕板和雕塑等；而残留的装饰神庙的明亮色彩应该是当年画匠的杰作。下图展示的是巴加尔的死亡面具，用玉片镶嵌在木框架上制成，面具的眼睛使用的是贝壳和黑曜石，其精美的工艺令人叹为观止。另外，在国王身上还佩戴着相同工艺制作的玉手镯和项链。

▲ **巴加尔的死亡面具**

## 扩展

发生在599年的战争对帕伦克城造成了巨大的破坏，巴加尔大帝即位时正是百废待兴。巴加尔的一生都在重建城邦，他的儿子继承了这项事业，并且建设完成了碑铭神庙以及国王的陵墓。同时，他通过联盟和征战，增强了城邦的实力，获得了完成各项伟大建设的必备资源。

▲ **石棺棺盖上的雕刻**

# 佛国寺

约751—774年 ▪ 寺庙 ▪ 韩国，进岘洞

## 金大成

建成于8世纪的佛国寺是韩国建筑中的瑰宝，由当时于668年统一了整个朝鲜半岛的新罗国修建。佛国寺是新罗都城庆州的主要建筑，实际上是多个结构组成的建筑群，主要是木结构，少量用石头建造。建筑的设计灵感部分来自中国唐朝都城——长安，部分则是对佛教净土和西方极乐世界——信徒达到顿悟或在朝圣之路最终阶段中获得重生的地方的想象。

佛国寺中的很多建筑都包括木制祈祷大厅、石塔和大量被称为桥梁，实则是楼梯的结构。这些结构围绕着一系列庭院建成，佛国寺的主要祈祷大厅——大雄殿就位于其中一座庭院中。这些低矮的大殿属于木框架结构，屋顶贴瓦，外伸并且上翘，与中国传统建筑相似。明快的色彩、宽敞的大门，进出非常方便。与很多韩国寺庙相同，大殿中没有用到一颗钉子——木料相互咬合并固定到位，同时可以拆卸并搬移到其他位置。几百年来，大量中国、日本和韩国的古代木建筑都经历了部分重建，同时都遵循了原始设计和布局。因此，这些建筑仍然被认为是展示了原始的传统木工和装饰工艺的古代作品。

### 扩展

佛国寺属于大乘佛教建筑，大乘佛教是在中国、日本和韩国流行最广的佛教分支。大乘佛教徒信奉佛教教义，但是仍有各种形式的大乘佛教同时崇拜很多其他神话人物，有些人物形象也出现在寺庙建筑中，其中包括佛陀和菩萨的门徒——他们放慢了自己登上极乐世界的脚步，转而帮助凡俗世人早日顿悟。最著名的是观音菩萨，他的神像被供奉在佛国寺的观音殿中。佛国寺中还有供奉毗卢遮那佛（有时被称为“佛祖”的神话人物）和阿弥陀佛（即“无量光佛”）的圣殿。寺中还有大量其他天神或神话人物形象：有些被表现为雕刻作品，包括被称为四天王的一组守护神，以及其他守卫者。

▲ **持国天王** 能护持国土，是护世四天王之一。

# 视觉之旅

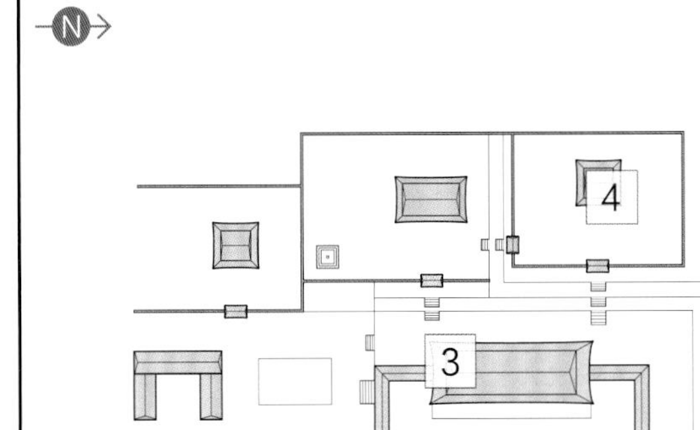


▶ **大雄殿** 大雄殿位于佛国寺的中心位置，是主要祈祷大厅之一，其中供奉着著名的佛像。大殿的内部用木柱和朴素的围墙围合而成，外部屋檐绵长而上翘，四边挑出部分巨大，气势雄伟。大殿底部用石造平台垫起，因此比周围其他建筑更高，也更引人注目。

1

2

◀ **大雄殿屋顶装饰** 在大雄殿外部，外伸屋檐的底面是装饰最为华丽的部分——这也是传统韩国寺庙建筑的一贯特点。屋檐的表面和支撑屋檐的木柱上都布满了抽象图案。尤其是柱子上的油漆画面，非常夺人眼球，其设计强调了波浪状的结构。屋檐转角处是雕刻的龙，表面也被油漆成相同的色调。据传说，龙可以变形，并且穿梭于不同位面，因此艺术家常用龙的形象来代表佛陀的本质。

3

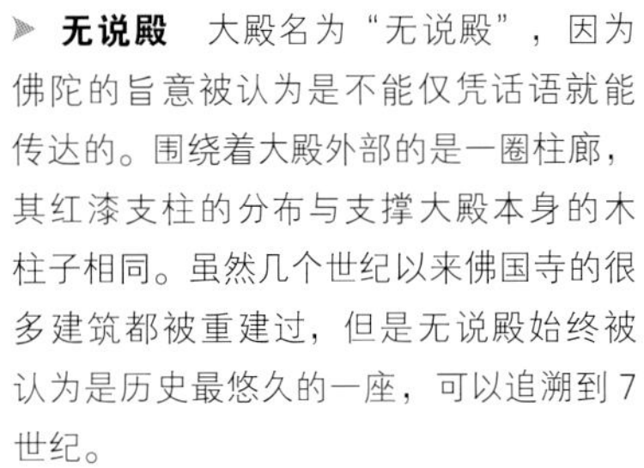

▶ **无说殿** 大殿名为“无说殿”，因为佛陀的旨意被认为是不能仅凭话语就能传达的。围绕着大殿外部的是一圈柱廊，其红漆支柱的分布与支撑大殿本身的木柱子相同。虽然几个世纪以来佛国寺的很多建筑都被重建过，但是无说殿始终被认为是历史最悠久的一座，可以追溯到7世纪。

▲ **观音殿** 此处是供奉观音菩萨的神殿。虽然观音殿的面积比其他若干大殿要小，但是由于其所处位置是佛国寺中地势最高的部分，并且被底部的石造平台进一步垫高，加上巨大的外伸屋檐，使得观音殿极其醒目。

◄ **屋顶细部** 与很多传统韩国建筑相同，佛国寺的屋顶也是用圆形和弯曲的黏土瓦铺设的。圆形瓦覆盖着一行行弯曲瓦片之间的交接处，使得屋面的脊线更加显著，同时在转角处形成了复杂精巧的样式。

▲ **梵钟阁** 在佛国寺中，有若干开敞式的建筑，比如图中这座安设着大钟的阁楼，其建造方式与祈祷大厅相似，只是立柱之间没有修建壁薄的、无结构功能的围墙。梵钟阁的木框架十分牢固，足以支撑大钟的重量，外伸的屋顶精巧绝伦。

## 结构

佛国寺中建有两座佛塔，分别是释迦塔和多宝塔，均为石造，历史可以追溯到 751 年。两座佛塔的造型大不相同。释迦塔的基座为方形，设计简洁，越往高处越窄。多宝塔则更加复杂——方形的基座上不仅建有楼梯，底部还围绕着四根方柱，上方的楼层呈八角形，装饰更丰富，支撑其中一层的石柱是竹竿造型。佛塔构造的不同体现了佛教教义中的思想，即尽管外观复杂，但是却包含根本的统一性。

▲ **多宝塔** 多宝塔高 10.4 米，上部楼层雕刻精细，这种复杂程度在韩国佛教建筑中并不多见。

## 结构

佛国寺中的桥梁构成了通往各个寺庙建筑的通道，这些桥梁实际上本身也是平台，与石阶相连。部分桥梁可以追溯到 8 世纪，有些造型朴素，有的则装饰着精美的图案，如莲花形态。这些结构隐藏着象征意义——比如说，其中一段石阶共有 33 级，不同的级数反映了佛教典籍中规定的通往极乐世界的历程中的不同阶段。

▲ **青云桥和白云桥** 青云桥和白云桥共同构成了通往佛国寺建筑群的入口。

# 帕勒泰恩礼拜堂

约792—804年 ▪ 礼拜堂 ▪ 德国，亚琛

## 梅茨的奥多

宏伟的帕勒泰恩礼拜堂是由法兰克王国即后来的神圣罗马帝国的查理大帝指挥修建的，属于亚琛的大型国王行宫（在法语中是Aix-la-Chapelle）的一部分。帕勒泰恩礼拜堂是查理大帝的安葬地，也举行了后来多位国王的加冕礼。查理大帝的行宫已经消失在历史的长河中，但是礼拜堂得以幸存，并成为所谓“黑暗时代”遗留下来的最著名的欧洲建筑之一。

查理大帝和他的建筑师——可能是来自梅茨的奥多，他的名字出现在早期的题词中——设计了独特的礼拜堂平面，即16条边汇集在中心的八角形穹隆上。这种中央穹隆式平面是受到了拜占庭教堂的影响，如君士坦丁堡（伊斯坦布尔）的圣索菲亚大教堂（见第32—37页）和意大利拉文那的圣维塔莱教堂。通过模仿拜占庭（东罗马）帝国的基督教统治者的建筑风格，查理大帝进一步宣告了他在欧洲的霸主地位：800年的圣诞日，教皇加冕查理大帝为神圣罗马帝国皇帝。

虽然帕勒泰恩礼拜堂受到了拜占庭大教堂风格的影响，但是它称不上巨大——穹隆直径仅14.5米。建筑师采用了一种简化的拜占庭风格，同时学习了早期罗马建筑样式。16边回廊顶部加盖的是桶形和十字拱顶，中央穹隆也使用了十字拱顶。拱券和内墙上的彩色砖石和大理石、拱顶上的马赛克图案以及奢华的青铜器和黄金摆设，将建筑内部装饰得华丽而不失庄重，简洁而不失典雅。在窗口射进的阳光下，在摇曳的烛光中，这些华美的装饰使得整座教堂内部熠熠生辉，如梦如幻。

### 查理大帝

约742—814年

查理大帝是法兰克人的领袖。法兰克人原本是来自莱茵地区的一支日耳曼族，在5世纪到8世纪的几百年的时间里，他们将领土扩大到包括如今大部分法国、德国和荷兰在内的广大范围。查理大帝带领族人抵御了东部各民族的攻击，包括撒克逊人。战胜撒克逊人之后，查理大帝将意大利北部纳入版图，建立了罗马帝国之后最庞大的欧洲帝国。同时，征服意大利使得查理大帝成为了教皇的保护者，并且被教皇加冕为皇帝。虽然他的帝国在自己死后不久便分崩离析，但是仍然具有巨大的影响力：在之后的几百年中，很多德国皇帝仍然自称神圣罗马帝国皇帝，并且幻想统治整个欧洲。

# 视觉之旅

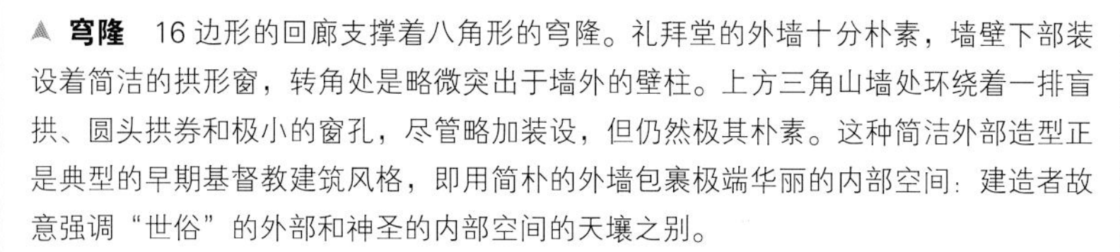

▲ **穹隆** 16边形的回廊支撑着八角形的穹隆。礼拜堂的外墙十分朴素，墙壁下部装设着简洁的拱形窗，转角处是略微突出于墙外的壁柱。上方三角山墙处环绕着一排盲拱、圆头拱券和极小的窗孔，尽管略加装设，但仍然极其朴素。这种简洁外部造型正是典型的早期基督教建筑风格，即用简朴的外墙包裹极端华丽的内部空间：建造者故意强调“世俗”的外部和神圣的内部空间的天壤之别。

▲ **穹隆内部** 8根大理石包裹的墩柱支撑着上方的多彩拱券，承载了穹隆的重量。建筑师根据《启示录》中对新耶路撒冷的描绘，设计了空间的比例和规模，建造了极高的内部空间。从地面到穹隆顶点的高度高达36米。

◀ **讲坛** 这座讲坛是国王亨利二世赠给礼拜堂的礼物，他于1002年在此加冕。亨利即位在当时是有所争议的，赠送讲坛可能是为表达对拥护他登上王位者的感谢。这座镀金铜质讲坛上镶嵌了象牙浮雕、水晶和半宝石等大量珍贵的装饰品。

▲ **拱顶结构** 环绕着中央空间的回廊屋顶采用了简单的十字拱顶结构，可以划分为 4 个大致三角形的分区，用马赛克装饰。从拱形窗中透过的自然光线原本照得马赛克的金色小嵌片闪闪发光，但是后来由于增建了一些小礼拜堂，挡住了部分自然光线，马赛克的闪光效果被削弱了。

▲ **神龛** 神龛中安葬着查理大帝的遗体，其历史可以追溯到 12 世纪。神龛由一个长度超过两米的橡木箱构成，覆盖着银质和镀金的装饰品，包括圣母玛利亚、查理大帝和很多继任皇帝的黄金雕像。

◀ **圆柱和柱头** 细长的垂直圆柱将半圆形拱券分割开来，柱身上方是雕刻精美的古典风格科林斯柱头。这些圆柱的象征意义远大于其结构作用。部分圆柱是用查理大帝专门从拉文那和罗马购得的斑岩制造的。在古代社会，只有皇家建筑才能使用斑岩。查理大帝这么做正是为了将自己与罗马帝国的统治者关联起来。

## 结构

到 14 世纪时，礼拜堂的地位俨然达到了大教堂的高度，蜂拥而至的人群来瞻仰查理大帝神龛或者参加皇家加冕礼。为了增加空间，大教堂委派人员加建了一个巨大的哥特风格唱诗厢（带有半圆后殿或半圆形末端的狭长空间），四周环绕着彩色玻璃窗，半圆后殿和整个空间的屋顶是尖形的石质拱顶。窗户高达 27 米，几乎直达石质拱顶处。如此瑰丽的背景与镀金的皇帝神龛交相辉映，吸引了大批中世纪朝圣者的到来。

▲ **彩色玻璃** 第二次世界大战的炮火毁坏了唱诗厢的彩色玻璃，现在看到的是战后重装的，但是风采依然不减。

## 扩展

始建于 526 年的拉文那的圣维塔莱教堂被认为是帕勒泰恩礼拜堂和其他圆形或多边形教堂的原型。覆盖这座八角形建筑的是由拱券支撑的穹隆，并且装饰着华丽的马赛克。罗马帝国衰落后，拉文那成为西罗马帝国的首都，并且是后来的拜占庭帝国的重要城市，因此帕勒泰恩礼拜堂的建筑师会从圣维塔莱教堂中寻找灵感也不足为奇。

▲ **圣维塔莱教堂，意大利，拉文那** 虽然圆柱和柱头等细节不尽相同，但是圣维塔莱教堂和查理大帝的礼拜堂的平面形制是十分相似的。

# 婆罗浮屠

约825年 ▪ 神庙 ▪ 印度尼西亚，爪哇，马吉冷

## 建筑师未知

婆罗浮屠建于9世纪，是由舍利塔（供奉佛陀的神龛）、朝圣地和佛教信仰的三维象征构成的巨大庙宇，也是世界上最大的佛教建筑物。婆罗浮屠矗立在山顶处，呈宏伟的金字塔造型，装饰着雕刻精美的浮雕和佛像。

没有记录表明谁是婆罗浮屠的建造者，也不知道何时而建。但是据推断，它建成于夏连特拉王朝统治时的825年。夏连特拉王朝是极有权势的统治者，致力于推广大乘佛教。王朝的建筑师采用了现成的佛教建筑形式，即舍利塔形式，并加以发展。

传统的舍利塔是存放高僧舍利子的高地，而婆罗浮屠是作为一整座大舍利塔建造的，如一座小山般巨大。通过建造一系列开放的石质阶地或画廊，整座塔被分出了若干层次，每一层都代表着通往佛教大千世界的不同修炼境界。塔基为正方形，代表欲界，是大多数凡人的居所。塔基之上的五层正方形石阶代表色界，是克服了欲望的佛教徒的所在位置。这个部分的浮雕叙述了佛陀的生平和佛经中的其他故事。最顶端的三层圆形画廊代表了无色界，就是佛教徒们向往的涅槃境界。塔顶的佛像被安放在多孔的舍利塔内，共有72座。

朝圣者必须沿着既定的路线登塔。在登上高阶前，首先要走过底层画廊，观赏浮雕，了解佛教故事。随着层级升高，雕像越来越简洁，使朝圣者感到一种精神的升腾，这也是从欲界升到更高境界必需的净化过程。

### 结构

婆罗浮屠没有内部构造，它是由一座土丘支撑的开顶式阶地结构构成的。为了建造这些石阶，建造者开采了大量当地石材，并且特意把每块石头塑形，像拼图一样卡在一起，甚至不需要使用灰泥黏合。在过去某个时间，佛塔的设计曾经被修改。塔的最低层，也就是塔基部分，从结构主体部分向外延伸了一段距离，是后来加建的。19世纪晚期，修复者发现了原本的塔基，塔基雕刻着浮雕，被深埋在后来加建的塔基下方。没有人知道旧塔基被遗弃的原因，可能是因为原结构需要加固，也可能是有宗教方面的瑕疵。

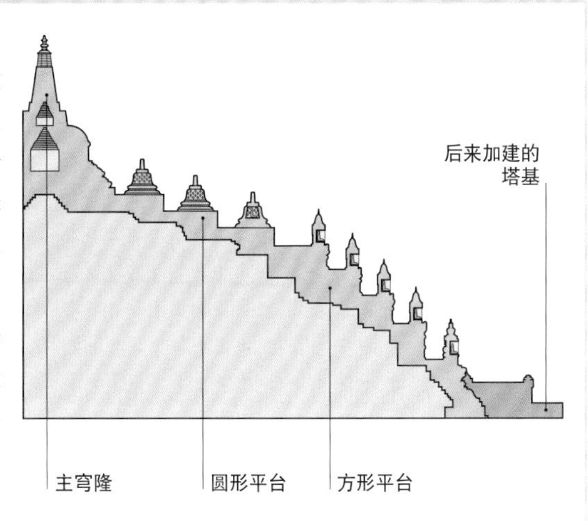

# 视觉之旅

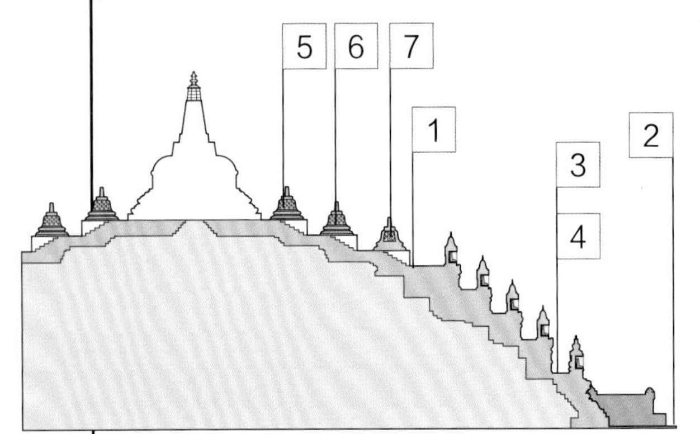


▼ **守护石狮** 在婆罗浮屠当中和附近，有几尊雕刻石狮。虽然雕刻力道十足，但是这些石像却不那么逼真——印度尼西亚当地并没有狮子，雕刻者可能从没见过真正的狮子，所以他们的作品也只能是非写实性的表现。狮子是勇敢的象征，也与王权联系在一起，因此在婆罗浮屠的浮雕中，狮子的形象出现在一些王座上。有时佛陀也被认为有狮子般的嗓音。

▲ **卡拉拱门** 拱门的造型为卡拉的面部（kala，梵语，意为“时间”）。卡拉是印度神话和佛教神话中都有的怪兽。在佛教中，卡拉能吞噬挡在启示之路上的障碍。在印度神话中，卡拉也指名为“罗睺”的恶魔。罗睺从神那里偷走了长生不老药，因此被毗湿奴斩首。但是因为已经喝了灵药，罗睺成为了不死之身，所以他也是“永生”的象征，在其面部镶嵌的珠宝和装饰品代表了长生不老药。卡拉的面貌经常出现在曼荼罗中。曼荼罗是基于圆形和其他形状建造的神圣坛场，用来进行冥想和精神教学。由此可见，婆罗浮屠也是圆形、方形和其他形状的组合，与曼荼罗极其相似。

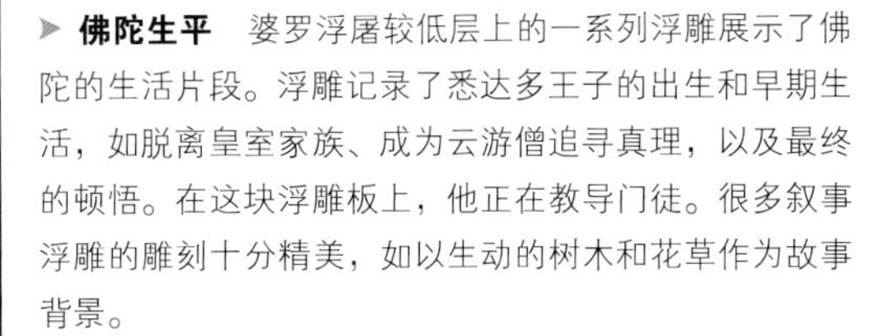

➤ **佛陀生平** 婆罗浮屠较低层上的一系列浮雕展示了佛陀的生活片段。浮雕记录了悉达多王子的出生和早期生活，如脱离皇室家族、成为云游僧追寻真理，以及最终的顿悟。在这块浮雕板上，他正在教导门徒。很多叙事浮雕的雕刻十分精美，如以生动的树木和花草作为故事背景。

▼ **佛像** 婆罗浮屠中所有的雕刻佛像看起来都极其相似，但是在手指的“手印”（象征性的手势）上有所变化。顶层佛像的手势象征的是“转动法轮”。有些传说认为须弥山山顶正是佛祖第一次布道的地方，这个手印与传说不谋而合。使用这个手印暗示了如果信徒们能够理解佛祖的教义并且跟随他的脚步，就能获得救赎。

5

6

▲ **上层舍利塔** 婆罗浮屠的顶部环绕着钟形的小舍利塔，从菱形的开口中能够看到内部端坐的佛像。在最顶点耸立着唯一一座大型舍利塔，这与部分印度佛塔的造型相似。这个小尖塔令人联想到须弥山，也就是大乘佛教中位于世界中心的圣山。这种造型进一步证实了婆罗浮屠象征了佛教的宇宙观，并且建造者确实来自有着“山帝”之称的夏连特拉王朝。

▼ **被移除的舍利塔** 有部分带网格小孔的上层舍利塔没有保留下来，游客可以更清楚地看到塔内的佛像，同时也可以看出石工的砌合是借助了刻在塔底的一圈石块的孔洞。

7

4

▲ **船只** 这些浮雕描绘了大量当时人民生活的细节，从皇宫的家具、装饰到丛林和海洋上的生活。雕刻复杂的帆船表现了这种在婆罗浮屠建造时期已经成熟的水上交通方式。这只帆船被雕刻在第一层画廊的主墙壁上，跟当时东南亚地区的很多船只一样装设了船帆和桨架。

# 1100—1500

# 吴哥窟

约1150年 ▪ 神庙 ▪ 柬埔寨，吴哥

## 建筑师未知

吴哥窟占地广阔，是一组壮观的庙宇群，世界上最宏大的宗教建筑之一，位于吴哥的心脏地带。吴哥是当时统治柬埔寨的强大的高棉王朝（9—14 世纪）的首都。高棉王朝的文化与众不同，在苏利耶跋摩二世统治时期达到高峰，他不仅扩展了疆土，而且大兴土木，建造了一些大城市和庙宇。在他的统治下，吴哥可能是当时世界上最大的前工业化城市。1120 年，开始建造吴哥窟，最初是供奉印度神毗湿奴的神庙，后来成为纪念高棉“神王”苏利耶跋摩的圣殿，并有意作为他的帝陵。在设计方面，吴哥窟受到了印度教建筑的巨大影响，五座莲花圣塔矗立在层层叠叠的台基上。类似许多印度神庙，一些高棉神庙是围绕着一座中央宝塔建造的，宝塔的尖形屋顶高耸入云，象征了神的圣所——须弥山。但是在吴哥窟中，建筑的规模和布局却具有明显的高棉特色。尖屋顶的中央宝塔四隅围绕着

四座小宝塔，象征了须弥山的五峰。在长达 1500 米的神庙建筑群外廓，环绕着绵长的城墙和护城河，而三层画廊围绕着中心的神庙。

高棉的雕刻家们几乎用雕刻作品覆盖了整座建筑，展示了伟大的印度史诗片段和高棉人的宇宙观。画廊中的雕刻多达上千幅，一个参观者若想观赏完全部浮雕，需要步行 21 公里。

**扩展**

14 世纪，高棉帝国渐渐衰落，很多高棉城市和建筑湮没在密林中。木制房屋都已被毁坏殆尽，但是很多石质庙宇的遗迹幸存了下来。多亏了宽阔的护城河的保护，吴哥窟的大部分结构得以保留。直到 19 世纪中期法国探险家亨利·穆奥的到来，西方世界之前对吴哥窟的存在几乎一无所知。他发表了关于吴哥窟的图片和文字，吸引了大量欧洲和柬埔寨当地的学者到吴哥考察、保护神庙并且研究高棉帝国的历史。最终，吴哥窟成为举世闻名的建筑，并且被看作是柬埔寨国家的象征。

▲ **法国探险家** 路易·德拉波特于 1874 年到达吴哥遗址。

# 视觉之旅

1

外层画廊

第二层画廊

通往中心庭院的阶梯

藏经阁

▼ **毗湿奴** 高棉人最敬畏的两个印度神明是湿婆神和毗湿奴。湿婆神是毁灭之神，兼具创造与破坏双重性格；而毗湿奴是保护之神，负责维持善与恶之间的平衡。毗湿奴更受苏耶跋摩二世的喜爱，毗湿奴神像原本是安放在吴哥窟的中央神龛中的，后来，由于吴哥窟变成了佛教圣地，毗湿奴神像被移至位于角落的一座宝塔中。

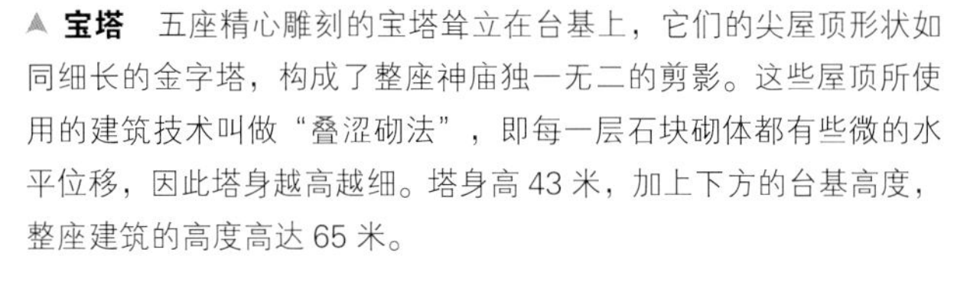

▲ **宝塔** 五座精心雕刻的宝塔耸立在台基上，它们的尖屋顶形状如同细长的金字塔，构成了整座神庙独一无二的剪影。这些屋顶所使用的建筑技术叫做“叠涩砌法”，即每一层石块砌体都有些微的水平位移，因此塔身越高越细。塔身高 43 米，加上下方的台基高度，整座建筑的高度高达 65 米。

2

▲ **内庭** 吴哥窟被设计为一系列庭院的组合，每座庭院都建造了山门，而且大部分庭院的四角耸立着矮小的宝塔或角楼。每座庭院外侧都包围着一条带屋顶的画廊，画廊一侧开放，另一侧有墙壁。借助台阶和柱子的支撑，画廊高出整个庭院，产生一种分离感。朝圣者参观庙宇时，可以沿着这些画廊，欣赏墙壁上的浮雕。

3

▼ **藏经阁** 藏经阁是建在由台阶环绕的塔基之上的狭长结构。很多寺庙只有一座藏经阁，但是吴哥窟有一对藏经阁，在外部庭院的两个对角上遥相呼应。这两座“藏经阁”的确切作用不能肯定：可能是附属的神龛，或者是收藏宗教典籍之处。

4

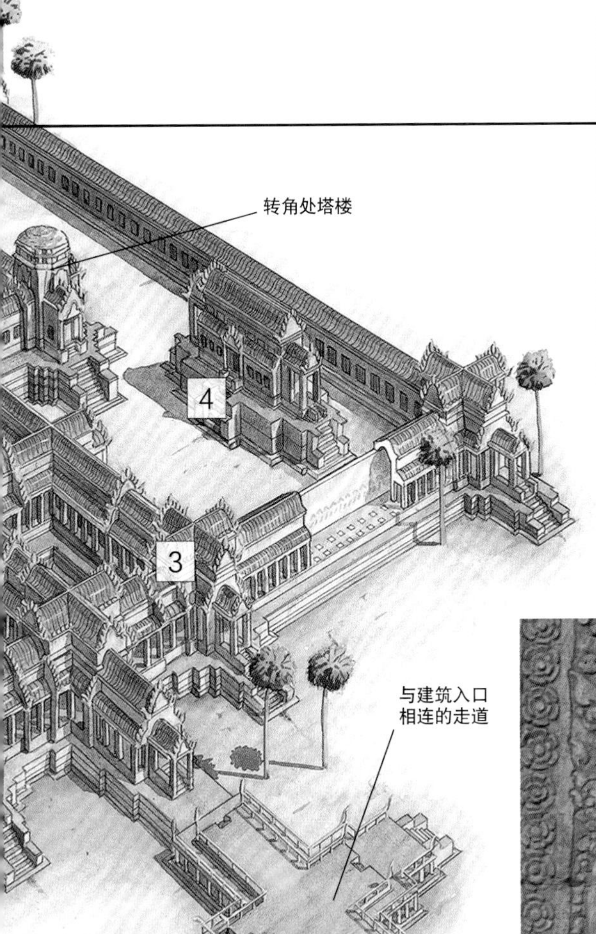


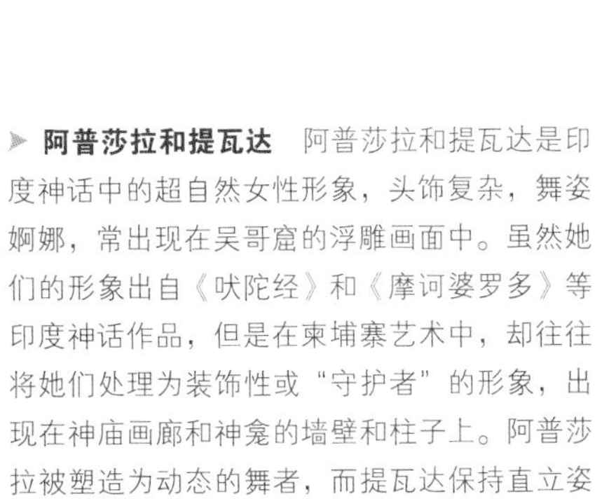

▶ **阿普莎拉和提瓦达** 阿普莎拉和提瓦达是印度神话中的超自然女性形象，头饰复杂，舞姿婀娜，常出现在吴哥窟的浮雕画面中。虽然她们的形象出自《吠陀经》和《摩诃婆罗多》等印度神话作品，但是在柬埔寨艺术中，却往往将她们处理为装饰性或"守护者"的形象，出现在神庙画廊和神龛的墙壁和柱子上。阿普莎拉被塑造为动态的舞者，而提瓦达保持直立姿态，是"守护者"。

▲ **十字形画廊** 十字形画廊坐落在近入口处，比主庭院的长画廊面积更小，而且也更私密。与其他画廊一样，十字形画廊的侧壁上雕刻着精美的浮雕。特别之处是画廊的部分入口被一些石质栏杆柱遮挡住，看起来像是开动的机床。

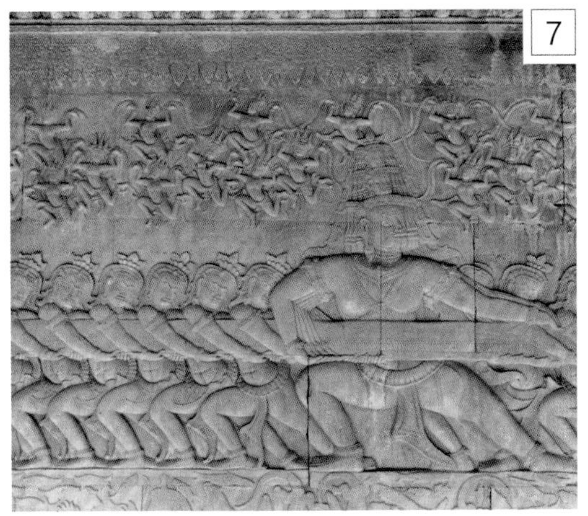


◀ **印度神话** 画廊中的一幅浮雕刻画了关于毗湿奴的著名神话故事"搅拌乳海"中的一个场景。众天神和阿修罗拔取曼荼罗大山作为搅海的杵，令蛇王婆苏吉盘绕在山上作为搅杵的搅绳，搅拌乳海。曼荼罗山被快速转动，但是后来开始下沉。于是毗湿奴化身为大海龟库尔玛，托起整座大山的重量。

## 改造

12 世纪接近尾声时，高棉帝国渐渐衰落，随之式微的还有印度教和对主持建造神庙的苏耶跋摩二世的崇拜。但是吴哥窟并没有遭到遗弃或拆毁的厄运。笃信佛教的阇耶跋摩七世（1181—1215 年）将吴哥窟改造为佛教寺庙。毗湿奴的神像被从中心位置移到侧面，取而代之的是佛祖的雕像。阇耶跋摩七世的统治结束后，印度教复兴，许多佛像被毁坏。但是 14 世纪时，佛教再次成为柬埔寨的主要信仰，从此以后，吴哥窟一直是佛教寺庙。

▶ **佛像**
蔓生的树枝中可以看到微笑的佛祖面孔，印证了佛教在吴哥的长久生命力。

## 设计

高棉人用石头建造寺庙，但是他们的住宅和其他建筑却是木制的。在漫长的时间里，木制建筑基本腐坏消失，所以我们对高棉建筑的了解主要来自他们的神庙。在高棉历史中，他们常常把神庙造成宝塔形，并且在神庙外建造围墙和带画廊的庭院。各种纪念碑式建筑往往傍水而建，指向四个主要罗经点，神庙的布局是完全对称的。吴哥窟建成后，高棉的神庙变得越发复杂，越发华丽，但是建造方法却始终相当简单：在很多建筑中，根本没有使用灰泥黏合，而是完全依靠石头的重量和精确放置来固定。

▲ **巴戎寺，吴哥** 这座华丽的寺庙建于13世纪早期，布满了雕刻的佛头。最初的平面包括 6 个内殿和大量宝塔。

# 圣玛德莱娜教堂

约1120—1138年 ▪ 教堂 ▪ 法国，韦兹莱

## 建筑师未知

韦兹莱的圣玛德莱娜教堂是一座著名的罗马式建筑。石匠们从罗马建筑和早期基督教建筑师的作品中汲取精华，创造了罗马式风格，在11世纪至12世纪的欧洲风靡一时。

罗马式建筑最首要的特征是巴西利卡，由狭长的中殿和中殿两侧的侧廊构成，之间用成排的半圆形拱券隔开。另一个特征是不带花饰窗格的拱形窗和朴素的拱形天花板，并加入了一些独创元素，如东端的独立圣殿，用于安放主圣坛。罗马式教堂的东端通常建有一间半圆后殿，有时增设连接着若干小礼拜堂的回廊（走廊）。中殿和圣殿高耸而开敞，回廊和礼拜堂低矮而私密，这两种空间形成鲜明的对比。丰富的雕刻装饰是罗马式建筑的又一大特点，如雕刻精美的柱头的门廊。勃艮第地区建筑的雕刻尤为华美、突出，如韦兹莱和欧坦的大教堂。

1096年时，传说僧侣们得到了抹大拉的玛利亚的遗骨，于是开始建造圣玛德莱娜教堂。1120年，教堂遭到火灾毁坏，其后20年，重建工作一直持续着。在之后的几百年间，教堂又遭到战火的蹂躏，但是19世纪时由法国学者和建筑师维欧勒·勒·杜克主持的修复工作颇具成效，完整保留了这座伟大建筑的辉煌空间和脆弱的雕刻。

### 扩展

11世纪至12世纪期间，罗马式建筑风格在欧洲大行其道，特别是被应用在教堂建筑中，部分原因可以归为修道主义的发展。彼时的法国涌现出大量优秀建筑，如勃艮第地区的著名教堂、南部地区雕刻华丽的教堂，以及北部地区更为朴素的建筑，如卡昂的诺曼修道院。1066年的诺曼征服后，诺曼人将罗马式风格带入英国。达勒姆大教堂和彼得伯勒大教堂是英国罗马式建筑（也叫做诺曼式建筑）的集大成者，大教堂的墩柱和拱券上常常装饰着复杂的线脚和抽象的雕刻，精美绝伦。英国的一些小型教堂也采用了这种建筑形式。德国的沃尔姆斯大教堂和施派尔大教堂气势宏大，大量高塔和尖顶令教堂的天际线美轮美奂，同时教堂的外墙上装饰着成排的半圆形盲拱。

▲ **达勒姆大教堂** 支撑中殿的墩柱的雕刻图案十分大胆。

# 视觉之旅

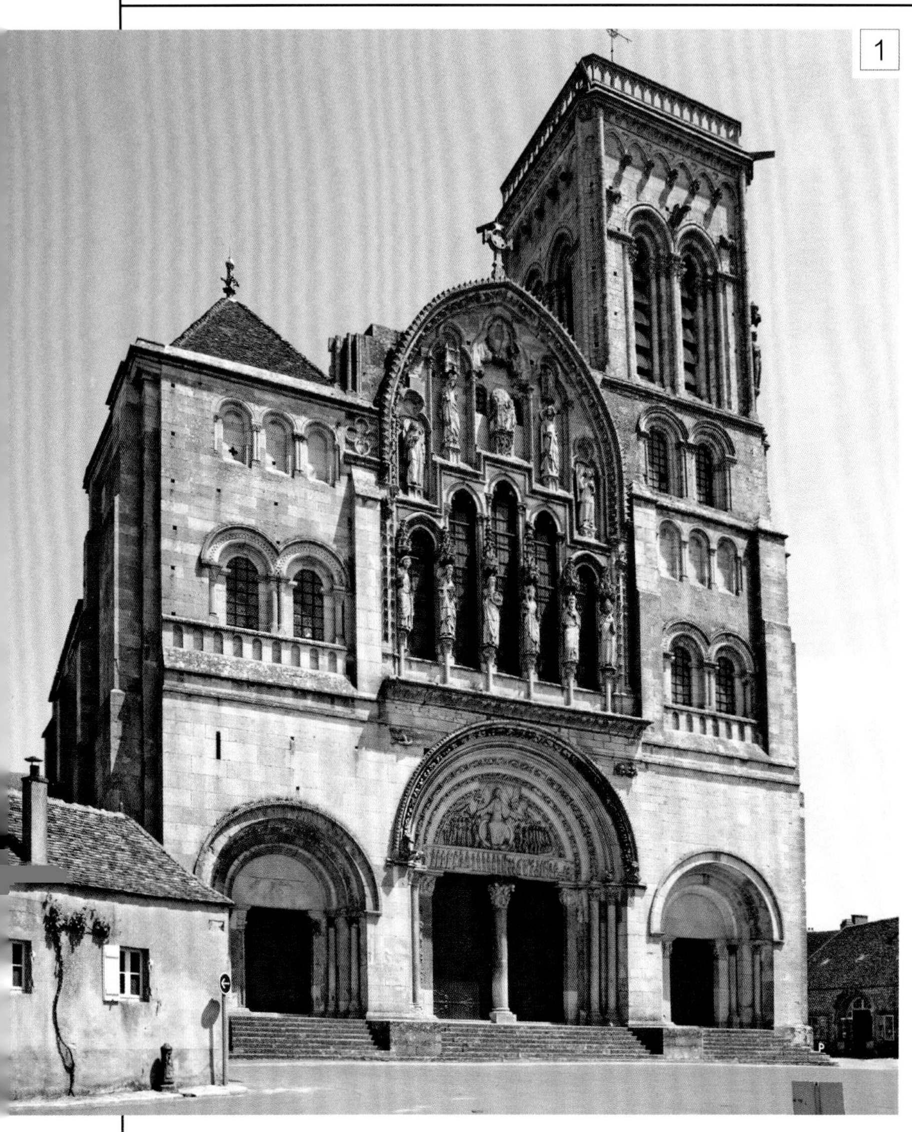

◀ **西端正面** 圣玛德莱娜教堂建成后，经历了大规模的改造和修复。教堂的西端正面，既保留了一些罗马式风格细部（圆拱），也加盖了一些哥特式风格细部（尖券）。罗马式细部包括三扇大门、大门上方的两对窗户以及更高处的三个盲拱。塔楼的下半部分保留了原有的罗马式风格，而上半部分的五个窄窗和雕塑则属于哥特式风格，也构成了整个西端正面的中上部分。很多中世纪大教堂都融合了罗马式和哥特式两种建筑风格。

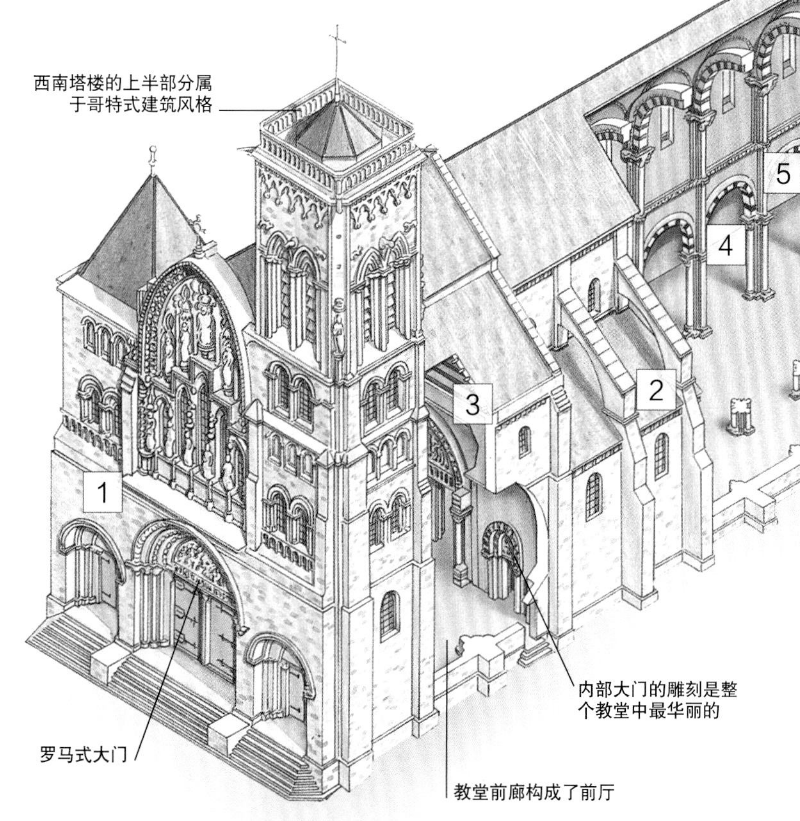

▲ **中殿窗** 12世纪建筑的窗户通常都比较小，韦兹莱的教堂也是如此，在侧面装设了一行小窗户。在当时，玻璃十分昂贵，而且石匠们还没有掌握能够支撑大窗户和沉重的石质拱顶的复杂扶壁结构，因此主要还是依靠极厚的墙壁和小型扶壁共同支撑结构。

▶ **中殿大门** 中殿的内部大门镶嵌着华丽的雕刻，特别是山花面部分（门上方的半圆形面板）。图中的雕刻以耶稣基督为中心，光芒从耶稣伸展的双臂外散发出来，照耀着身边的门徒。门徒上方的两条四分之一圆形条带浮雕则代表了普罗大众。外圈的小圆盘饰刻画着十二宫图和一年中的重大活动，如临近狮子座（7—8月）时的粮食丰收，临近天秤座（9—10月）时的葡萄丰收。

## 细部

中殿和侧廊的墩柱顶端有接近100个柱头，并且每个柱头的雕刻图案都是独一无二的。雕刻主题包括各种《圣经》中的故事和人物——从亚当、夏娃到门徒们的生活——着重刻画了《旧约全书》中的人物，如诺亚、以撒、雅各、大卫和摩西。同时也有一些象征性雕刻，如与恶魔和蛇怪的打斗场面，这种神秘的怪兽可能代表着邪恶或死亡。很多柱头雕刻展示了完整的《圣经》故事，比如对摩西的刻画就极为成功。摩西手持刻在石板上的《十诫》从西奈山下来，却发现人们崇拜一只金牛犊。

▲ **摩西** 摩西用石碑打金牛，一个恶魔从金牛的嘴里逃出。

▼ **中殿天花板拱券** 图片中是从高视角拍摄的一排半圆拱横断面近景。这些拱券支撑着中殿拱顶，用交错排列的白色和深褐色石块砌成，产生一种令人目眩的条纹效果，这在法国建筑中并不常见。在每道拱券上方仅露出一条极细的雕刻条带，与大胆的条纹图案形成了一种微妙的对比效果。

5

▲ **中殿内部** 中殿两侧的拱券造型简洁，完全看不到后期教堂中常用的复杂线脚装饰。另一方面，支撑拱券的柱子则装饰华丽，采用了多根小型柱身组成的簇柱造型。有些柱子贯穿整个教堂高度，支撑中殿天花板上的更大拱券。

◀ **唱诗厢和半圆后殿** 教堂建成后不久即加建了唱诗厢、半圆后殿和回廊（主圣坛后方的走廊），采用早期哥特风格，如狭窄的尖券、圆形墩柱和肋状拱顶。此处的窗户比中殿的更大，因为哥特式风格的石匠相信阳光是上帝之光的化身，所以想尽办法扩大窗户，使得更多阳光照射进教堂。

# 克拉克骑士城堡

约1142—1192年 ▪ 城堡 ▪ 叙利亚，霍姆斯附近

## 建筑师未知

叙利亚沙漠中，克拉克骑士城堡矗立在巨大岩石山顶部，俯视着进出霍姆斯的交通要道。这座气势恢宏的城堡是最伟大、保存最好的中世纪城堡之一。11 世纪至 13 世纪，欧洲的统治者发动多次十字军东征，表面宣称为保护来自西欧的基督教朝圣者在耶路撒冷的安全，实则是为从伊斯兰教手中夺回基督教“圣地”，但均以失败告终。远征期间，十字军修筑了大量城堡作为军事基地，散布在如今的叙利亚、黎巴嫩、以色列和约旦。克拉克骑士城堡是其中一座极具战略地位的军事要塞，保卫着连接“圣地”和地中海的咽喉要道。

克拉克骑士城堡的前身是 1030 年之前已经屹立在山顶的一座城堡。经过两次战斗，十字军攻下该城堡，并于 1142 年交给医院骑士团，一个旨在保卫中东已征服土地并保护到耶路撒冷朝圣的欧

洲教众的军事和宗教团体。此后，医院骑士团一直占据着该城堡，直到1271年，经过无数次围城激战后，城堡最终落入马穆鲁克·苏丹·比巴尔斯手中。

医院骑士团在占领期间重建了城堡并不断加以扩大和加固，达到能驻扎2000人的军队的能力。克拉克骑士城堡翻修后成为世界上最优秀的中世纪同心城堡之一，两道城墙围绕在城堡之外。这些巨石垒成的城墙、高塔、城堡本身所处的制高点甚至广阔的疆域使得城堡固若金汤。T.E. 劳伦斯（阿拉伯的劳伦斯）曾研究过十字军城堡，并把这座城堡称为“可能是世界上保存最完美、最令人钦佩的城堡”。

**扩展**

最早的石质城堡是11世纪的诺曼人建造的，基本上是围绕着一座叫做“主楼”的单一大型塔楼构成的结构。后来的城堡建造者，特别是十字军，意识到再大的主楼也不足以抵御进攻，所以加盖了更多防御性结构，如环形的外墙、坚固的门楼、城墙塔楼、外堡（外部防御工事）。

城堡建造者深知选址的重要性，因此他们往往会把城堡修建在山上或露出地面的岩石之上，以便观察敌人的动向。十字军擅长建造城堡，特别是医院骑士团（曾建造了克拉克、西利夫克和马盖特城堡）和条顿骑士团（蒙特福特领主）。

▲ **卡拉克城堡** 这座位于叙利亚的防御坚固的方塔城堡被围困8个月后陷落。

# 视觉之旅

◀ **斜面** 克拉克骑士城堡的很大一部分外墙都是上窄下宽的结构，形成平缓、倾斜的侧面（Talus，法语，意为“斜坡”）。这种设计使得城堡易守难攻，一方面攻城者难以架起攻城塔，另一方面守城者能够朝城下的敌人投掷石块等武器。有时石块碎裂后形成碎片，能够击伤攻城者并阻碍他们的攻城进度。

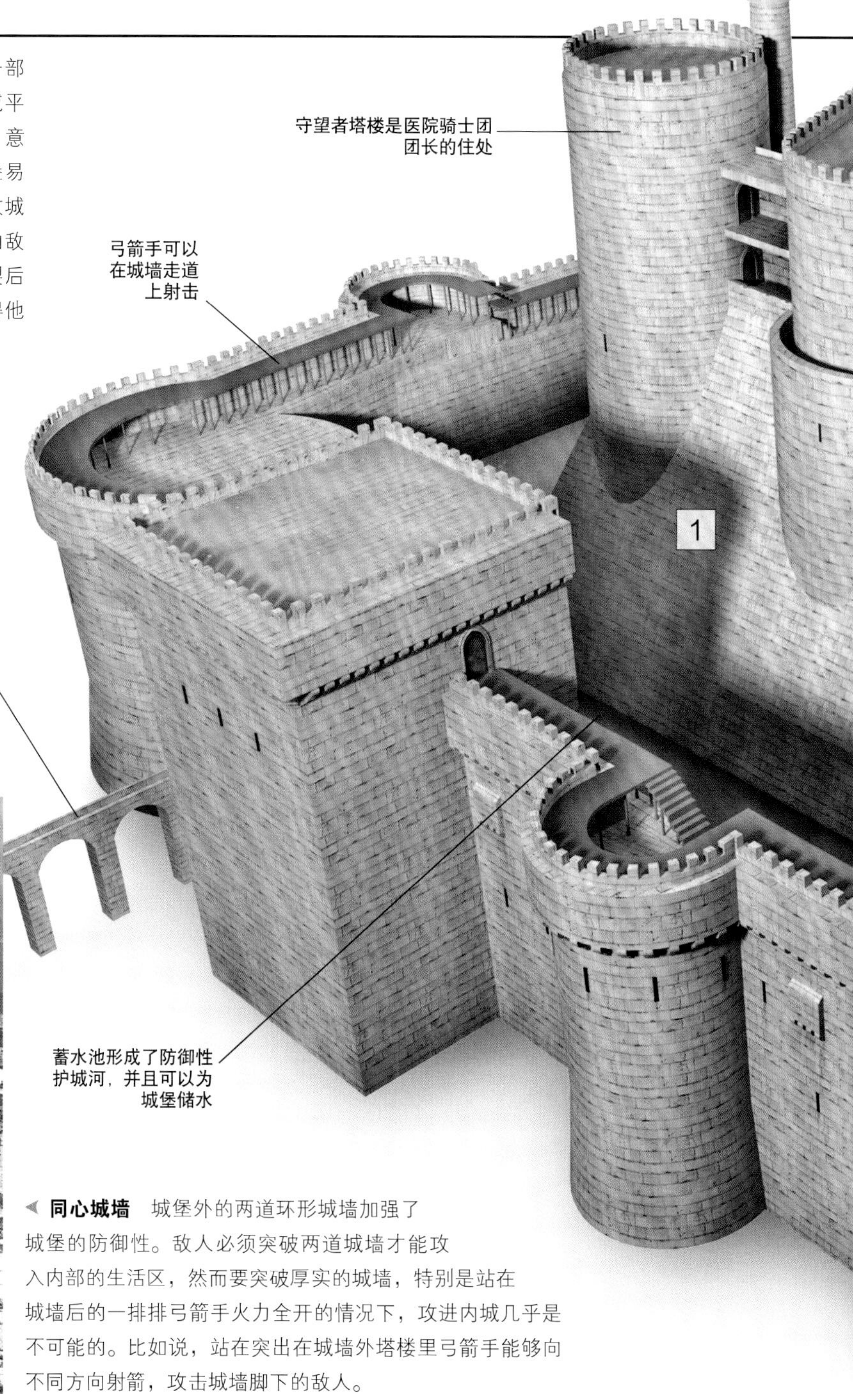


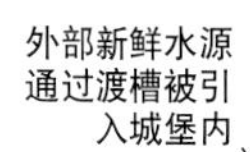


◀ **同心城墙** 城堡外的两道环形城墙加强了城堡的防御性。敌人必须突破两道城墙才能攻入内部的生活区，然而要突破厚实的城墙，特别是站在城墙后的一排排弓箭手火力全开的情况下，攻进内城几乎是不可能的。比如说，站在突出在城墙外塔楼里弓箭手能够向不同方向射箭，攻击城墙脚下的敌人。

◀ **公主塔** 公主塔位于城堡的一角，是整座城堡的最佳观察点。底部的哥特式尖券是十字军建造的，而上半部分则是后来的马穆鲁克占领者加建的。

▶ **城堡内庭** 这座位于城堡内部的庭院是整座建筑中防御最为森严之处，包含了一些最重要的结构，包括骑士团的议事厅、礼拜堂和套房，以及对城堡的军事胜利至关重要的结构，如储备粮草处和能够容纳 1000 匹马的马厩区。

▲ **拱形凉廊** 医院骑士团将欧洲大教堂（见第 72—77 页）中常见的尖券和石质拱顶等结构加入了城堡的改建中，使之极富哥特式风格。在图中所示的拱形走廊中，能够看到雕刻细致的拱顶拱肋，精美的柱身立在开口两侧，这些建筑细节处处都体现出高品质的建造工艺。毋庸置疑，克拉克骑士城堡不仅是一座防御工事，而且是建造者社会地位的体现。

▼ **城堡大厅** 城堡大厅与内庭的回廊相邻，哥特风格的内部结构极其壮观。大厅可能是医院骑士团的领袖用来接见并招待来访贵宾的地方。在欧洲住宅中，具有类似功能的会客厅屋顶一般为木制，但是城堡的屋顶采用的是石材，不仅提高了建筑的防火能力，而且彰显了骑士团卓越的社会地位。

## 结构

城堡的每一处设计都是为了增强自身的防御能力，如立于山顶的有利地形、高耸的塔楼等。两道同心外墙高达 24 米，厚重坚实，据称外墙地基的厚度达到了 30 米。外墙当中开凿了方便弓箭手进行瞄准的射箭孔，在城墙顶部还建有雉堞，使得弓箭手能够在射箭的间隙隐蔽自己。另外，建造者在城墙顶部修建了大量堞口，防御者可以在这些突出的孔洞中向下方的敌人投下弹药。如果攻击者能够突破城墙，则会立刻陷入蜿蜒如迷宫般的通道，随时可能被从天花板的孔洞中射出的弓箭等击中，凶多吉少。

▲ **堞口** 如图中左上方所示，这些塔楼的上部建造了一些突出于墙壁外的孔洞，叫做堞口。防卫者可以从堞口中向下方的敌人投下石块或沸水。

# 博尔贡木构教堂

约1180年 ▪ 教堂 ▪ 挪威，莱达尔

## 建筑师未知

几乎全由木条搭建的挪威木构教堂是世界建筑的瑰宝，尤其是多层屋顶的高层建筑，如位于挪威西南部的博尔贡的木构教堂。木构教堂最早出现在哈康一世（好人）统治时期（934—961年），此时，基督教进入了挪威。在那时的斯堪的纳维亚半岛，绝大部分建筑都是木制的，于是当地第一所教堂的建筑师也采用了这种传统材料，创造出了一种独一无二的神圣氛围。

起初，挪威的早期基督徒建造教堂围墙时，是将成排的立柱敲打进地面。进入12世纪后，建造方法更加复杂。首先修建一层低矮的石头基脚（地基），然后在基脚上搭建木结构，这样可以将木材与潮湿的地面分隔开来，防止木材腐烂。由于这些建筑的建筑材料主要是木条（垂直的木板），所以叫做木构教堂，屋顶一般倾斜角度极大，而且顶端加盖着木制尖顶。

博尔贡的木构教堂可以追溯到12世纪。中殿内部挑高的空间被分为若干层次，直达纤细的尖顶。柱子和木条上的雕刻极其精美，龙头尖顶饰装饰着屋顶。这些精致的细节也成就了教堂的伟大。这座教堂仍然遵循了传统的平面设计，中殿两侧建有侧廊，东端的半圆后殿安放着圣坛。但是木结构特有的对垂直空间的强调和装饰风格使得这座位于博尔贡和挪威其他类似的木构教堂独树一帜，无论在外部造型还是在内部氛围方面，都与其他基督教教堂大相径庭。

### 扩展

中世纪早期，各个北欧国家大概拥有上千座木构教堂，但是存留至今的只有挪威的大约30座，以及散布在其他各国的零星几座。幸存下来的大都是“单一中殿”教堂。这些结构简单的建筑遵循了传统的欧洲石质教堂的平面设计，即矩形的中殿和圣坛区，圣坛区比中殿的面积要小。虽然建有尖顶，但是有的教堂并不算高。

位于博尔贡和海达尔的这类木构教堂的结构更加复杂，比单中殿的教堂高得多，高挑的立柱支撑着主屋顶。毗邻主构造的小型结构的单坡屋顶较低矮，内部建有侧廊。建造者就地取材，将当地的松树木材物尽其用，其巧妙令人赞叹，如用去皮的树干做柱子，用厚木板做墙板，用小木块做屋顶的木瓦。

▲ 挪威海达尔的木构教堂

# 视觉之旅

▲ **龙头尖顶饰** 在屋顶的四个显著位置，傲立着龙头造型的尖顶饰。这些尖顶饰类似维京舰船船头上的装饰，是被基督教传教士采纳的当地异教文化的遗风。它们的作用可能是为了保护教堂和信徒免受恶灵侵扰。如同哥特式教堂的怪异装饰物，这些尖顶饰也可能象征着世俗世界，而基督徒进入神圣的教堂时就能将世俗抛在身后。

▲ **屋顶** 教堂的屋顶覆盖着木瓦，既美观又实用。大部分木瓦呈菱形，形成鳞状的屋顶表面，但是在靠近屋顶边缘时，建造者将木瓦做成圆头，形成漂亮的扇贝形边缘。为了增强防水效果，木瓦的重叠十分紧密，而且所有屋顶边缘都略微突出于建筑表面，这样的话就能让雨雪远离表面，有利于保持建筑的干燥。

◀ **山墙** 教堂的北面、南面和西面各有一个入口，入口上分别建有山墙，与上方更大的山墙相互呼应。小山墙略微突出于建筑表面，形成三个门廊的效果。雨雪天时，教堂的来访者可以在此避雨。山墙的边缘被木瓦包裹着，形成一个装饰面，其顶部竖立着十字架。

▶ **西门** 主入口两侧的木墙雕刻图案复杂而张扬。半圆拱周围的设计比较抽象，在半圆拱顶部和大门两侧雕刻着鸟兽图案的浮雕，如被缠结的旋涡状叶形图案包围的大象头部（估计雕刻者只是在书里见过这种动物）。

◀ **动物雕刻** 除了大门周围的浮雕，教堂中还有一些令人印象深刻的动物雕刻作品。如图中这只骄傲地站在靠近南门柱子上的动物，可能是 12 世纪挪威雕刻家眼中狮子的模样。

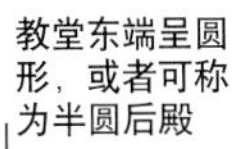

▲ **中殿** 中殿位于整个教堂内部空间的心脏位置，殿内高耸的立柱构成整座木构建筑的主要结构，从地面拔地而起，直达屋顶。为了增加结构的强度和硬度，建造者采用十字形木架和半圆拱支撑立柱。在地板下面，立柱立在水平的木制基座上并连接在一起，从而更加牢固。这些木制基座下方是石质地基。

▲ **屋顶和墙壁结构** 仰望屋顶，可以看到连接立柱之间区域的是拱券结构或构成墙壁的其他木材。教堂中的窗户极少且极小，仅有微弱的光线和气流能够进入内部。在建筑顶部，用横梁将立柱连接在一起，并支撑着屋顶。整个屋顶的框架结构一目了然。

# 夏特尔大教堂

1194—1223年 ▪ 大教堂 ▪ 法国，夏特尔

## 建筑师未知

1194 年 6 月 10 日的夜里，法国北部城市夏特尔陷入一片火海。整座城市被严重毁坏，而夏特尔大教堂几乎付之一炬——保留下来的只有教堂西端和地下室。大火后，遵照原平面图的重建工作马上开始，全新的大教堂在 1223 年基本完工。在之后的岁月，大教堂历尽风雨，如后来的法国大革命，虽然屡次修复，但是大教堂的设计核心却基本未改。夏特尔大教堂仍然是中世纪大教堂建筑的杰作。

夏特尔大教堂属于哥特式建筑风格。从 12 世纪到 15 世纪末期，哥特风格在法国十分流行，并被发展成多种形式。哥特式建筑的典型元素是尖券、大窗以及对建筑物高度的追求。夏特尔大教堂以及其他哥特式教堂的尖顶和拱顶高耸入云，似乎能触到天堂。大量光线透过大窗照射进教堂内部，在中世纪建筑师和信徒心中，阳光就是上帝之光的化身。

夏特尔大教堂虽然遵循了哥特式建筑的传统，但还是有所创新。为了尽可能地展现彩色玻璃的美丽，建造者修建了巨大的顶部窗户。同时，夏特尔的石匠也是优秀的雕刻家，夏特尔大教堂中的雕刻作品，特别是在三个主要入口处的雕刻，精美绝伦，数量众多，在中世纪教堂中堪称之最。宏伟的石尖顶、精致的雕刻和梦幻般的彩色玻璃，这一切完美和谐地组合在一起，成就了夏特尔大教堂这座艺术的瑰宝。

**扩展**

在中世纪的夏特尔城中，错落有致的教堂、商铺和作坊散布在厄尔河附近的高地上，城外环绕着坚固的石头城墙。虽然城中的教堂不止一座，但是夏特尔大教堂无疑是最大、最醒目的。宽敞的中殿，高耸的尖顶（最高的达到 115 米），从几英里之外肥沃的平原向东南眺望，就能看到这座伟大的教堂。对绝大多数夏特尔城的居民来说，这座大教堂可能是他们见过的最大的建筑。

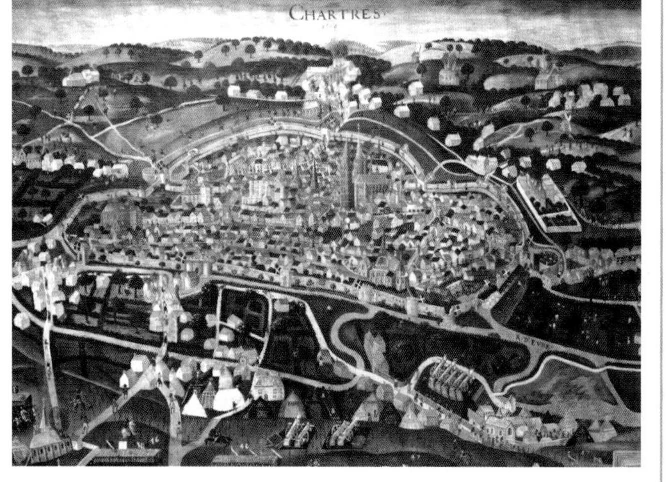


▲ **夏特尔** 1568 年的夏特尔城全貌。

# 视觉之旅：外部

▲ **西北尖顶** 1503年，教堂原本的西北尖顶被大火毁坏，后又得以重建。石匠大师杰汗·德·博斯设计了这种晚期哥特式风格“火焰式”尖顶，小尖顶和扶壁结构形成了蕾丝般的网格。

◀ **西南尖顶** 西南尖顶是幸存下来的教堂最初的结构，比西北尖顶更加朴素。高耸、狭窄的山墙围成一簇，托起简洁的八角形结构。山墙被细长的尖券穿透，与下方的教堂西端正面造型相似。

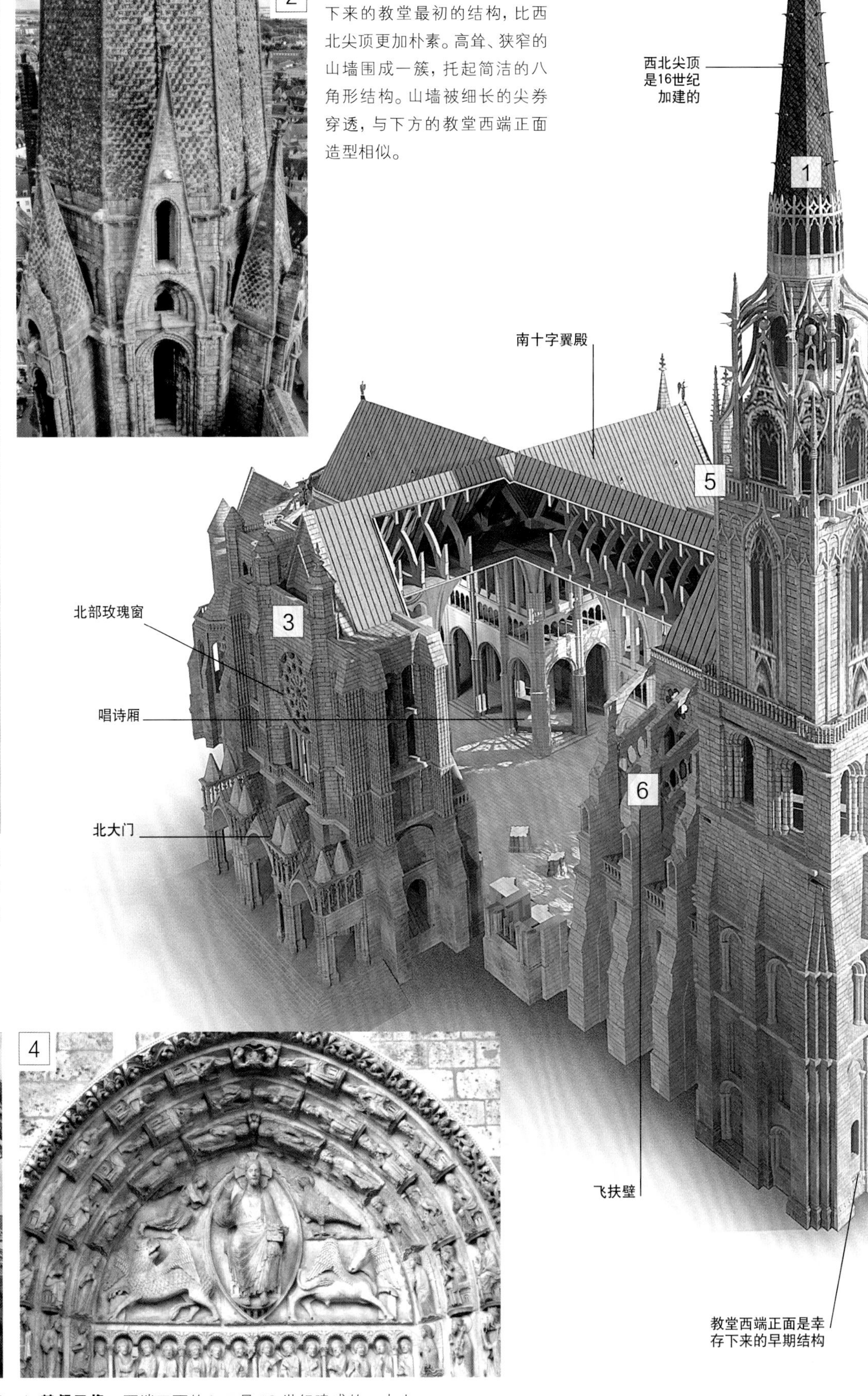


▲ **北部十字翼殿** 在复杂的玫瑰窗花饰窗格下方，北部的十字翼殿延伸出令人赞叹的门廊，并修建了3个入口。这些雕刻作品完成于13世纪早期，主要刻画了圣母玛利亚的生平。

▲ **基督圣像** 西端正面的入口是12世纪建成的。中央大门的上方雕刻了一个山花面（拱券正上方的区域），图中耶稣基督被象征着4个福音传道者的形象包围着。

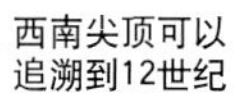


2

西大门

◀ **怪兽形滴水嘴** 为了保护教堂的石墙不受雨水侵蚀，工匠们建造了有导水作用的石雕斜槽。怪兽头部是中世纪石匠们常用的滴水嘴造型，在大教堂外部众多神圣的雕刻作品中显出一丝幽默。

▲ **飞扶壁** 飞扶壁结构依附在教堂的各个侧面及教堂东端周围，能够将沉重的石质拱顶的外向推力传导至地面（见右图）。成排的小型拱券连接在一起，减小了巨大半拱券的体积，形成精妙的网格结构。

## 细部

教堂西端的雕刻是12世纪的作品，风格庄重，甚至略显僵硬。这一系列人物包括国王、王后以及《旧约全书》中的统治者和基督复临。北部大门的雕刻作品完成于13世纪，刻画了先知和圣人，而南部大门主要表现的则是基督及其门徒。

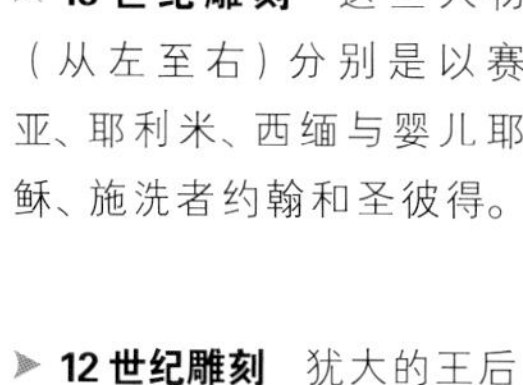

▲ **13世纪雕刻** 这些人物（从左至右）分别是以赛亚、耶利米、西缅与婴儿耶稣、施洗者约翰和圣彼得。

▶ **12世纪雕刻** 犹大的王后和《旧约全书》中的两个人物呈现出较早期的雕刻风格。

## 结构

在哥特式大教堂中，大面积的窗户削弱了墙体的牢固程度，因此需要建造一些辅助结构来支撑构成天花板的大型石质拱顶。拱顶的重量形成一种外向推力，将相交的两面高墙推向相反方向，造成结构的不稳定。为了解决这个问题，中世纪的石匠们发明了飞扶壁这种结构。这些巨大的、拱形的石砌体在外部支撑着整座建筑。在夏特尔大教堂中，每个飞扶壁都是由三个被固定在坚固石头上的半拱券组成的，其支撑作用被发挥到了极致。

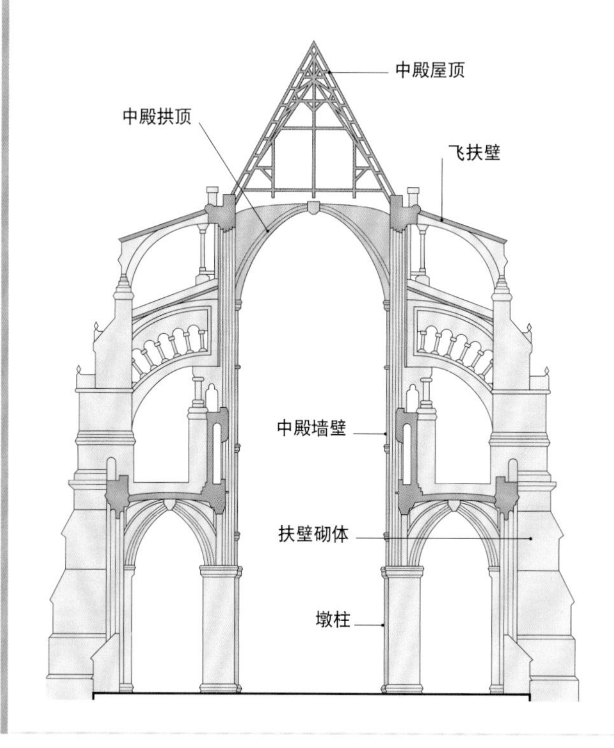

# 视觉之旅：内部

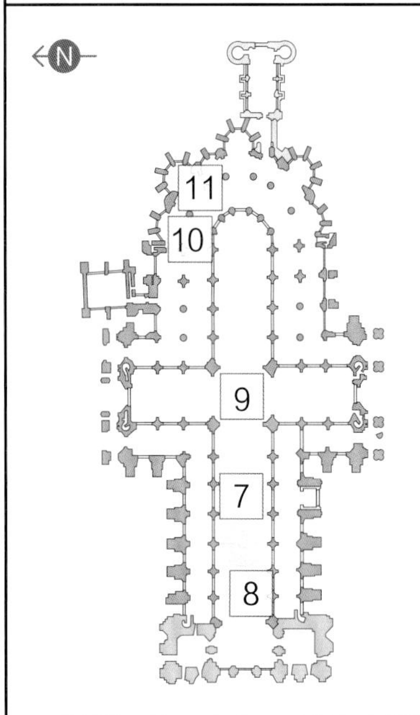

▲ **中殿拱顶** 夏特尔大教堂采用的是四分拱顶（弯曲的石质天花板）形式，也就是说每个开间或垂直分层都有四个三角形区域，这种布局比很多哥特式大教堂所采用的六分拱顶更加简单。拱顶的每条拱肋都发源于分隔开间的立柱，在斜肋交叉处，装饰着巨大的石质博斯饰（有装饰效果的隆起物）。

► **中殿** 一踏进中殿，那高耸的穹顶所带来的纯粹的、令人目眩的升腾感一下子就能攫住访客的心。所有的垂直结构——墩柱（圆柱）、柳叶窗、拱券——都将访客的目光引向天花板，同时水平角度的焦点会落在主圣坛上。嵌在教堂西端地板中的迷宫象征了通往耶路撒冷的朝圣之路和灵魂进入天堂的道路。

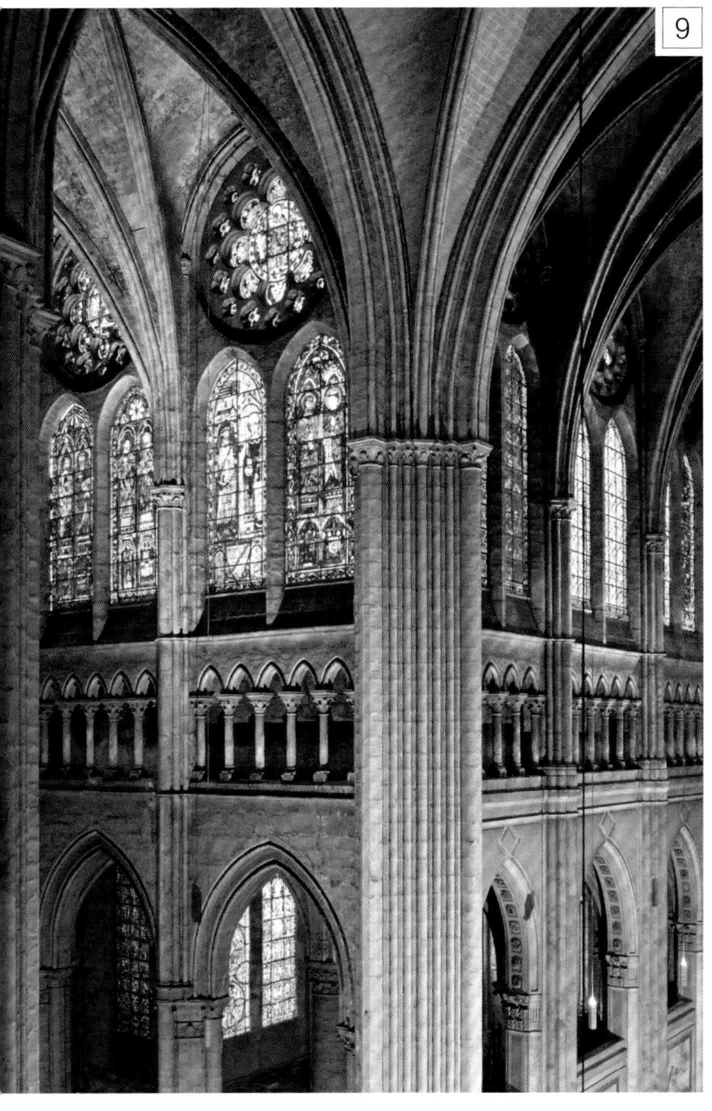

9 ◀ **天窗层** 在哥特式教堂中，中殿和十字翼殿的拱券上方的一排窗户形成天窗层。阳光透过天窗层照射进教堂，形成五彩斑斓的耀眼效果。在很多早期法国教堂中，高侧廊层占据了大量空间，因此只能开凿很小的天窗。而夏特尔大教堂并没有建高侧廊，因此大面积的天窗甚至延伸到了拱券底部，为彩色玻璃艺术提供了绝佳的展示空间，艺术家们在天窗上描绘了大量圣人和先知的画像。

10 ◀ **回廊** 回廊是围绕着圣坛区并通往主圣坛后方蜿蜒的带拱顶的走廊。这个空间的作用是为容纳教徒完成各种游行圣歌仪式，同时也是通往教堂东端的礼拜堂和圣坛的通道。

11

▲ **回廊屏风** 这扇精心雕刻的石质屏风分隔了回廊和唱诗厢空间，是由石匠大师杰汗·德·博斯在16世纪早期设计建造的。屏风上雕刻了41幅场景，叙述了圣母玛利亚和耶稣基督的生平。

## 设计

几乎所有12世纪完成的华丽而古老的彩色玻璃都保存了下来。这些宝石般的窗户刻画了各种圣经人物和圣人，以及十二宫符号和每个季节中的一些生活场景。画面中的人物来自社会各个阶层，从皇亲国戚到市井小民，如木匠、车匠、屠夫、鞋匠和药师等，简直是一幅生动的法国中世纪民生图。为了制造色彩艳丽的彩色玻璃，工匠们可能是在玻璃制造过程中加入了粉末状的金属氧化物。阳光穿过巨大的窗户，在大教堂内部投下一道道绚丽的彩色光柱。

▲ **南部玫瑰窗** 位于窗户中央的是端坐的基督神像，描绘着天使图案的12个小圆盘围绕在基督周围。而较大的圆盘和半圆形圆盘则刻画了《启示录》中的24位头戴冠冕的长老。

▲ **十二宫窗户** 绘有十二宫标志的窗户位于南部回廊处，而与之配对的窗户所描绘的是相关的季节性活动场面。在2月窗户（左图）中，一个人正在火堆旁暖手；而9月的窗户（右图）则是一幅采摘葡萄的丰收场景。

▲ **诺亚窗户** 在位于北部侧廊的窗户中，诺亚正在劈木头造方舟，而他的一个儿子正在背着一截树干。

▲ **耶稣降生窗户** 这面窗户位于教堂西端，描绘了耶稣降生的场景，图中人物有玛利亚、约瑟和襁褓中的耶稣。

# 布格豪森城堡

约1255—1490年 ▪ 城堡 ▪ 德国，布格豪森

## 建筑师未知

这座巨大的巴伐利亚要塞绵延 1 公里，是欧洲最长的中世纪城堡，也是优秀的中世纪晚期建筑作品。城堡原本只是一座修筑了防御工事的木制建筑，后来在中世纪时期改头换面，特别是在 13 世纪至 15 世纪，强大的巴伐利亚－兰茨胡特公爵家族对城堡进行了大规模的改造。那个时期完成的大量城堡建筑属于哥特式风格。

布格豪森城堡傲立在一条狭长的山脊之上，俯瞰两侧的水域。从根本来说，这座城堡是由一串被称为“庭院”的封闭空间组成的，包括主要城堡（内庭）和五个外庭。起初，为了加强防御，庭院之间互不相连，周围建造了护城河、桥梁和吊闸。发生战争时，进攻者必须连续攻下所有庭院才能占领位于城堡远端内庭中的公爵住所。在和平时期，每个庭院各司其职，比如专门用来饲养马匹的庭院，或者用来供应饮食的庭院。这些布局安排非常实用，使得城堡完全能够自给自足，在有敌人围困时，这一点决定了城堡的生死存亡。

布格豪森城堡属于典型的中世纪哥特式建筑风格，如高耸的石墙、视野开阔的瞭望塔。城堡的底壁巨大而厚重，几乎没有窗户，仿佛是从岩石地基上生长出来一般。几百年来，有些哥特式结构被替换了，有些较小的中世纪窗户也被扩大了，但是城堡的第一道防线——环形城墙却依然保持着最初的风貌。

### 环境

布格豪森城堡修建在一座岩石山脊的制高点上，一侧是苏尔茨巴赫河，另一侧是牛轭湖－沃尔湖。中世纪的城堡建造者喜欢选址在临水之地，因为河流、湖泊不仅是有效的防御屏障，而且也是强力的运输通道——船运在运输建造城堡必不可少的巨石时，是最便捷、最经济的方式。

一方面，城堡处于高位，敌人难以接近；另一方面，优越的地理环境也使得城堡在周围环境中更加突出。这座宏伟的建筑是巴伐利亚公爵家族的伟大象征，他们统治的领域宽达 200 公里，南至多瑙河。

▲ **鸟瞰图** 城堡毗邻布格豪森市，西侧是沃尔湖。

# 视觉之旅：内部

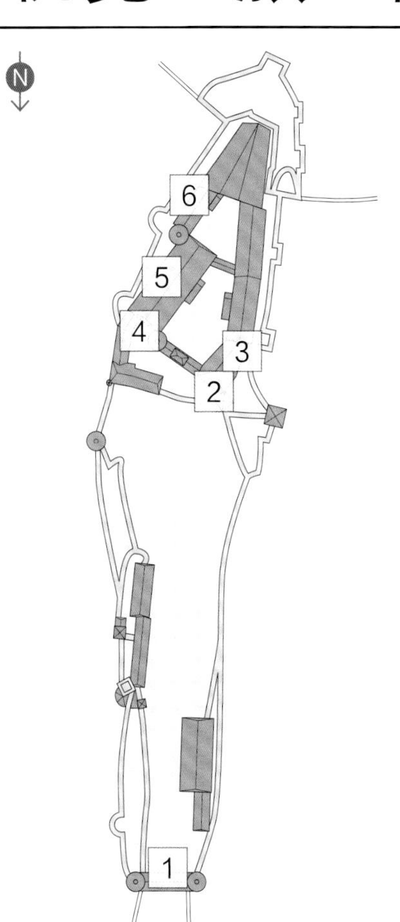


▼ **格奥尔格大门** 格奥尔格大门是城堡外庭的门楼，通往大门的吊桥跨过宽达27米的护城河，桥面到水面的高度是8米。在战争时期，狭窄的吊桥更易防守，因为攻城者难以形成优势兵力。门楼的圆角塔不仅为守城者提供了绝佳的观察视野，而且一旦发现试图登城的敌人时，也有较广的射击角度。

▲ **外庭** 城堡外庭是一个修筑了防御工事的封闭空间，与主要的内部庭院相连。外庭中的建筑物墙壁朴素，屋顶呈尖形，包括城堡的酿酒厂和面包房等。为了安全目的，这些结构原本只有极少的开窗，但是中世纪之后，又陆续增加了一些开窗，并扩大了原有窗口的面积，增加了室内的光照。左侧的角楼和右侧的方塔也是防御性结构，是守城者的瞭望点和射击点。外庭入口极小，有利于哨兵和其他士兵防守，封锁外庭并且保护远处的公爵住所。

▶ **内庭** 内庭位于城堡的心脏位置，包括贵族的生活区、骑士大厅、女士房间和一个礼拜堂等建筑。图片中看到的是通往二层生活区的外部楼梯。底层一般用来储存粮食或葡萄酒，有时也做他用，如建成工作坊。顶层的生活区通过一座廊桥与庭院内的其他建筑相连，这样的话，人们不必经过庭院就能到达生活区。

◀ **要塞** 这座主要要塞是城堡中最高的塔楼，与骑士大厅的北端相连，在战时可能被用作军事指挥部。站在要塞上层，公爵能够观察城堡及其周边的情况，并对手下发号施令。如果敌人攻下外墙和庭院，这里又是城堡主人最后的避难所。

▼ **骑士大厅** 骑士大厅位于主要庭院的东部，是一系列房间和餐厅的组合，供驻扎在城堡中的骑士和重骑兵使用。大厅的装饰虽然很简单，但是气势恢宏，采用早期哥特式风格的石质拱顶结构，与圣伊利莎白礼拜堂类似（下图）。一排未加修饰的圆柱支撑着拱顶，将大厅划分为两个平行的空间。

5

4

## 结构

与很多欧洲中部城堡相似，布格豪森城堡形态狭长，立在峭壁顶端。突出于地面的岩石为外部防御工事和围绕着城堡庭院的内墙提供了坚固的基础。

城堡共有 5 个外部庭院，分别修建了不同实际功能的建筑。在第 5 个也就是最外面的庭院中，有工作坊、办事处、仆人房间；第 4 个庭院中有礼拜堂、花园、园丁宿舍；第 3 个庭院中有马厩；军械库位于第 2 个庭院；而第 1 个庭院，也就是距离公爵住处所在的主要庭院最近的庭院当中设置了酿酒厂、面包房和更多马厩。每座庭院都修建了厚壁和塔楼，方便守卫者监视周围情况。在这些被称为“胡椒瓶”的塔楼中，有一部分后来被改造为炮台。

▲ **防御城墙** 石质城墙高耸而坚固，修建完整的塔楼包围着第 2 座庭院。

6

▲ **圣伊丽莎白礼拜堂** 城堡中一共有两座礼拜堂，这座圣伊丽莎白礼拜堂临近公爵住处。这座建于 13 世纪中期的结构属于典型的早期哥特式风格，开凿了简洁的柳叶窗（狭窄的尖形窗）。礼拜堂的一端呈多边形，顶部是石质拱顶天花板，其拱肋发端于窗户之间的叠涩（突出部分）。下方的壁龛供奉着圣人雕像。

## 细部

中世纪城堡一般被认为是实用主义建筑，简单朴素的石墙、斯巴达式的房间，其设计的目的只为防御。然而，城堡同时也是君主和贵族的住所，所以从某种程度上来说，城堡也需刻意显示城主的身份和地位，而装饰纹章就是一种方式。在布格豪森城堡的城墙上，可以看到城主纹章——一是绘在格奥尔格大门上的巴伐利亚公爵家族纹章，即一对盾牌，包括雄狮和蓝白相间的格子图案；二是波兰皇族纹章老鹰图案（1475 年，波兰公主海德薇格与巴伐利亚的格奥尔格公爵联姻）。

▲ **纹章** 格奥尔格公爵和海德薇格公主的纹章被绘制在靠近格奥尔格大门的壁龛中。

# 佛罗伦萨大教堂

1296—1436年 ▪ 大教堂 ▪ 意大利，佛罗伦萨

## 多名建筑师

在中世纪晚期的意大利，佛罗伦萨是最富裕的城市。13 世纪末，市议会决定兴建一座巨大的新教堂取代原来的圣雷帕拉塔教堂，并指定建筑师为阿诺尔弗·迪·坎比奥。工程在 1296 年开始，但阿诺尔弗于 1310 年去世，建设随之中断。14 世纪 30 年代，几位建筑师陆续主持，工程重新启动，其中包括伟大的艺术家乔托。在之后的数十年间，工程缓慢地进行着，除了穹隆大部分主要结构都已完工。

建造穹隆成为一个摆在面前的巨大挑战，因为穹隆的跨度达到了 42 米，并受限于平面设计，无法建造辅助性的扶壁结构。1418 年，当局为解决这个难题而举办了竞赛活动，两位入围者都是金匠——洛伦佐·基布尔提和菲利波·布鲁内莱斯基。最终，布鲁内莱斯基胜出。他提出使用砖块砌成穹隆，从而省去建设过程中所需的临时辅助木材。无论从工程难度还是外形美观方面考量，他的设计都取得了巨大成功。目前，它仍是世界上最大的砖砌穹隆。

佛罗伦萨大教堂标志着中世纪到文艺复兴时期的转折。该教堂是带有意大利特色的哥特式风格建筑，虽然也建造了尖券和石质拱顶，但并不像法国哥特式建筑那样强调高度、小尖塔和尖顶。采用这样的穹隆屋顶，布鲁内莱斯基赋予了这座哥特式建筑以文艺复兴元素。

之后的几个世纪，教堂的装饰工作在有条不紊地进行着，并将哥特和文艺复兴两种建筑风格完美结合在一起。16 世纪，文艺复兴艺术家乔尔乔·瓦萨里和费德里科·祖卡洛绘制了穹隆内部图案。19 世纪时，教堂的西端表面被重修为意大利哥特式风格。

### 菲利波·布鲁内莱斯基

1377—1446年

布鲁内莱斯基出生在佛罗伦萨，最初是位金匠和雕刻匠。他与洛伦佐·基布尔提同时得到竞争设计并建造大教堂洗礼池的青铜大门的机会。当他们两人的设计都被接受之后，布鲁内莱斯基拒绝与基布尔提合作，于是基布尔提独自承担了这项工作。1418 年，布鲁内莱斯基投入到大教堂穹隆的建设中。同时，他还改造了比萨的一座桥，设计了佛罗伦萨的圣灵教堂、圣洛伦佐教堂、佛罗伦萨育婴堂和归尔甫宫。布鲁内莱斯基的作品具有深远的影响力，特别是佛罗伦萨育婴堂，甚至被有些历史学家称为第一座文艺复兴式建筑。归尔甫宫成为意大利贵族竞相模仿的住宅典范，而佛罗伦萨大教堂的大穹隆也启发了圣彼得大教堂的穹隆设计。

# 视觉之旅：外部

▲ **轮形扇窗** 深嵌在西端墙壁中圆窗的花饰窗格十分简洁，主要由中央的圆环和向外辐射的石条构成，图案类似车轮。相较之下，法国的哥特式玫瑰窗的装饰图案更加复杂，而意大利的建筑师受到罗马式建筑的影响，更加注重设计的简洁性和线条感。

女儿墙和屋顶，乔托原本计划在此增加一座尖顶

大钟所在位置开凿了巨大的开口，方便钟声传播

19世纪时替换了原来的大理石外饰面

▲ **西端正面** 与很多中世纪晚期的意大利教堂一样，佛罗伦萨大教堂的西端正面具备明显的山墙轮廓，中间高，两侧低，分别对应教堂内部的中殿和中殿两侧的侧廊。拱形的大门、圆形窗、小型尖形开口（不同于法国或英国大教堂的巨大的西端窗口），这些都是典型的意大利风格。原来的西端正面未曾完成，后来被拆除。现在看到的白色、红色和绿色大理石包裹的正面是19世纪时增建的，但是与相邻钟楼的中世纪墙壁非常和谐。

▶ **钟楼** 钟楼建于1334年至1359年间，高度达到令人称奇的84米。钟楼的设计师乔托原本打算加上一座尖顶，但是他不幸于1337年去世，于是这个设计也随之搁浅。大钟被安放在钟楼顶层，围绕着一圈平直的女儿墙。尽管未建尖顶，但是钟楼仍然不失雄伟壮观。钟楼共四层，层与层之间装饰着明显的腰线，墙壁外包裹着闪闪发光的大理石，同时顶部三层上的窗户与苍白的石墙形成鲜明的对比。

◀ **砌石工艺** 从大教堂东端的一个石雕细节中，我们能够了解工匠们是如何利用不同颜色的大理石来勾勒出不同形状的建筑结构的。比如半圆拱的使用就是这样一种装饰，这种结构在哥特式和文艺复兴式两种建筑风格的更迭间起到了承前启后的作用。在部分半圆拱当中，用一对垂直石条将拱中的石砌部分分隔开来，形成了一种类似“迪欧克勒提安窗”的设计效果，这种窗常用于罗马的浴室和巴西利卡中。

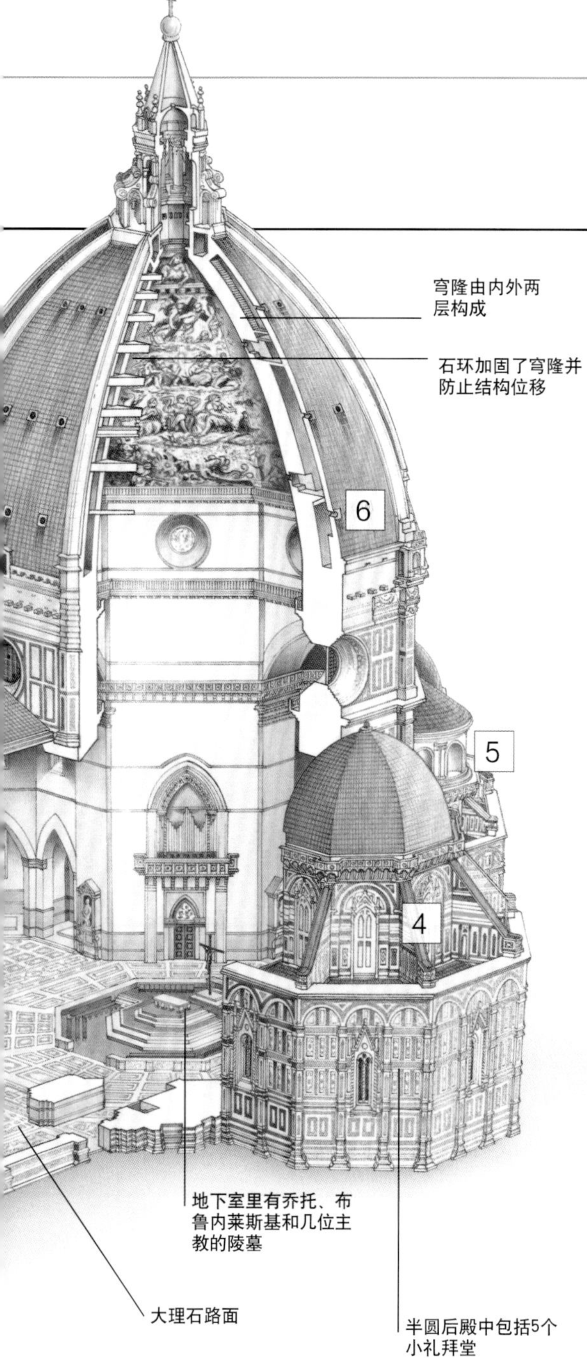

▲ **穹隆** 穹隆是由垒砌在石质拱肋之间的砖块建成的。在布鲁内莱斯基的指导下，石匠们将砖块按人字形图案砌合在一起。这样的砌法将新砌砖块的重量转移到临近的石质拱肋上，也就意味着工人们在灰泥黏合还未牢靠之前不需要搭建临时木支架。穹隆顶端的灯亭完工于1461 年，此时布鲁内莱斯基已过世。

▼ **东端** 大教堂东部的布局十分独特。围绕在穹隆四周的是 3 间半圆后殿，每间的平面都是半八角形，屋顶覆盖着半穹隆。每间半圆后殿内部有 5 个小礼拜堂，通过狭窄的哥特式窗户采光。在建筑外部可以看到这些小窗户，顶着尖形的小顶棚。这样的设计大大增加了建筑东端外观的复杂性，同时通过重复出现的圆头拱券和形状完全一致的半穹隆来构建统一性。

## 设计

如图纸和图片所示，穹隆覆盖了大教堂心脏位置的极广阔空间，但是穹隆结构中最巧妙的设计却是看不见的。一共有九条水平石环围绕着整座穹隆，就像箍着水桶的金属圈一样，将结构固定。每条石环的面积约为 60 厘米 ×90 厘米，在它们的共同作用下，确保了穹隆的砖石结构不会向内崩塌或向外位移而造成结构分裂。它们也就代替了同样具有固定作用的扶壁结构。

▲ **穹隆横截面** 这是鲁多维克·西格利于 1610 年绘制的穹隆横截面，由于这位艺术家不知道加固石环的存在，因此并没有在图中画出来。

## 扩展

钟楼上的一系列浮雕所涉及的题材丰富多样，如《创世纪》当中的场景、农业活动、建筑、锻造等工匠劳动场面。浮雕还刻画了一些古代学者形象，包括毕达哥拉斯和一些科目的拟人化形象，如文法。据传说，这些惟妙惟肖的六边形浮雕板出自伟大的雕刻家安德烈·皮萨诺之手，但是人们并不知道皮萨诺只是进行了设计还是亲自雕刻了这些浮雕。总而言之，这些浮雕似乎试图反映出佛罗伦萨人的虔诚和深厚的艺术造诣。

▲ **创造夏娃** 这是钟楼上的一块浮雕作品，表现了《圣经》中的一个场景。目前原作被存放在大教堂博物馆。

# 视觉之旅：内部

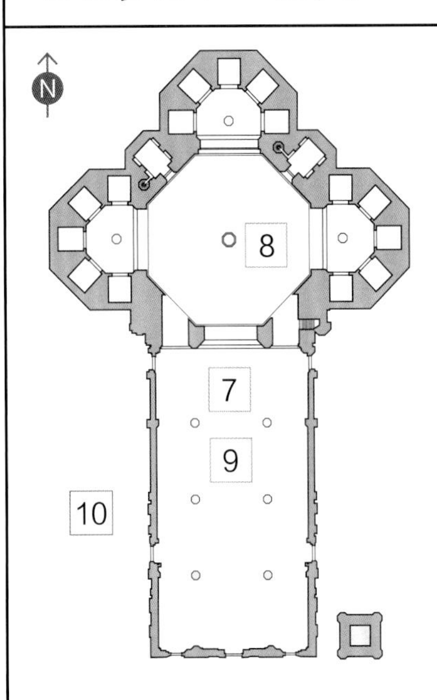


▶ **穹隆** 穹隆的内部表面面积巨大，通过中央的灯亭采光。布鲁内莱斯基原本打算用马赛克装饰，借助马赛克的金色小镶嵌片（小立方体）反射照进教堂内部的自然光。但是16世纪时，科西莫一世·德·美第奇公爵否定了他的建议并选择乔尔乔·瓦萨里绘制一幅壁画——最后的审判。壁画后来由瓦萨里的继任者完成。

▼ **十字圣殿和拱券** 在巨大的墩柱上方是极其简朴的尖券，支撑着穹隆；同时，在略细的圆柱上方的小型拱券划分出来较远处的圣殿。配合着苍白的石质内墙、不加修饰的拱顶天花板、大量开窗等，这些特色都增加了内部空间的轻盈感。

◀ **大理石路面** 16世纪，教堂得到了美第奇家族的赞助，铺设了大理石路面。当时，建造者拆除了教堂西端过时的哥特式大理石外饰面，并选择了一部分大理石铺设路面。这可能是佛罗伦萨著名的建筑师家族达•桑伽洛家族一员的作品。

## 细节

洗礼堂立在教堂西端，是一座八角形建筑，比大教堂本身的历史更加悠久。14、15 世纪时期，洗礼堂装设了三组宏伟的青铜大门做装饰，其中一扇是安德烈・皮萨诺设计的，另外两扇由洛伦佐・基布尔提设计。皮萨诺的作品和基布尔提制作的第一组门是以高浮雕的艺术形式再现《圣经》中场景，外框为哥特式风格。基布尔提的第二组门则装饰着浅浮雕板，用更写实的手法展示了《旧约全书》中的场面。

▲ **以色列人** 在基布尔提的第二组门上，摩西的追随者从先知那里获得了摩西律法。

## 设计

洗礼堂天花板的马赛克可以追溯到 1225 年，由若干艺术家共同完成，比相邻的大教堂的历史更加悠久。但是洗礼堂天花板上马赛克的处理方式却与布鲁内莱斯基原本对大教堂穹隆的设计如出一辙，同时马赛克的部分主题也被用于大教堂的壁画。在马赛克的底部，是小圆盘中的耶稣基督画像，基督右边是被拯救的，左边是被魔鬼所诅咒和折磨的。马赛克的其他部分，也就是围绕在中央灯亭的同心八角形中的图案刻画着天使的形象，离中心最近的是《旧约全书》场景，在边缘部分是《新约全书》场景，包括耶稣基督、圣母玛利亚和约瑟的生平事迹。

▲ **佛罗伦萨的洗礼堂天花板上的马赛克**

10

▶ **但丁画像** 在大教堂的绘画作品中，有一幅是多米尼克・第・米凯利诺在 1465 年绘制的诗人但丁正在解释他的杰作《神曲》的场面。画中的背景是 1465 年的佛罗伦萨景色，当时大教堂的穹隆——在诗人右侧——刚刚完成不久。

# 阿尔罕布拉宫

1232—1390年 ▪ 有防御工事的宫殿 ▪ 西班牙，格拉纳达

## 建筑师未知

阿尔罕布拉宫（“红色城堡”）坐落在高地之城格拉纳达的一座山岗之上，是一座有防御工事的宫殿，也是伊斯兰教风格建筑的一大奇迹。宫殿是当时西班牙南部的伊斯兰教统治者——奈斯尔王朝的苏丹们于13世纪至14世纪建造的。从远处眺望，巨大的锯齿形的塔楼矗立在坚实的红色砖石城墙（“红色城堡”由此得名）上，整座宫殿看起来朴实无华，庄严肃穆。但是宫殿的内部装饰却极尽精致奢华，拱券、圆柱、天花板、大门、拱门等，处处都在向世人展示着伊斯兰教艺术无穷无尽的创造力和能工巧匠们的惊人技艺。

奈斯尔王朝是西班牙最后一个伊斯兰教王朝，统治着西班牙南

部的格拉纳达、马拉加和阿尔梅里亚附近的小块领土。当时，西班牙的基督教统治者不断从北向南推进，开疆拓土，在这种形势下，奈斯尔王朝必须建造一个性命攸关的坚固的防守阵地。所以阿尔罕布拉宫原本包括了一系列完整的建筑群，如工人住房、手艺人的工作坊、皇家铸币厂、士兵营房、公共浴室、若干清真寺，以及宫殿本身，这些建筑形成了一个防御完善、自给自足的社区。但大部分的附加建筑已不复存在，另有一部分被后来建造的结构所替代，如基督教皇帝查理五世在 16 世纪修建的文艺复兴式宫殿，就坐落在阿尔罕布拉宫西南部。

幸存下来的奈斯尔建筑是最优秀的西班牙伊斯兰教风格建筑，布局精巧，装饰繁复。阿尔罕布拉宫周围建造了若干庭院和花园，通过自有的灌溉系统浇灌植物。在这些庭院中，优雅的拱券、葱茏的绿树、静谧的水池和喷泉，给人以美的享受。走过连拱，可以到达华丽的房间，除了石膏、瓷砖、木刻等装饰材料，还能看到图案极其复杂的柱头等建筑结构。最令人赞叹的要数天花板的设计，有部分天花板装饰着“莫卡拉比”（mocarabes）——一种极端复杂的石膏工艺，像是悬挂的钟乳石一般，阳光反射时，形成梦幻般光影交错的斑驳图案。

# 视觉之旅：外部

▲ **科玛莱斯宫** 科玛莱斯宫高达45米，是阿尔罕布拉宫中最高的建筑，包括一些最重要的房间，如使节厅。厚实的石墙和塔楼本身的高度使得科玛莱斯宫更加坚固、安全，并占据有利地位。屋顶上有守卫在来回巡逻，并且能够在城垛之间观察四周情况。16世纪时，又增建了华丽的尖顶。

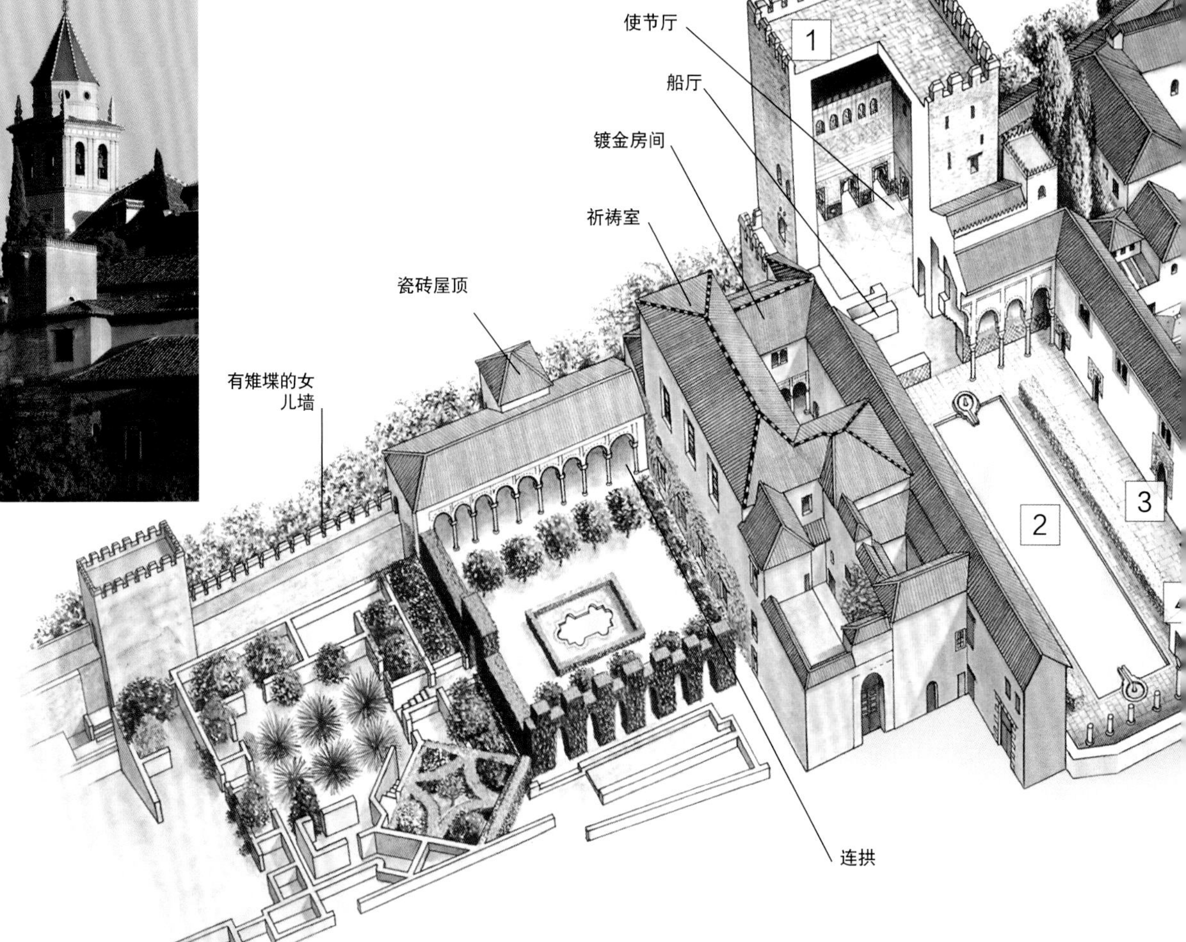

▲ **香桃木院** 狭长的香桃木院通往皇家的私人房间。庭院中间建有矩形的水池，两座喷泉立在池中，四周是大理石步道。从池水的倒影中，可以看到庭院两端对称的连拱、纤巧的圆柱、高挑的拱券、镂空的上壁。这些纤巧的细部与远处宏伟的科玛莱斯宫厚重的锯齿形城墙形成了强烈的对比。

▲ **墙壁装饰** 香桃木院的装饰细节丰富细致，如行云流水般的书法题刻，题字之间勾勒着装饰线脚，抽象而对称的设计形成各种环形和曲线，以及层层叠叠的微型拱券。这些图案分布在墙壁外部和连拱下方，反射着强烈的阳光，令整个墙壁表面肌理丰富多姿。

▲ **拱门** 西班牙伊斯兰教风格建筑师们常常采用若干种尖券，如图中所示的这种香桃木院中的拱券，拱的两侧边笔直而高挑，拱顶弧线较平滑。拱券周围雕刻着复杂的图案，金银丝细工装饰渗透到了拱的曲线，因此拱券的边缘在这些装饰细节中略显模糊。

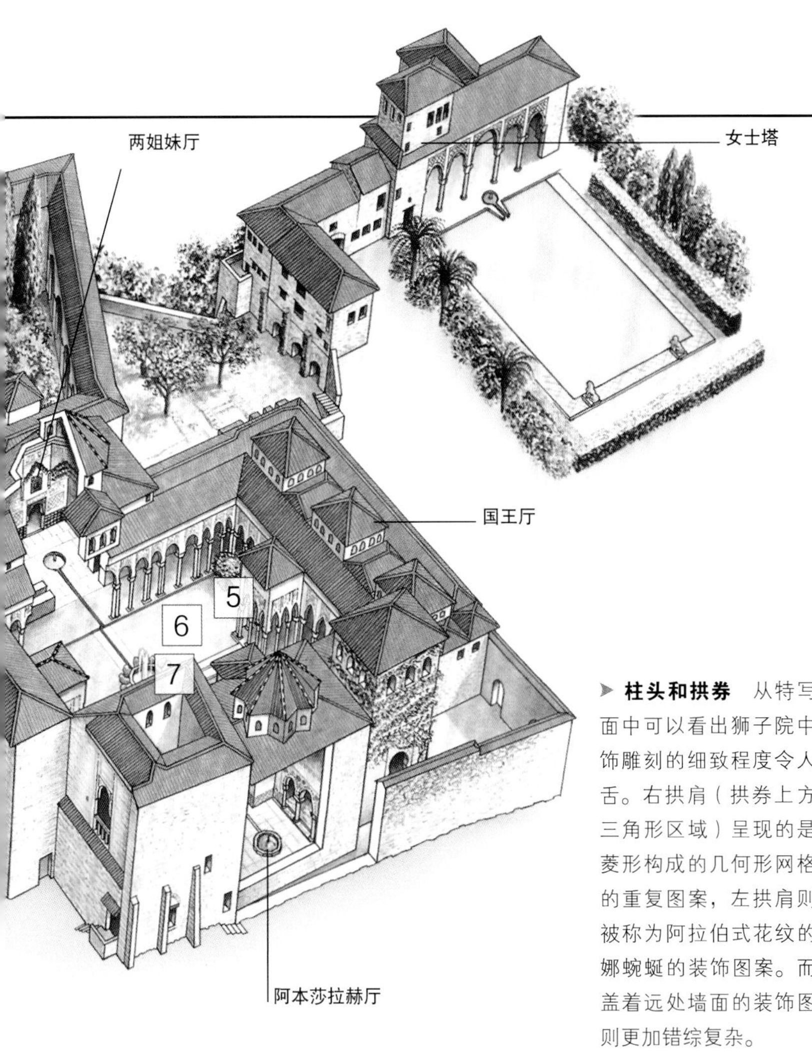

▶ **柱头和拱券** 从特写画面中可以看出狮子院中装饰雕刻的细致程度令人咂舌。右拱肩（拱券上方的三角形区域）呈现的是由菱形构成的几何形网格中的重复图案，左拱肩则是被称为阿拉伯式花纹的婀娜蜿蜒的装饰图案。而覆盖着远处墙面的装饰图案则更加错综复杂。

▲ **狮子院** 狮子院与一系列大型公共房间相邻，装饰比香桃木院更加复杂。环绕着庭院四周的连拱由多叶饰拱券组成，多叶饰是典型的伊斯兰教风格装饰，拱券的边被分割成一系列微小的曲线。纤细的圆柱集合成簇，支撑着拱券，配合着几乎覆盖整个墙面的雕刻装饰，整个庭院看起来光彩夺目。

▲ **喷泉** 在狮子院中央，立着一座喷泉，被 12 只非写实性的石狮子围绕着，而狮子院也因此得名。从喷泉处延伸出 4 条水渠，流向四周的连拱，将庭院分成 4 块相等的区域。这种四分法是伊斯兰教风格花园的基本元素，是《古兰经》中描述的天堂模样在尘世中的代表。这 4 条水渠被称为生命之河，分别代表了水河、乳河、酒河、蜜河。

# 视觉之旅：内部

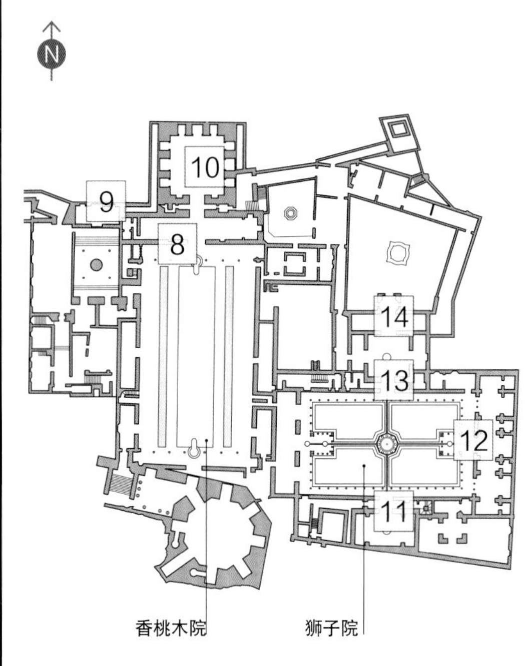

▲ **船厅**　这间大厅的名字实际上是来源于一个被混淆的词语，也就是阿拉伯语中的“baraka”（意思是“赐福”）和西班牙语中的“baraca”（意思是“小船”）。“baraka”这个词铭刻在房间中筒形拱顶的天花板上。船厅的窗户上修建了平拱，这也是典型的伊斯兰教风格建筑式样。

▶ **阿本莎拉赫厅**　据传说，有一群阿本莎拉赫家族的骑士在这里被斩首，地板上微红的污渍就是当年的血迹。房间的天花板是整座宫殿中最惊艳的杰作之一。莫卡拉比覆盖住生动的星形开口，构成整个穹隆。一系列小窗围绕着穹隆底部，阳光洒在镀金的内部装饰上，金光熠熠，精美绝伦。

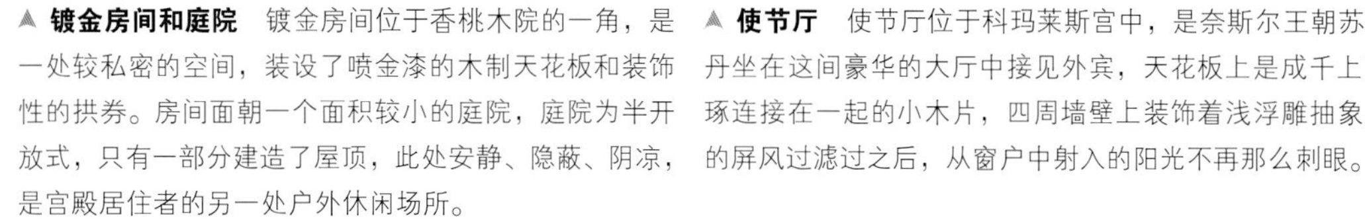

▲ **镀金房间和庭院**　镀金房间位于香桃木院的一角，是一处较私密的空间，装设了喷金漆的木制天花板和装饰性的拱券。房间面朝一个面积较小的庭院，庭院为半开放式，只有一部分建造了屋顶，此处安静、隐蔽、阴凉，是宫殿居住者的另一处户外休闲场所。

▲ **使节厅**　使节厅位于科玛莱斯宫中，是奈斯尔王朝苏丹的正殿。苏丹坐在这间豪华的大厅中接见外宾，天花板上是成千上万经过精心雕琢连接在一起的小木片，四周墙壁上装饰着浅浮雕抽象图案。被穿孔的屏风过滤过之后，从窗户中射入的阳光不再那么刺眼。

## 细部

极具伊斯兰教色彩的装饰细部遍布宫殿的墙壁、天花板、拱券，如阿拉伯花纹图案、几何图案、色彩瓷砖、书法和叶形图案等，尤其是多次运用三维形态的莫卡拉比，更加增添了独特的风采。这些装饰品出自技艺高超的艺术家和工匠之手，不论是直射的阳光，透过镂空的屏风洒进室内的光斑，还是园中水池的粼粼波光，宫殿中的每一缕光线都能被这些装饰品充分利用。

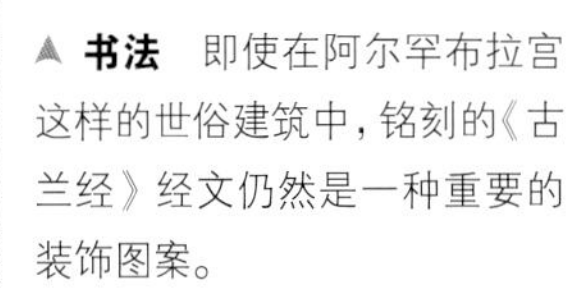

▲ **书法** 即使在阿尔罕布拉宫这样的世俗建筑中，铭刻的《古兰经》经文仍然是一种重要的装饰图案。

▼ **图案和色彩** 阿尔罕布拉宫中的所有房间都铺设了瓷砖踢脚线，而且图案鲜明、色彩艳丽，与上方墙壁上单色的雕刻形成强烈的对比。

▲ **叶形雕刻** 雅致的花朵，卷曲的叶茎和藤蔓，这些植物形状的雕刻或线脚仿佛把生机盎然的花园装进了建筑里面。

12

◀ **国王厅** 国王厅位于狮子院附近的房间组合的东端，得名于天花板上绘制的奈斯尔王朝历代国王画像。这间大厅以其拱券组合著称，这些拱券坚固厚重，但是因为装饰着精巧的莫卡拉比而并不显得笨重。

▶ **两姐妹厅** 这间大厅平整的地板中有两块特别巨大的石板，这也是大厅命名的原因。房间墙壁上覆盖着精美的石膏装饰，但是仍然不及穹隆的华丽。与阿本莎拉赫厅相似，穹隆底部也开凿了一系列小窗，光线照射在莫卡拉比上，营造出动人的光影图案。

13

14

▲ **达拉赛瞭望台** mirador（意为“瞭望台”）是一间被用作露台的小房间，实际上是一个内部空间或者观景亭，站在这里可以欣赏远处的花园景色。虽然后来信奉基督教的宫殿居住者改建了花园，但是这个瞭望台仍然体现出了原设计者试图将内外空间相连的良苦用心。

# 总督府

约1309—1424年 ▪ 宫殿 ▪ 意大利，威尼斯

## 乔瓦尼，巴托洛梅奥·本

从7世纪到18世纪，威尼斯城一直是一个独立共和国，由自己选举出的贵族——也就是总督——担任领袖，并且有自己的议会来制定并通过法律。1297年，通过修改法律，立法议会中的贵族人数得到增加，所以当权的总督决定扩建位于圣马可广场附近的总督府，从而举行更大规模的会议。1309年，新的宫殿建设破土动工，并且最终成为世界上最大的住宅建筑之一。

最先完工的部分面对着威尼斯泻湖，俯瞰圣马可广场的部分最为著名，完成于15世纪。在此后的几百年间，改建工作一直持续不断，最初为哥特式风格改建，后来演化为文艺复兴式风格。

哥特式风格的建筑正面和细部令总督府闻名于世。威尼斯的能工巧匠们创造出了独具特色的哥特风格，并且在威尼斯运河河畔的许多宅邸中发扬光大。威尼斯式的哥特风格极端注重装饰，如成排的尖券、繁复华丽的装饰雕刻、色彩斑斓的石工，以及建筑物顶端精美的女儿墙。凉廊（开放的走廊）的正面竖立着成排的拱券，面朝广场和运河，采光、通风俱佳。16世纪时，接二连三的火灾毁坏了这座建筑，虽然建筑外部仍然保持着哥特式风格，但是修复后的内部空间则采用了文艺复兴式风格。

总督府不仅是威尼斯统治者的豪华官邸，也是举行大型议会会议的场所，甚至可能被用作法庭和监狱。所以，这座多功能的建筑可谓威尼斯的心脏。如今，凭借复杂的、如同蕾丝纹饰般的正面和绝佳的中心位置，总督府已经成为威尼斯的象征。

### 扩展

在威尼斯运河两岸，散落着很多贵族官邸。其中一座富丽堂皇的建筑是孔塔里尼家族建于15世纪的卡·多洛金屋。卡·多洛金屋也建造了与总督府相似的拱券、凉廊和窗户，精致程度令人难以置信，整座建筑仿佛漂浮在大运河上一般。英国评论家约翰·拉斯金在他的著作中对威尼斯的哥特式建筑推崇备至，在19世纪的欧洲掀起了模仿这类建筑的热潮。

为了建造这样的宫殿，工匠们必须把一小片树林那么多的木材堆夯进潮湿的泥土中，在其上方搭建木材和石材构成的平台，成为整座建筑的地基，然后再建造墙壁。由于墙壁上有大量开口，墙壁的实际重量较轻。在紧贴水位线的位置，砌有一条无孔石块，以帮助建筑保持干燥。

▲ **卡·多洛金屋** 建筑的哥特式正面朝向大运河。

# 视觉之旅

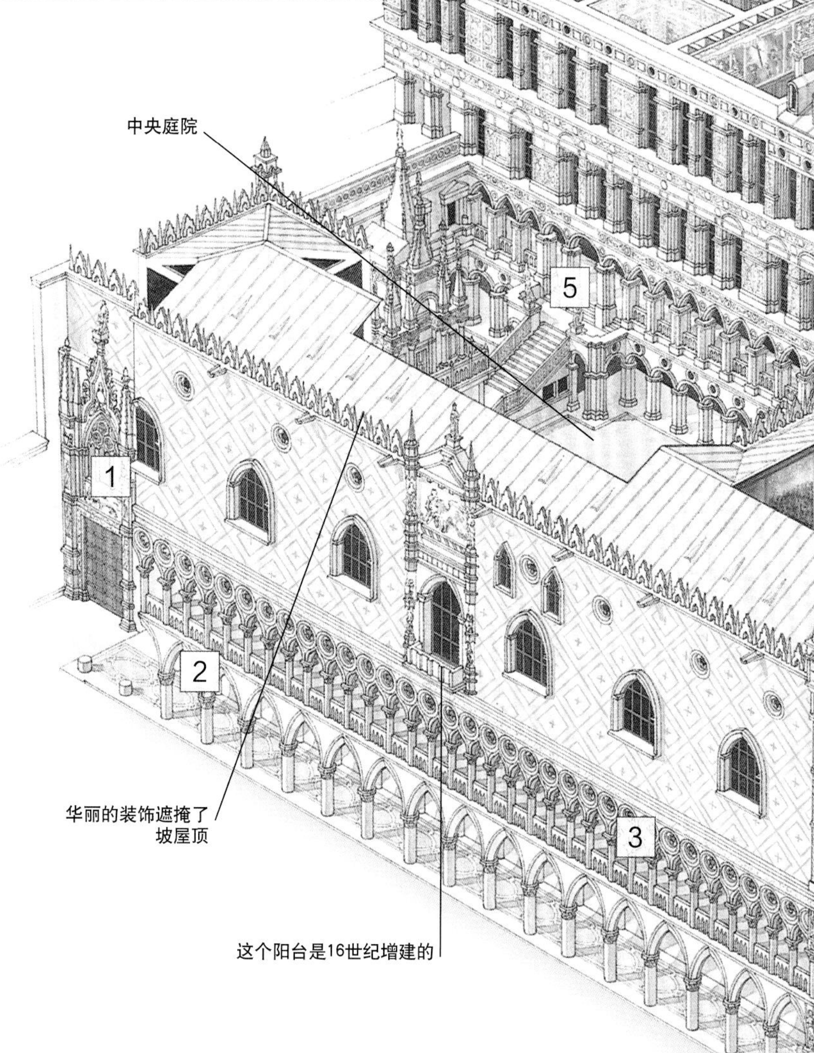


▲ **纸门** 此装饰位于总督府主入口的上方，建造了哥特式窗户、小尖塔和雕刻品。大部分的装饰细部是15世纪威尼斯建筑师和雕刻家巴托洛梅奥·本作品，呈现出典型的威尼斯哥特式建筑精工细作的特点，尤其是窗户上的螺旋形柱身、饰有金银丝的花饰窗格、天篷周围华丽的雕刻。带翅膀的狮子是威尼斯的守护圣徒、福音传道者圣马可的象征。

▼ **雕刻柱头** 欧洲崇尚哥特式风格的石匠们喜欢用复杂的叶形装饰来雕刻柱头。总督府的柱头就是登峰造极之作。在很多柱头上甚至包含着在花朵和树叶中若隐若现的人头和人像。这些人物造型栩栩如生，有些手里拿着瓶瓶罐罐，有些正在射箭，还有的骑在马背上（见下图）。

▲ **拱券和四叶饰** 从近景画面中可以看出建筑师的匠心独运，一排长长的拱券排列在凉廊的前面，柱身顶部精心雕刻的柱头支撑着每一个葱形拱（双曲线形）。拱券顶部是一排圆圈造型，被分隔成四个部分，形成四叶饰。这些四叶形开口不仅改善了凉廊的通风情况，而且当阳光照射的时候，会在凉廊的地面上洒下漂亮的光影图案。

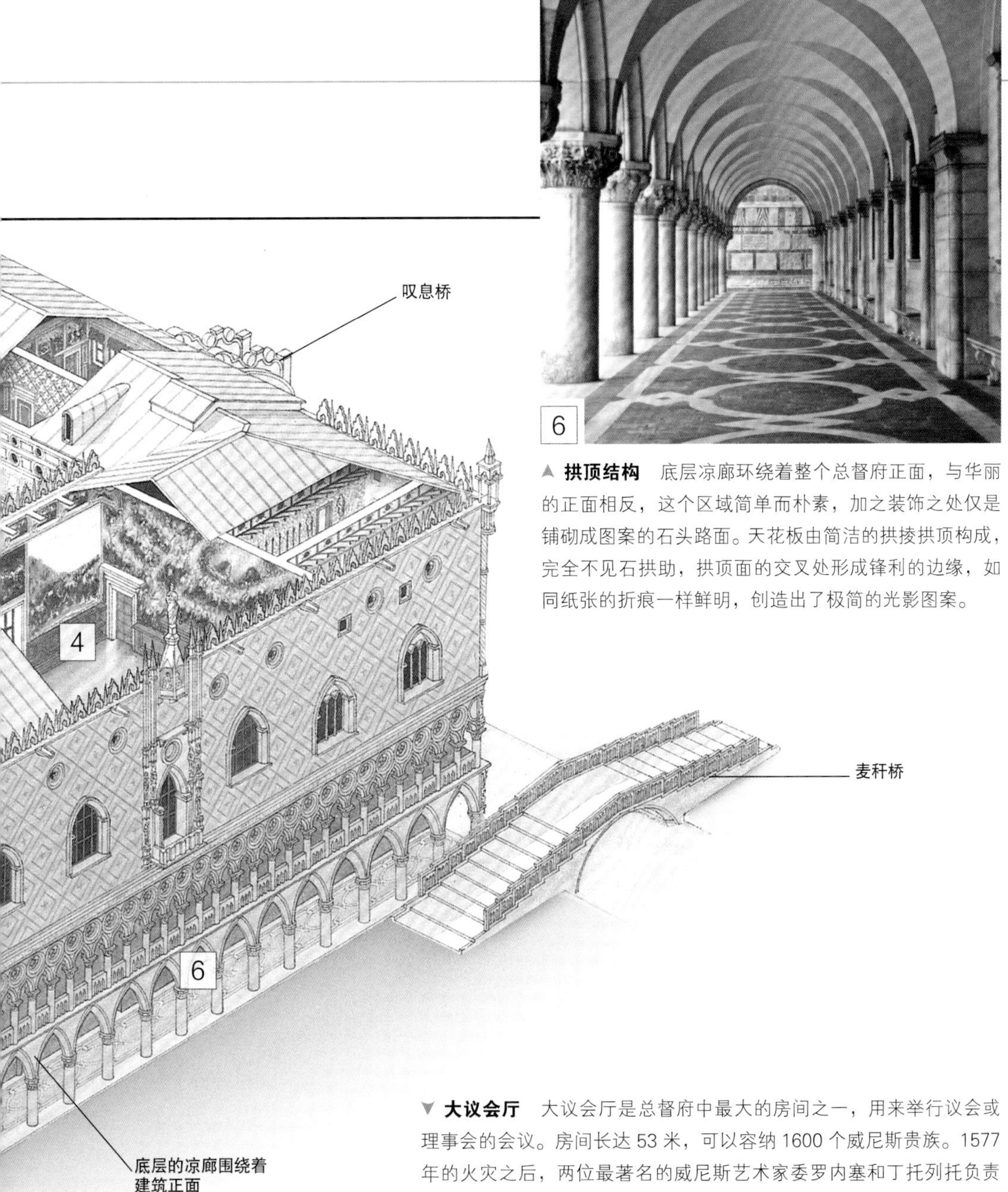


▲ **拱顶结构** 底层凉廊环绕着整个总督府正面，与华丽的正面相反，这个区域简单而朴素，加之装饰之处仅是铺砌成图案的石头路面。天花板由简洁的拱接拱顶构成，完全不见石拱肋，拱顶面的交叉处形成锋利的边缘，如同纸张的折痕一样鲜明，创造出了极简的光影图案。

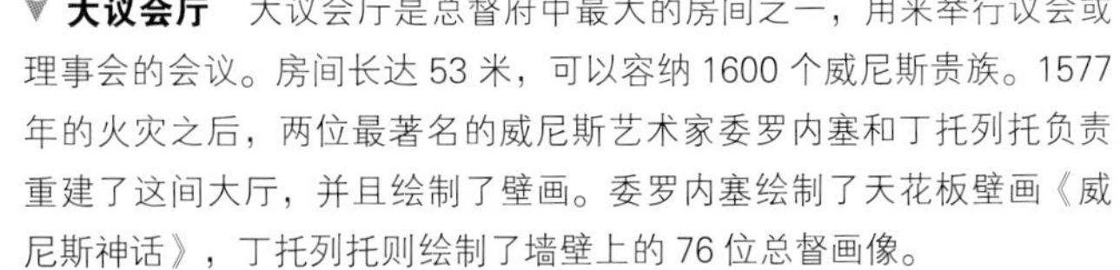

▼ **大议会厅** 大议会厅是总督府中最大的房间之一，用来举行议会或理事会的会议。房间长达 53 米，可以容纳 1600 个威尼斯贵族。1577 年的火灾之后，两位最著名的威尼斯艺术家委罗内塞和丁托列托负责重建了这间大厅，并且绘制了壁画。委罗内塞绘制了天花板壁画《威尼斯神话》，丁托列托则绘制了墙壁上的 76 位总督画像。

## 设计

图中这座封闭式的石桥建成于 1614 年，将总督府中的法庭与新建成的相邻的监狱连接起来。19 世纪时，英国诗人拜伦提到，当犯人们通过这座桥走向监狱时，难免发出一声喟叹，于是“叹息桥”这个名字就此流传开来。这座简朴的古典风格桥梁的设计师是安东尼奥・孔蒂，他选用了白色的石灰岩，主要用简单的线脚和旋涡形图案进行装饰。也许设计上平淡无奇，但是结构典雅，拱券的轮廓与屋顶的线条相映成趣，配合着令人心碎的名字，叹息桥早已驰名世界。

▲ **叹息桥** 通过桥梁内部的两条狭窄的通道，囚犯们走向自己的牢房。窗户上的石质格栅增强了安全性。

▲ **巨人阶梯** 巨大的战神玛不斯和海神尼普顿的大理石雕像如守卫般挺立在阶梯顶部，巨人阶梯也由此得名。阶梯连接着庭院和二层，二层上排列着文艺复兴式风格的圆顶拱券。威尼斯的工匠们改造了这种在 16 世纪风行一时的建筑风格，添加了一些像哥特式雕塑一般华丽、复杂的装饰。

# 天坛

约1420年 ▪ 庙宇建筑群 ▪ 中国，北京

## 建筑师未知

位于北京的天坛始建于 15 世纪明成祖时期，是世界上最大的祭天宗教建筑群。虽然天坛一般被认为是道教建筑，但是明成祖也笃信儒家学说。每年冬至，皇帝都会在此举行全年最重要的传统仪式：祈年，即祈求每年的好收成。在这些建筑群中，尤以位于中心位置的祈年殿最为突出，在中国传统的木构建筑技术基础上配合了强有力的象征性规划和生动的装饰，成为中国建筑的瑰宝。

天坛由 3 个主要结构组成。其中，高达 38 米的三重檐式祈年殿最为宏伟壮观。另一个圆形结构——皇穹宇的体积更小，装饰华丽，通过一条狭长的凸起的步道——丹陛桥与祈年殿相连。附近坐落着第三个主要结构，即圜丘坛。圜丘坛共有 3 层，由精心雕琢的大理石平台构成。

在中国的宇宙观里，圆形是天的象征，因此天坛的主要建筑都是圆形的。这些建筑体现了中国传统木构建筑的精湛工艺，柱、梁、托架和支撑以极端复杂的形式互锁在一起。装饰着这些木制构件的工艺品经过着色、镀金，复杂精密，完美无瑕，体现了皇家建筑的气派。1889 年，雷击导致的火灾烧毁了祈年殿，所幸的是那些传统木工技艺并没有失传，祈年殿得以按原貌修复。

### 明成祖

1360—1424年

明成祖是中国明朝最具影响力的皇帝之一，又称永乐大帝。最初他是镇守北京地区的藩王，极具军事才能。1402 年，推翻了建文帝并登上帝位。明成祖迁都北京，并开始了大规模的皇宫和政府机构建设，也就是后来举世闻名的“紫禁城”。他主持修建了位于北京的天坛，以及安葬自己和未来明朝皇帝的新皇陵。虽然明成祖笃信儒家思想，但他同样尊重道教和佛教。他的开明思想赢得了各方支持，有利于维持这个巨大王朝的统一稳定，并延续了 200 多年之久。

# 视觉之旅

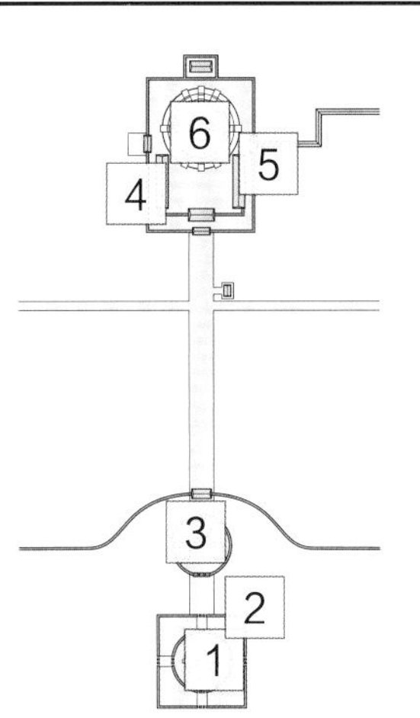


▶ **圜丘坛** 圜丘坛是一座3层石坛，是皇帝祭天的地方。石栏用雕刻精美的大理石制成，其圆形的设计能够在皇帝祈福时起到扩大音量的作用。各层石柱和石块的数目均为9的倍数，“9”这个数字在中国象征着9层天堂和天子“皇帝”。

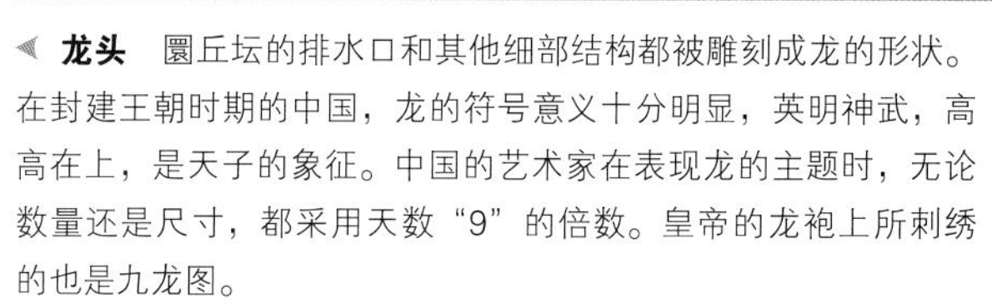

◀ **龙头** 圜丘坛的排水口和其他细部结构都被雕刻成龙的形状。在封建王朝时期的中国，龙的符号意义十分明显，英明神武，高高在上，是天子的象征。中国的艺术家在表现龙的主题时，无论数量还是尺寸，都采用天数“9”的倍数。皇帝的龙袍上所刺绣的也是九龙图。

▲ **皇穹宇** 这座小型建筑的周围建有石墙，屋顶为木制，直径达15.6米，却未加一根横梁。皇穹宇最初是被用来供奉皇天上帝和风雨雷电等自然神力的神牌。在祭天仪式时，官员们会将这些牌位请出大殿。

▶ **祈年殿屋顶** 在中国建筑中，屋顶瓦片的颜色通常是有象征意义的。皇家宫殿的屋面瓦为黄色，而祈年殿的三重屋顶的瓦片却是蓝色的。蓝色是天空的颜色，因此象征着天。屋檐和墙壁的支撑性木材也多采用蓝色彩绘图案。

## 环境

显而易见，天坛的建筑物规划是基于象征上天的圆形，而整个建筑群的规划则是方形的。每座建筑所在的地块以及部分结构设计也采用方形。在中国文化中，方形象征大地，建筑者刻意将圆形建筑建造在方形庭院中，就是为了追求天与地的和谐统一。这种内在的统一也体现在整个建筑群中，其边界正是一端圆形，一端方形。

▲ **天坛建筑群** 俯瞰天坛，可以清晰地看到圜丘坛坐落在圆形围墙中，而圆形围墙所在的区域则是方形的。

5

▲ **祈年殿外部** 每一层屋顶下方的一系列突出的木梁和装饰性托架起到支撑屋顶的作用。这些木料都绘制着精美的图案，大部分是蓝、绿色调。下方的墙面上则描龙画凤或着绘制着其他精致的抽象造型设计。

6

◀ **祈年殿内部** 高挺的红色圆柱上用金色描画着叶形图案，拔地而起支撑着祈年殿屋顶。在屋顶内顶部，若干木料相互衔接形成网络，与立柱相连。不像一般建筑用假天花板的形式将这些结构遮挡起来，祈年殿屋顶的这些复杂的木工结构暴露在外，并且描绘着色彩艳丽的图案，充分体现了木工和漆工的精湛技艺。

## 扩展

紫禁城是明成祖修建的最大建筑群，历时 15 年。紫禁城位于北京市中央，是由 900 多座独立的建筑构成的建筑群，外围修建了城墙和护城河。紫禁城中的建筑多种多样，包括举行各种仪式所用的大殿、皇帝的宫殿、各个政府和国家结构的办公场所等。大部分建筑均是方形，样式与天坛相仿，即柱梁托架体系支撑的挑檐屋顶。地板用烧结砖砌成，屋顶铺砌的瓷瓦则采用皇家专用的金色。与很多中国建筑一样，紫禁城中的部分建筑后来历经翻新和修缮，但始终保持着明代时期的格局和风貌。

▲ **紫禁城** 紫禁城中屋顶贴瓦的木构建筑、走道和汉白玉台阶构成复杂的体系。

# 国王学院礼拜堂

1446—1515年 ■ 礼拜堂 ■ 英国，剑桥

## 雷吉诺德·伊莱

国王学院是剑桥大学的著名学院，在亨利六世的鼎力支持下于1441年成立。学院的礼拜堂是整个学院的核心和荣耀，同时也是欧洲著名的晚期哥特式建筑。礼拜堂具有显著的英国哥特式风格，这种独特的风格被称为垂直式，最初在14世纪时期由伦敦皇家石匠发展起来，后来在全国迅速流行开来。顾名思义，垂直式哥特风格建筑强调垂直元素——细长的柱子、高挑的小尖塔和扶壁、镶嵌着瘦长的玻璃窗格的窗户，石墙上所装饰的镶板也是模仿了窗户的工艺。在高规格的建筑中，天花板往往采用发散式的扇形拱顶，配合带高雅的金银丝图案的石质拱肋。国王学院礼拜堂将上述大部分特点体现得淋漓尽致，以下两点尤其出色：高挑纤细、比例优美的窗户和精致典雅的放射状扇形拱顶。在光线充沛的礼拜堂内部，这两大结构最抓人眼球。礼拜堂内部只有一个空间，巨大而开阔，只用木制屏风划分空间，而且屏风高度较低，从视线上不会遮挡到成排的窗户和顶部的扇形拱顶。这种能够目及所有区域的开阔视野正是垂直式哥特风格与早期哥特风格的显著区别。早期哥特风格建筑一般强调内部空间和拱形的凹处。

雷吉诺德·伊莱是设计了礼拜堂并监督其开工的御用石匠大师。但是他的工作却因为1471年亨利六世的去世和玫瑰战争的发生而终止。16世纪早期，另一位著名石匠约翰·沃斯特尔接手了工程并最终完工。尽管工程出现过中断，但是国王学院礼拜堂仍然是一座完整的、完美的垂直式哥特风格建筑，不过其内部装饰呈现出跨越15、16世纪的特征。巨大的彩色玻璃窗是在国王死后的工程后期增加的，属于文艺复兴式风格，同时屏风和华丽的唱诗班席位也是后期加建的。屏风采用了古典的壁柱（略微突出的）和纹章设计，也就是亨利六世和他的妻子安妮·博林的首字母缩写。这些风格迥异的元素——哥特式的石砌工艺和后来的玻璃和木工——被大师的非凡才华完美地融合在一起，使国王学院礼拜堂成为世界上最耀眼的宗教建筑之一。

### 亨利六世

1421—1471年

1422年，仍在襁褓中的亨利六世即成为英格兰国王，其统治时期的前15年实际上都是由摄政王主持政局的。若干年后，他被人称为爱好和平和虔诚的国王，但是他统治期间却充斥着血腥的玫瑰战争，也就是一系列兰开斯特家族（亨利六世来自这个家族）和敌对的约克家族之间的王位之争。婴儿时期的亨利也成了法国国王，但是对他的王位是否合法却始终存在争议，所以他的军队也卷入了在法国的战争。1453年，国王军队被法国打败，亨利六世失去了对波尔多的控制，法国境内的英国属地仅余加来一地。

亨利六世遭遇了精神崩溃，同时由于在战争中败给了约克家族，1461年他惨遭废黜，约克家族的爱德华四世登上王位。1470年，亨利时来运转，再次成为国王。但是在1471年的蒂克斯伯里战役中，约克家族大胜，亨利的儿子牺牲了。不久之后，悲痛欲绝的国王也撒手人寰。亨利统治时期政局动荡，但是他却在教育领域留下了不朽的遗产——他创办了伊顿公学，伊顿公学中也有一座充满魅力的礼拜堂，以及剑桥的国王学院。

# 视觉之旅

▶ **角楼** 在礼拜堂的四角上分别挺立着四座角楼，构成东、西两个立面的框架，是礼拜堂外部的显著特征。相对于其他教堂或礼拜堂的塔楼，这些角楼进一步强调了建筑的垂直感，并且与扶壁顶端的较低的小尖塔相互映衬，使得整座建筑的天际线美得无与伦比。这些角楼是约翰·沃斯特尔设计的，装饰相当复杂。塔身呈八角形，每个面上都有繁复的镂空装饰，突出于表面的垂直部分与每个转角处的小型扶壁如出一辙。角楼的尖顶镶嵌着卷叶形的装饰品，使得角楼的天际线呈现出独特的锯齿形。

1

坚固的扶壁支撑着拱顶并保持结构的稳定

一系列高窗成为建筑正面的焦点

▶ **扶壁和窗户** 高挑的彩色玻璃窗几乎占据了礼拜堂两面长长的墙壁的全部面积，窗户之间用扶壁结构支撑着拱形的天花板。在墙的顶部围绕着精细的网状女儿墙，遮住了后面的较平缓的尖形屋顶。相同的窗户中的竖向直棂（装配玻璃的石质条状物）以及指向上方的扶壁结构都增强了这座垂直式哥特风格建筑的直立感。

2

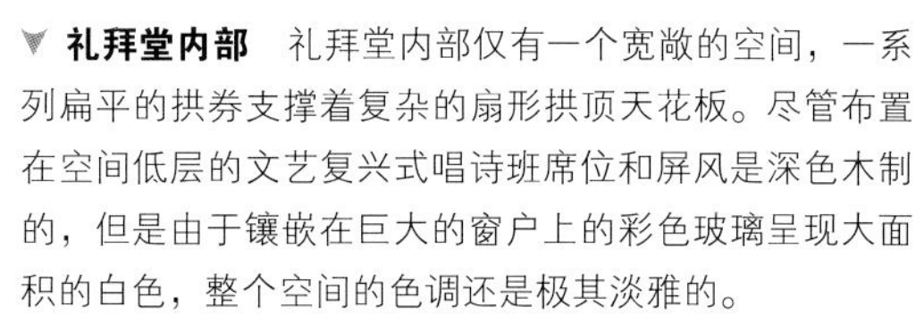

▼ **礼拜堂内部** 礼拜堂内部仅有一个宽敞的空间，一系列扁平的拱券支撑着复杂的扇形拱顶天花板。尽管布置在空间低层的文艺复兴式唱诗班席位和屏风是深色木制的，但是由于镶嵌在巨大的窗户上的彩色玻璃呈现大面积的白色，整个空间的色调还是极其淡雅的。

3

▲ **皇家标志** 当初亨利六世主持建造时曾特意指示石匠尽量避免奢华的线脚和雕刻。但是礼拜堂内部西端的雕刻部分是1515年完成的，当时的国王亨利八世更加高调，因此这个部分包含了大量雕刻的皇家标志。在这组雕刻的中央是皇家盾形纹章以及代表皇室支持者之一的威尔士龙。两边分别是都铎玫瑰花饰和铁闸门图案。

4

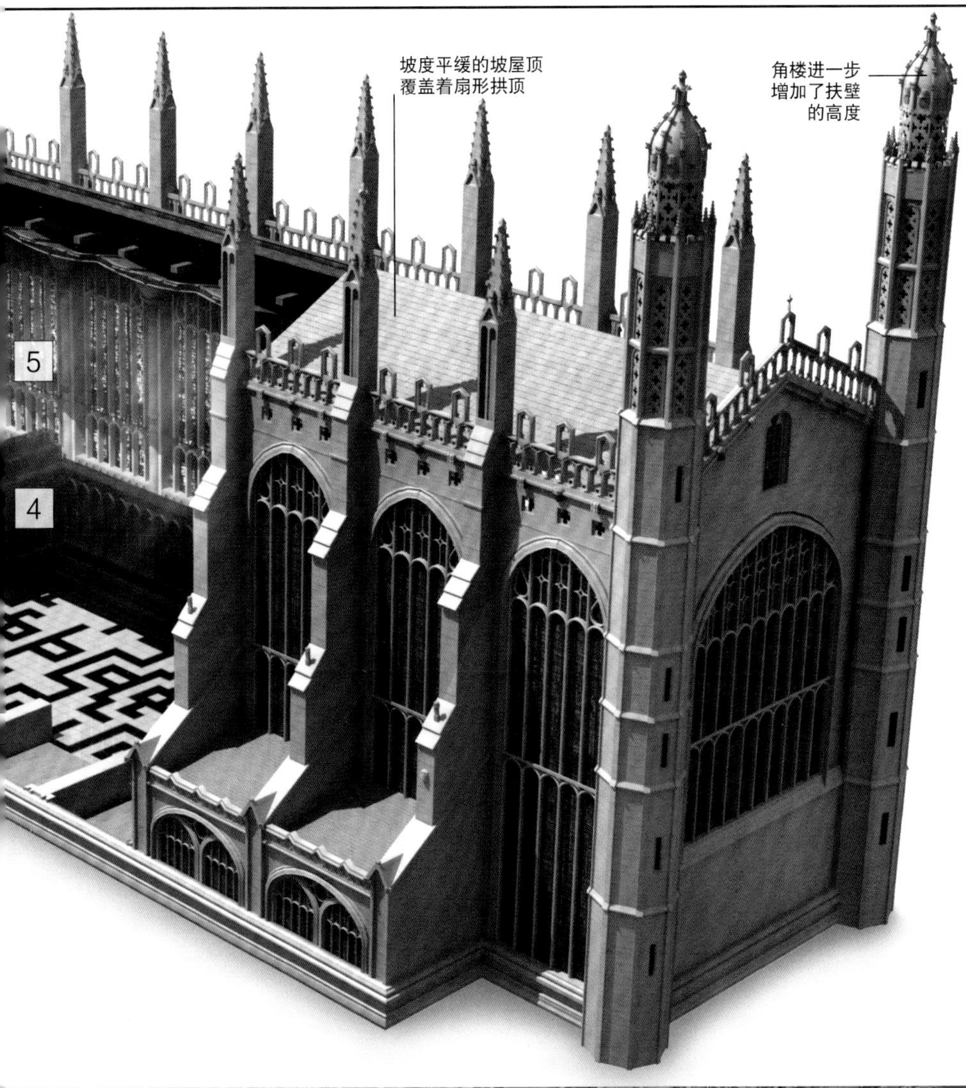


## 设计

为了完成礼拜堂的装饰工程，亨利八世把最好的工匠都带到了剑桥。御用玻璃工匠伯纳德·富拉尔和盖里昂·霍恩（他们都来自欧洲大陆）负责监督窗户的装饰工作。这个装饰队伍由来自英国和荷兰的玻璃画家共同组成，设计师是来自欧洲的艺术家，如安特卫普的德里克·凡勒特。同时，另一组负责木工的队伍也在工作中。虽然有本地的木匠，但是领头的工匠可能来自西班牙。通过引进整个欧洲的工匠，亨利八世为礼拜堂的装饰工程带来了文艺复兴风格的潮流。例如，彩色玻璃上写实风格的人物面孔、姿态和彩色的文艺复兴式服装，令人联想到与宫廷有密切联系的欧洲艺术家所作肖像画，如汉斯·荷而拜因。

▲ **彩色玻璃** 窗户上的人物是葡萄园中的喝醉的诺亚（右）。

▼ **扇形拱顶细部** 从这幅近景图片中，可以看出雕刻的复杂程度。拱肋间的大部分区域都填满了这些细小的雕刻十字形和与窗户顶部的窗饰花格相似的拱形图案。在四组扇形相交的中心部分，有一块突出的被称为“博斯饰”的大石块，石块上雕刻着精致的都铎玫瑰。

▲ **扇形拱顶** 拱形天花板是由一系列扇形部分构成的，每个扇形部分都发端于窗户之间的垂直壁柱。不同于早期的哥特式拱顶，分割每个“扇形”的这些浅层拱肋并没有结构功能，只起到纯粹的装饰作用。这些雕刻精美、图案别致的扇形延伸开来，并且在中间部分相接合，形成了巨大的扇形拱顶天花板。

# 公爵宫

1465—1472年 ▪ 宫殿 ▪ 意大利，乌尔比诺

## 卢西亚诺·洛拉纳

乌尔比诺的公爵宫是一座完美的文艺复兴式宫殿建筑，令人惊讶的是，它坐落在山坡之上。军事领袖乌尔比诺公爵费德里科·达·蒙特费尔特罗雇用建筑师卢西亚诺·洛拉纳为自己设计了这座奢华的宅第。大部分著名的意大利文艺复兴式大宅是对称结构的，并且建筑的正面朝向城市街道或广场。但是乌尔比诺与众不同，这座公爵宫坐落在山坡上，绵长蜿蜒的墙壁随着地势而起伏。

从外观看来，这座宫殿虽然庞大但却不失朴素。微红、悬崖般陡峭的墙壁是用当地生产的砖块砌成的，远远高出四周城镇房屋的屋顶，除了尺寸过大的窗户，其余部分像极了城堡的壁垒。一个个长方形的窗户一字排开，有的包裹着石质框架，有的只有朴素的砖砌窗套。一对锥形顶的细长的圆形塔楼挺立在正面，两侧包围的是带露台的古典石拱，这似乎是唯一能够显示出这座巨大建筑的特殊意义的标志。

但是一进入大门，便别有洞天了。在宫殿的中心位置，是一座圆柱连拱环绕着的庭院，这是典型的文艺复兴式建筑元素。圆拱的比例完美，装饰优雅，是当时最和谐的露天空间之一。

公爵宫的内部也是多种风格的完美结合。大部分房间以俭朴的白色灰泥打底，装饰着精巧的雕刻细部。而其他区域的装饰则复杂华丽，如两个礼拜堂（一个是传统的基督教礼拜堂风格，而另一个则是异教风格的“缪斯神庙”）以及公爵的私人书房。这些地方的装饰在当时可谓登峰造极，比如书房中的令人赞叹的木制镶嵌物和基督教礼拜堂中的多彩大理石灰墁。

### 费德里科·达·蒙特费尔特罗

1422—1482年

费德里科·达·蒙特费尔特罗本是乌尔比诺公爵戈丹东尼奥·达·蒙特费尔特罗的私生子，后来被教皇马丁五世赋予了合法地位。年轻的费德里科虽然也卷入了一些唯利是图的战事，但是凭借其军事才华，也赢得了众多支持者。1444年，他同父异母的兄弟奥丹东尼奥被害，费德里科继承了乌尔比诺公爵的爵位。他曾一度被怀疑参与了谋害亲兄的阴谋，但一直未被证实。作为一名军事领袖，费德里科效忠于那不勒斯公爵和佛罗伦萨公爵以及若干位教皇。1450年，费德里科在一次比武中失去了一只眼睛，由此沉寂了一段时间。从15世纪60年代开始，他开始建造在乌尔比诺的宫殿，并积累了大量藏书，同时资助了一些有才华的艺术家，如拉斐尔。他的政治才能广受钦佩，大作家尼科洛·马基亚维利的《君主论》就是部分以他为原型的。

# 视觉之旅

▲ **柱廊庭院** 这座完美的文艺复兴式柱廊庭院位于公爵宫的中心位置，通往若干国事大厅。建筑师卢西亚诺·洛拉纳深受佛罗伦萨的菲利波·布鲁内莱斯基（见第 83 页）的影响，处理一些古典元素时显得自信而内敛，如半圆形拱券、上方墙壁上的壁柱（扁平的柱子）、雕刻着铭文的檐壁。

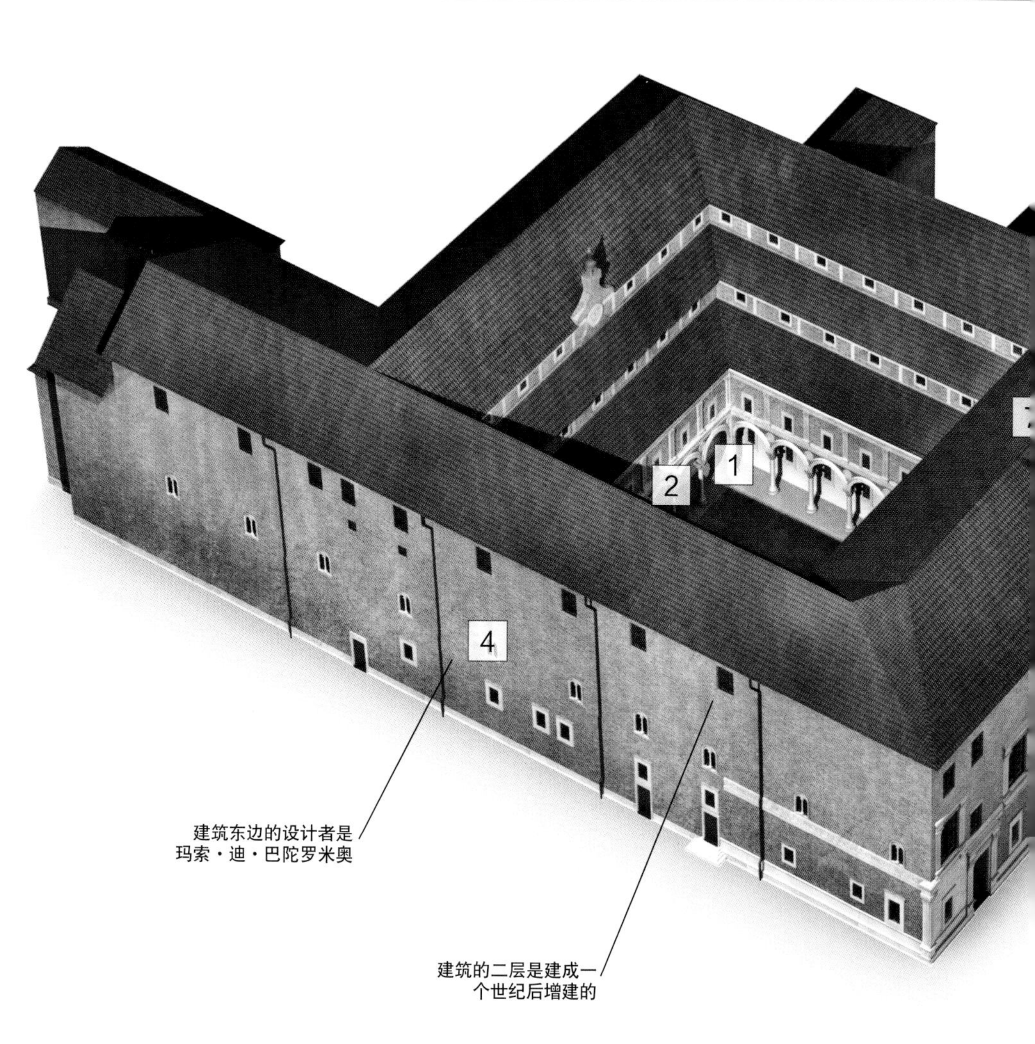

▲ **柱头** 庭院中圆柱的顶部是装饰性的科林斯柱头，转角处雕刻着复杂的螺旋形，这在科林斯柱头当中是十分罕见的。配合着短小的蛋矛线脚，柱头显得十分华丽。从某种程度上来说，这种设计模仿了古罗马神庙的科林斯柱式。

▲ **拱形露台** 在两座细长的角楼之间是一对露台，外框被建成半圆拱形。站在露台上，可以俯瞰四周城镇的屋顶，这 400 多个村庄都属于费德里科管辖。

▲ **窗户** 为了凸显底层窗户的重要性，窗户两侧装饰着雕刻的石质壁柱。虽然属于古典风格，但还是在标准装饰主题上略有变化——比如，只有壁柱的上部三分之二部分雕刻了凹槽。

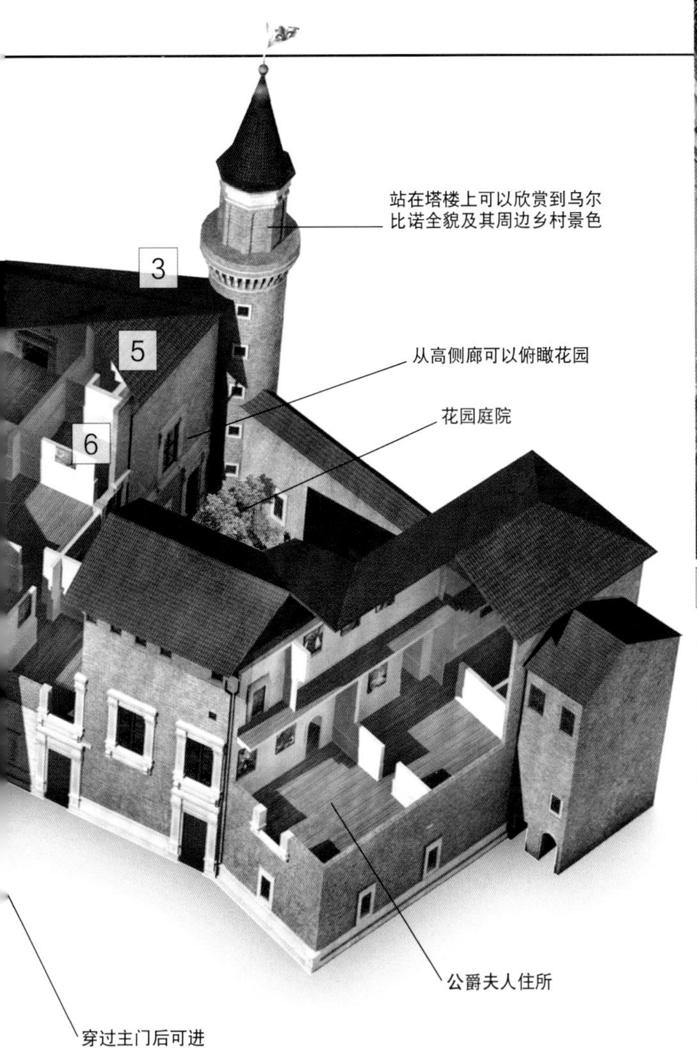

▲ **救赎礼拜堂** 这间房间高挑而狭窄，最著名的是其表面装饰。整个墙壁都镶嵌着大理石饰面，高至檐口层。这些装饰图案一直延伸到桶形拱顶天花板上，采用多彩灰墁装饰。据说这些装饰出自威尼斯顶级建筑师彼得罗·隆巴尔多之手。

▲ **门口** 宫殿中大部分房间仅有朴素的白墙，但是壁炉和门口的饰边却是精美的雕刻品。其中最优秀的是意大利雕刻家多米尼克·罗塞利制作的叶片、花朵、垂花或其他装饰设计。

◀ **书房** 这间房间虽小，却是宫殿中最绝妙的一处。作为公爵的私人书房，这间房间装饰着木镶板，并且采用了错视画设计（译者注：trompel’oeil，法语，意为“欺骗眼睛”，是一种绘画技巧，能够在二维平面上创造出三维幻觉的艺术形式）。这些装饰透露出公爵的个人喜好，包括一些天文器材、书、武器和盔甲。在这些装饰镶板上方，悬挂着一系列佛兰德斯艺术家杰士·凡·沃森霍夫的肖像画作品。画中人物激发了公爵的兴趣或灵感，比如哲学家柏拉图、亚里士多德，作家荷马、但丁，宗教人物圣奥古斯丁、圣杰罗姆。

## 设计

镶嵌细工是一种用木制或石质镶嵌物构成装饰图案的工艺，可以用于家具、墙壁或地板装饰。这种技术在中世纪的意大利十分流行，开始多是抽象图案。大约 1450 年，艺术家们开始采用形象化的设计，用不同颜色的木料创造出风景、静物或建筑等图案。费德里科决定用镶嵌细工装饰他最私密的书房时，他找到了一位明星艺术家，很有可能是佛罗伦萨人巴乔·庞泰利或贝奈德托·达·迈亚诺。这位艺术家创作了丰富多彩的主题，包括公爵画像、静物、动物和风景。

▲ **书房中镶嵌细工板** 松鼠、水果篮以及远处的风景，这块镶嵌板不失为一幅杰作。

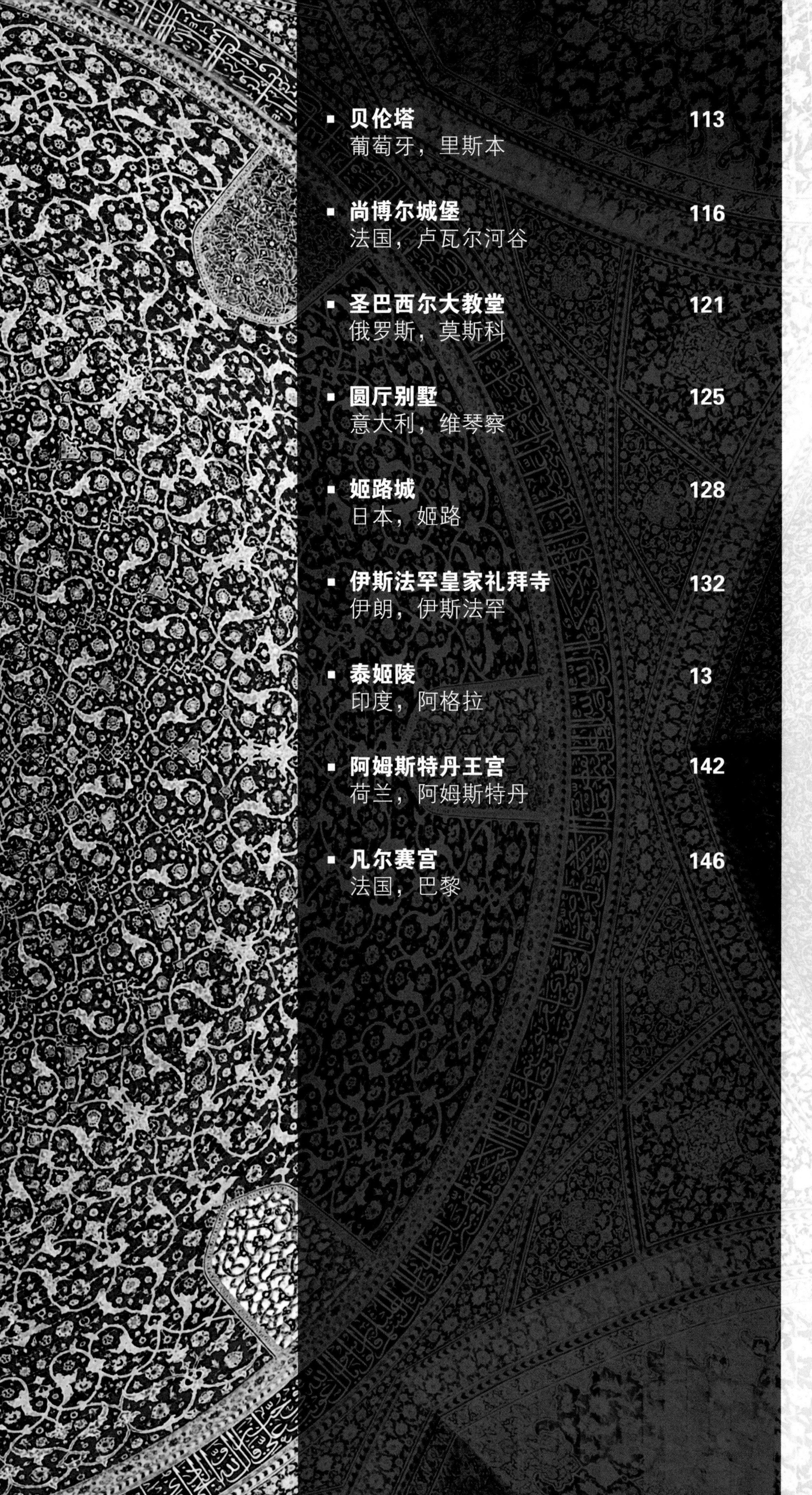

1500—1700

# 贝伦塔

1515—1521年 ■ 堡垒 ■ 葡萄牙，里斯本

## 弗朗西斯科·德·阿鲁达

这座防御塔屹立在塔霍河河口附近，是里斯本防御系统中的重要一环。虽然决定建造这座塔的是15世纪晚期的国王约翰二世，但是真正实施建设的却是他的继承者曼努埃尔一世，并发展出一种由他命名的以装饰华丽为特点的建筑风格——曼努埃尔式风格，成为16世纪早期流行于葡萄牙的晚期哥特式风格。贝伦塔正是曼努埃尔式建筑的杰作。

这座建筑由两个主要部分构成——一座绵长而低矮的棱堡和塔楼本身。在棱堡里的一间圆顶房间中装设了一系列大炮，在这里能够俯瞰整个河面。站在塔楼上的两层平台上，守卫不仅可以进行瞭望，还能向入侵者射击。悬伸在外的角楼被叫做吊楼，可以扩大塔楼和棱堡的瞭望范围。塔楼和棱堡的装饰极其奢华，符合典型的曼努埃尔建筑风格，称得上对葡萄牙在航海探索事业上的一种炫耀（曼努埃尔是出名的航海支持者）。这些装饰设计包括浑天仪和绳索等主题，还有明显的纹章装饰，尤其是葡萄牙皇家的纹章造型。由于建筑师弗朗西斯科·德·阿鲁达早期曾在北非的伊斯兰教诸国工作，所以可以看到贝伦塔中加入了一些摩尔式装饰细部，特别是在窗户的开孔和露台部分。

豪华的装饰，以及颇费心思的建筑形式，使得贝伦塔不只是一座功能性的防御要塞，同时也是进入里斯本海港的正式入口，提醒着靠近海港的人们，他们已经踏上了葡萄牙国王的领土。

### 扩展

曼努埃尔一世是一位多产的建造者，他修建的项目包括一座皇家宫殿、一家医院、若干防御工事和教堂。他统治时已是中世纪末期，在欧洲部分国家，哥特式建筑风格已经越来越注重装饰。葡萄牙的情况也是如此。教堂是曼努埃尔时期留下的最精致的建筑，可以看到非常明显的复杂装饰。在部分复杂的拱顶中，大量拱肋交叉形成星形图案。支撑这些拱顶的是高挑的立柱，一般为八角形，雕刻着复杂的图案，使得教堂内部呈现出雅致而且饰有金银丝细工的品质。教堂的装饰样式丰富，包括叶形和扭结的绳索设计，使得墙壁看起来更加生动华丽，而且这些装饰也经常会蔓延到门口和窗套。曼努埃尔式风格属于哥特式风格到文艺复兴式风格的过渡样式。比如，在窗户和大门上方使用圆头的拱券代替早期哥特风格的尖券形式。

▲ **热罗尼莫斯修道院** 这座教堂的内部是最优秀的曼努埃尔式风格的展示之一。

# 视觉之旅

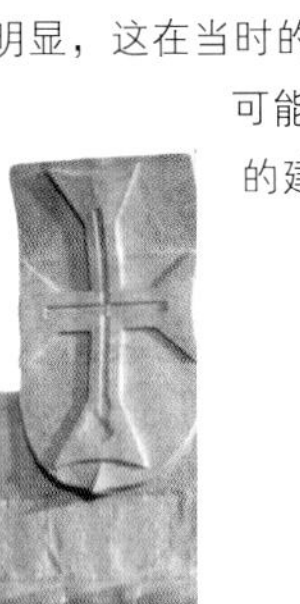


▼ **吊楼** 这些角楼建造在塔楼的四角，目的是保护守卫或者弓箭手，但是其装饰也是相当豪华的。每座吊楼的底部都雕刻着一排类似堞口（中世纪城堡上的孔洞）的倒V字形装饰，不像堞口可供防御者向敌人投掷攻击物，这些V字没有开孔，而只有装饰作用。石质拱顶上的脊线十分明显，这在当时的欧洲建筑中并不常见。建筑师可能是根据他在伊斯兰教国家看到的建筑对其进行了改造。

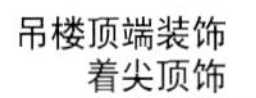

▲ **凉廊** 俯瞰棱堡的塔楼的这一面凸显了贝伦塔的礼仪和象征作用。主要特征就是拱形凉廊，高官显贵们可以站在这里眺望大河。凉廊上方是雕刻的纹章和一对石质浑天仪。雉堞（更高一层上的城垛）上的十字架宣告了国王对基督教的忠诚。

► **叠涩和线脚** 雕刻的绳索线脚和多种动物造型的叠涩突出在转角外。这些雕刻品使用的是当地的花岗岩，经年累月，已经受到了侵蚀。其中一座犀牛雕塑，可能是为了纪念曼努埃尔在1515年赠与教皇的一只犀牛。

▲ **炮台** 这间巨大的圆顶房间位于棱堡内部。与塔楼的其他部分相比，这间房间显得极其朴素，注重功能性。一门门大炮安放在一系列炮台（拱形开孔）当中，后方有足够空间承受发射炮弹的后坐力，而由此产生的烟雾也可以从相邻的回廊或天花板中的通风口散去。

▼ **雕像** 16 世纪时，天主教与葡萄牙王室联系紧密。于是，在世俗建筑中随处可见基督教的标志。建筑师把最显著的位置留给了圣母圣子雕像，俯瞰着棱堡的屋顶。圣母玛利亚站在雕刻华丽的华盖下方，支撑华盖的柱身上装饰着盘旋而上的十字架。

▼ **尖顶饰** 在棱堡屋顶的中央，巡逻的守卫可以凭栏俯瞰下方的回廊和炮台。这些栏杆上装饰着一系列高出的尖顶饰。从远处看似乎十分平常，但是近观却能发现雕刻艺术。尖形的尖顶饰身上雕刻着旋脊，而圆形尖顶饰的顶部则装点着浑天仪造型的雕刻球体。

## 细部

大量典型的曼努埃尔式风格雕塑都与海洋（比如，贝壳、珊瑚和海藻）和航海（比如，绳索、帆和锚）有关。这些主题追忆了葡萄牙人光辉的航海和探险历史。另一个主题是植物造型——橡树叶、橡树子、罂粟籽、蓟和月桂叶等，都是被广泛使用的造型。另外常用的还有传统的纹章造型。但是曼努埃尔式装饰的独特之处不只是主题的选择，同时还有其奢华的运用方式。

▲ **纹章** 图中，国王曼努埃尔一世的纹章位于塔楼立面上的显著位置。

▲ **打结的绳索** 从中世纪早期开始，建筑师们就喜欢用一些扁平的、程式化的绳索线脚来装饰拱券，而曼努埃尔式风格的建筑师则将这种装饰主题运用得更自由，采用了大胆雕刻的三维绳索造型。此处，打成结的绳索雕刻装饰在建筑物的一面上，不仅可以反射阳光，而且使平淡的墙壁更加生动。

# 尚博尔城堡

约1519—1547年 ■ 城堡 ■ 法国，卢瓦尔河谷

## 多米尼克·达·科托纳

在卢瓦尔河谷中大量的城堡中，尚博尔城堡是最著名的一座，它是国王弗朗索瓦一世狩猎和娱乐的城堡，坐落在国王的新情妇之一图里伯爵夫人的宅第附近。建造这座城堡花费了大约30年，并且成为新法国文艺复兴风格的标杆建筑。这种风格深受流行的意大利建筑的影响，但是也能看到一些早期中世纪法国城堡的影子。

虽然存在争议，但是大部分观点都认为城堡的主要建筑师是意大利人多米尼克·达·科托纳。可能还有其他建筑师也参与了设计，例如在漫长的工期中对科托纳的设计进行了修改。科托纳的设计遵循了中世纪城堡的一些特征，如护城河、外墙、带角楼的内墙、相当于城堡主楼（要塞）的中央区块，但是特立独行的一点是这座城堡丝毫没有防御功能。用一排排文艺复兴风格的敞亮的矩形窗户代替了中世纪城堡的狭窄的射箭孔，使之看起来更像一座宫殿而不是城堡。从其他细部设计中也能看出意大利文艺复兴风格的影响，如

石质圆柱、壁柱（垂直的突出物）和线脚。

尽管如此，尚博尔城堡在很多方面仍有所创新。意大利式宫殿的正立面一般是扁平的，但是尚博尔城堡的立面却有突出的塔楼。不同于意大利建筑将屋顶隐藏在女儿墙后面，这座城堡的屋顶不仅能够看到，而且还装设了老虎窗，高耸的、华丽的烟囱以及顶部是拱顶（半球形屋顶）的角楼。类似的大量细部特征，特别是精致的屋顶，成为几百年间豪华的法国建筑的印记。另外还有一些细节，如奢靡的内部、极高的桶形拱顶大厅以及别出心裁的双螺旋石阶梯，成就了尚博尔城堡独特的美丽，也使得这座宏伟的建筑成为符合这位伟大的崇尚文艺复兴的统治者身份的恰当居所。

**多米尼克·达·科托纳**

约1465—1549年

多米尼克·达·科托纳在家乡意大利接受了训练，并为佛罗伦萨的建筑师和雕刻家朱力亚诺·达·桑加罗工作，同时他也是一位军事工程师。后来多米尼克搬到法国，为国王查理八世效力。国王可能是被他的军事工程经验所吸引。弗朗索瓦一世继承王位后，科托纳仍然留在宫廷效力，修建了若干军事工程，并为一些皇家庆典活动设计了布景，比如 1518 年王位继承人的生日庆典。在法国巴黎，也有多米尼克的作品，如巴黎市政厅（19 世纪时被拆毁）和圣厄斯塔什教堂。在这些建筑中，他展现出了驾驭并混合文艺复兴和哥特式两种建筑风格的能力。例如圣厄斯塔什教堂就是按照哥特式建筑模式建造的，有高耸的石质拱顶和飞扶壁结构，但是却装设了文艺复兴风格的窗户和其他细节。在尚博尔城堡的设计中，虽然他的设计后来被更改了，但是仍然能看出设计师将新旧两种建筑风格完美结合的娴熟技艺。

# 视觉之旅

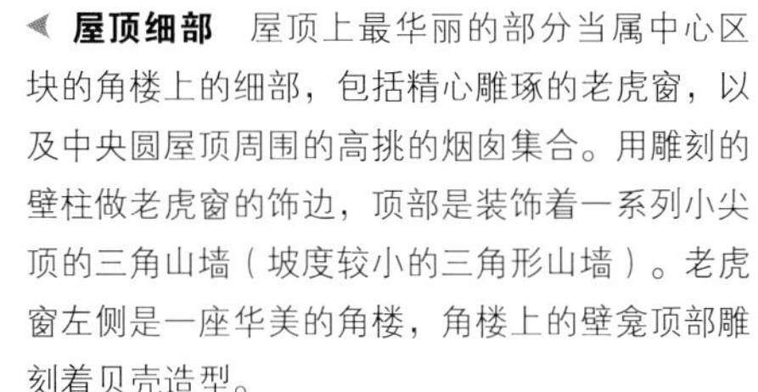

◀ **屋顶细部** 屋顶上最华丽的部分当属中心区块的角楼上的细部，包括精心雕琢的老虎窗，以及中央圆屋顶周围的高挑的烟囱集合。用雕刻的壁柱做老虎窗的饰边，顶部是装饰着一系列小尖顶的三角山墙（坡度较小的三角形山墙）。老虎窗左侧是一座华美的角楼，角楼上的壁龛顶部雕刻着贝壳造型。

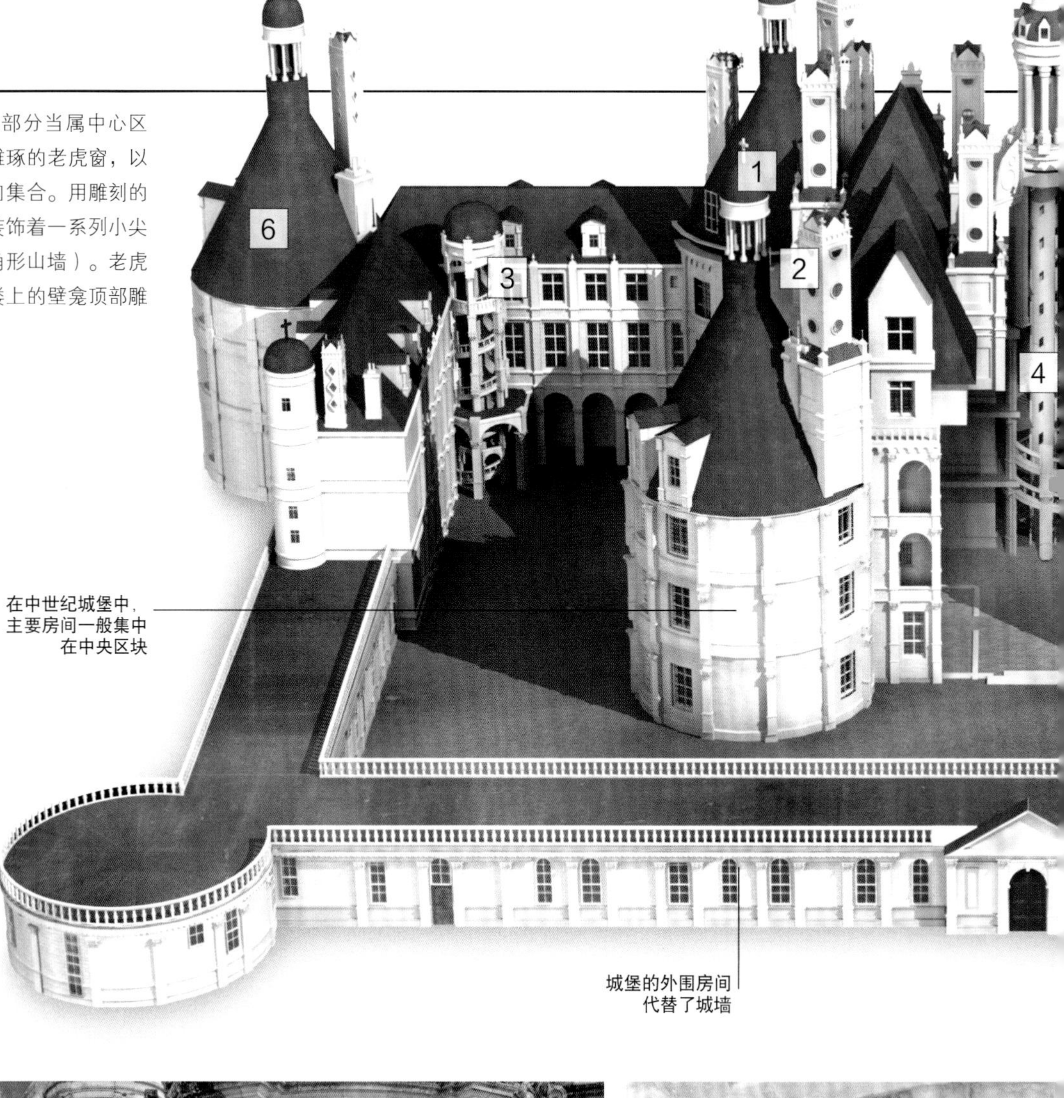

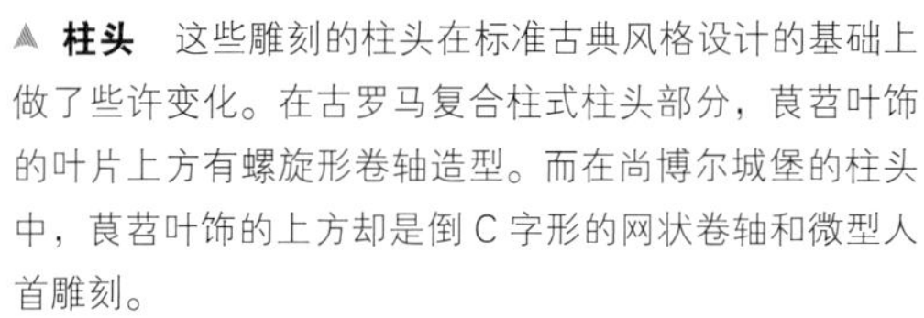

▲ **柱头** 这些雕刻的柱头在标准古典风格设计的基础上做了些许变化。在古罗马复合柱式柱头部分，莨苕叶饰的叶片上方有螺旋形卷轴造型。而在尚博尔城堡的柱头中，莨苕叶饰的上方却是倒 C 字形的网状卷轴和微型人首雕刻。

▶ **外部楼梯** 在主庭院的转角处，八角形石质角楼内的一对螺旋形楼梯将各个楼层连接在一起。楼梯上的拱形开口两侧是文艺复兴风格的圆柱，上下楼梯的人们可以凭栏观赏庭院的美景。石质栏杆在开口处将楼梯斜剪开来，打破了僵硬的对称格局。

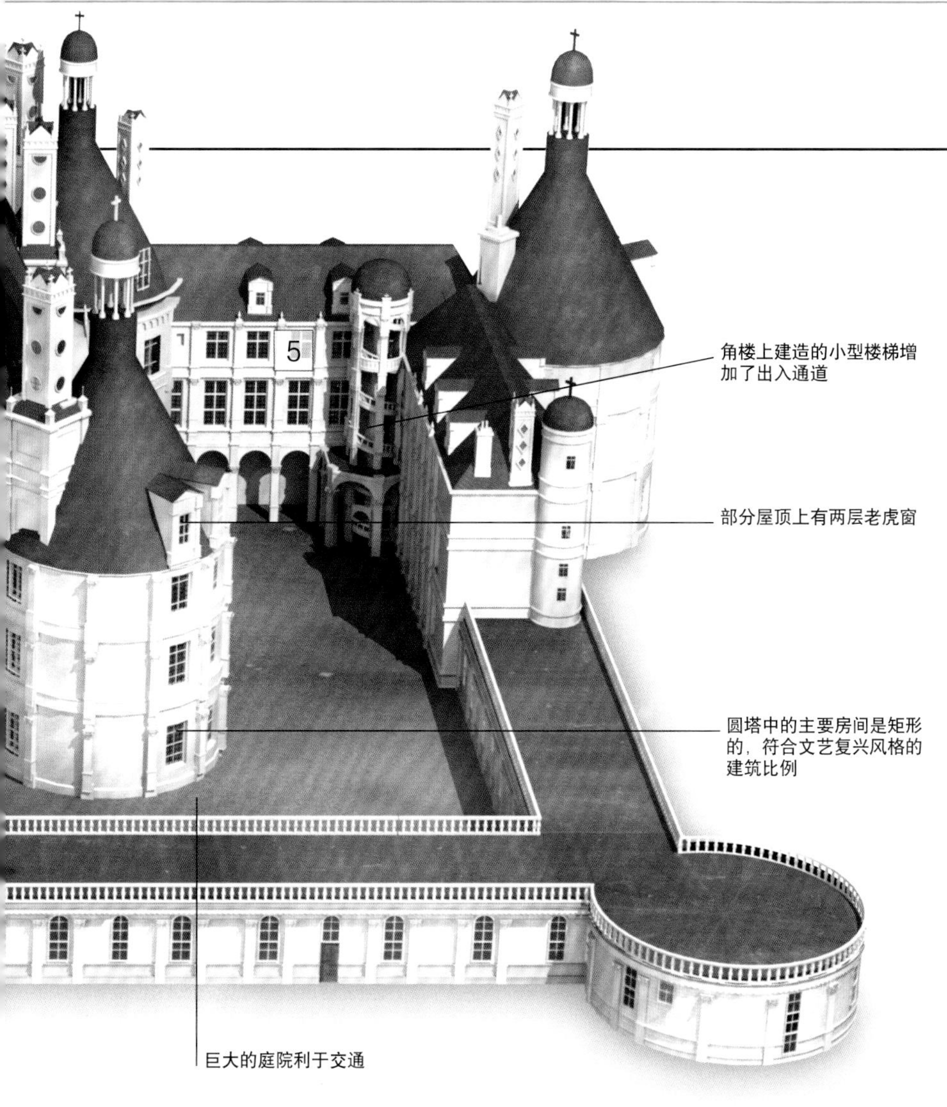


## 扩展

尚博尔城堡的设计充分展示了弗朗索瓦一世的个性和功绩。它的宏伟是国王的巨大权力的炫耀，而应景的设计则体现了国王的精于世故。弗朗索瓦是意大利文艺复兴运动的热切的支持者，他甚至曾将莱昂纳多·达·芬奇招为宫廷艺术家。有观点认为达·芬奇参与了尚博尔城堡的设计，但是并没有确凿的证据。然而可以肯定的是城堡中处处都有它的奢侈的主人的印记，比如大量使用的国王名字的首字母“F”，无处不在的“蝾螈”——这种国王的个人标志据说出现了700多次。蝾螈这种生物有强烈的象征意义：这种冷血动物据传说能够耐受极端高温并且可以熄灭火焰，而且也与炼金术相关。达·芬奇曾写到蝾螈的神奇之处，也许这对国王将这种动物作为自己的个人标志有所影响。

▲ **蝾螈** 尚博尔城堡中有大量蝾螈雕刻，图中为其中一个。皇冠表示这属于皇家象征。

◀ **卧室** 自开工以后，城堡被重新装修了若干次，很多房间的内部已经与16、17世纪时的原貌大不相同。但是仍有少量房间得以保持原貌。比如这间卧室，仍然能看到彩绘的天花板、镀金的檐口和墙壁上的挂毯。屋内的四柱床上悬挂着丰富的饰物和文艺复兴风格的木雕刻品。

◀ **双楼梯** 中央区块的楼梯是城堡中最具创意的楼梯，将各个大房间连接起来，比如此处这间宽敞的石拱顶大厅。这种双螺旋楼梯将两套阶梯纳入一体，皇室和仆人们各走一边，绝不会碰面。这种双生楼梯被安装在开放式的楼梯井中，楼梯井的装饰属于古典风格，与庭院楼梯装饰类似，但是与之相比更显内敛。

▲ **礼拜堂** 弗朗索瓦一世死后，他的儿子亨利二世继续修建了城堡西翼的这间礼拜堂并最终完工。礼拜堂的内部与城堡的其他部分一样，也属于文艺复兴风格，例如，桶形拱顶天花板、古典风格壁柱，以及贯穿墙壁上下的附墙柱。礼拜堂最大的窗户位于西端和圣坛后方，采用大写字母“H”的造型，意在纪念完成建设的国王亨利二世。

# 圣巴西尔大教堂

约1561年 ■ 大教堂 ■ 俄罗斯，莫斯科

## 波斯特尼克·雅科夫列夫

圣巴西尔大教堂是俄罗斯最引人注目的建筑，其更准确的名称应该是护城河上的保护至圣之母大教堂。为了庆祝在 1552 年的喀山之役中战胜蒙古，沙皇伊凡四世（恐怖的伊凡）命人建造了这间大教堂。大教堂位于莫斯科心脏位置的红场之内，紧邻克里姆林宫。色彩明艳、造型夸张的洋葱形穹隆构成了令人难忘的天际线，使得圣巴西尔大教堂不仅成为莫斯科的标志，也是整个俄罗斯的标志。

由于教堂的穹隆似乎是任意高起的，使得整个教堂从外部看起来并不对称，而实际上教堂的平面设计却是高度结构化的。一座主教堂屹立在中心位置，八座小礼拜堂排列在周围——四座位于罗盘四个基本方位上，另外四座穿插在四个基本方位之间。每座小礼拜堂都有自己与众不同的尖塔，并且顶部都加盖着洋葱形穹隆，小礼拜堂之间通过狭窄而弯曲的通道相连。大教堂的平面设计基于八角星形状——根据《启示录》中的描述，新耶路撒冷就是这种形状，因此八角星是有力的基督教象征。带着八角星图案面纱的圣母玛利亚也经常出现在东正教教堂中的绘画和图标中。

这座建筑的规划和设计并不寻常，而且关于建筑师的背景也知之甚少。有些历史学家发现大教堂的建筑学根源是其建成前时期的位于俄罗斯北部的木制教堂。那些木制教堂可能也受到了拜占庭王国（见第 32—37 页）的影响，而拱顶的砖砌工艺等细节也表明部分建造者可能来自欧洲西部或中部。

### 伊凡四世

约1530—1584年

西方社会普遍认为“恐怖的伊凡”，也就是莫斯科公国君主伊凡四世是第一位被加冕为俄国沙皇的皇帝，当时是 1547 年。他执政期间，实行了法律和政府改革，成立了贵族议会，重组了各省的地方政府。他还大力发展贸易，赢得了对喀山汗国、西伯利亚和阿斯特拉罕的军事胜利，大大增强了自身实力，使俄国跻身于庞大的帝国之列。但是他的晚期统治却饱受诟病。当时沙皇的第一任妻子去世，自己也大病初愈，他便怀疑贵族们谋害了皇后并且对自己下毒。于是他一方面严厉打击贵族的权力，另一方面发动了劳民伤财的战争，血洗在俄的敌人。他的政权以恐怖告终，但是他留下的中央集权统治却影响了俄罗斯的治国方式，并持续了几百年之久。

# 视觉之旅

▶ **砖砌工艺**
这座多彩的建筑实际上是砖砌工艺的杰作，这一点很容易被忽视。为了建造圣巴西尔大教堂，使用了几百万块砖，包括一些为了砌成塔楼和正面的复杂图案而专门制作的特殊砖块。图中看到的是其中一座尖塔中的一部分，砖块砌成的拱券构成重复的图案，有些拱券当中还有圆形的砖砌开口。另有一些小型拱券将大型拱券连接起来。

▲ **中央尖顶** 这座砖砌的尖顶屹立在处于大教堂心脏位置的中央教堂顶部。尖顶下方是一座八角形砖塔，整个结构远远高出大教堂的其他部分。建筑师仿照其他俄罗斯教堂设计了这个造型，比如建于1532年的科罗缅斯克庄园的基督升天教堂，也有这样高耸的八角形尖顶。但是圣巴西尔大教堂的尖顶之上还有一个小型的洋葱形穹隆，进一步提高了它的天际线。

## 设计

大教堂的装饰经历了若干阶段。早期，教堂中的一部分被涂抹了灰泥，并用模仿砖砌工艺的壁画装饰盖住，另一部分装饰着花朵图案的壁画，其中大量壁画可以追溯到17世纪。在19世纪的修葺中，又增加了一些油基颜料绘制的壁画。近期，一些环保主义者移除了这些壁画并修复了最初的花朵装饰，在必要的地方进行了替换。

▲ **花朵装饰主题** 入口墙壁上的壁画是近期修复的，重现了17世纪时的原貌。

▶ **穹隆细部** 每个穹隆都有独特的绚丽装饰造型，无论是棱镜形、螺旋形、“V”字形还是条纹形，都强调明亮的色彩运用。这些用色并不常见，大部分俄罗斯穹隆使用的不是素色就是镀金。最初，圣巴西尔大教堂的穹隆运用的也是金色表面，带有一些蓝色和绿色陶瓷装饰。现在看到的这些明亮的色彩是17世纪至19世纪陆续增加的。

6

▲ **高侧廊** 17 世纪 80 年代时，大教堂的内部被扩大了，当时的建造者在外围修建了一圈有开放式柱廊的墙壁，形成了高侧廊。在侧廊中，安放了取自附近 13 座木制教堂中的圣坛。同时，艺术家们用壁画装饰了大教堂内部的各个通道，大部分是弯曲婀娜的花朵图案。

▼ **中心教堂** 大教堂的中心教堂专门用来供奉至圣之母【在东正教中，“上帝之母”（god-bearer）这个希腊术语专门用来指圣母玛利亚】。中心教堂的内部比周围小礼拜堂的面积更大，但仍然十分紧凑。狭窄而极高，天花板高出地板约 46 米。

5

▶ **圣幛** 在东正教教堂中，中殿和圣殿之间需装设圣幛（一面挂满图标的墙或屏风），将中殿的“公共”区域与教堂中一般为牧师保留的最神圣的部分划分开来。这些图标刻画了耶稣基督、圣母玛利亚、圣人和门徒们。一般分 5 层展示，并且有一套严格的摆放规定。

4

# 圆厅别墅

1567—约1592年 ■ 郊区住宅 ■ 意大利，维琴察

## 安德烈·帕拉迪奥

圆厅别墅坐落在意大利北部的一座小山丘上，典雅高贵，是文艺复兴建筑巨匠安德烈·帕拉迪奥最著名的郊区住宅作品。这些郊区住宅的主人多是来自威尼斯及其周边区域和威尼托的贵族家庭，作为他们在乡野中安享宁静之所。帕拉迪奥从古典罗马建筑中吸收了大量细节，并采用非常正式的几何学布局，比如，房间被设计成正圆形或正方形。在某些方面，圆厅别墅在同类的郊区住宅中称得上是最完美的典范。它的古典韵味、严格的对称性和精美绝伦的布局，受到了大量建筑师、参观者的赞誉。

圆厅别墅是为一位高级退休神职人员保罗·爱默里克设计的。帕拉迪奥将这座住宅设计为正方形，主要房间皆在一层，下方是较低矮的地下室。每个立面前方都建造了一间圆柱门廊，门廊下方是宽阔的外部阶梯。进入内部，一条走廊将每个门廊与两侧的房间相连，走廊尽头是华丽的圆形大厅，屋顶为浅穹隆造型。除了细微的变化，建筑的

四个立面几乎一模一样，所有房间的尺寸和比例完全一致，因此建筑内外实现了完美对称——这种效果也正是帕拉迪奥所追求的。

这座别墅完工后实际上与帕拉迪奥的设计略有差异，部分原因是帕拉迪奥去世时穹隆和外部阶梯尚未完工。接手工程的是帕拉迪奥的徒弟和助手文森佐·斯卡莫奇。他监督完成的穹隆比帕拉迪奥已出版的图纸中的更浅。建筑内部装饰着神话主题壁画，也是帕拉迪奥去世后完成的，可能也并没有按照他的设计。尽管如此，这并不妨碍圆厅别墅成为一座住宅规格的古典风格建筑典范，它的典雅庄严无与伦比，启发了一代又一代的建筑师。

**安德烈·帕拉迪奥**

1508—1580年

安德烈·帕拉迪奥出生在意大利帕多瓦，被广泛认为是第一位伟大的专业建筑师。他早先是一名石匠，后来多亏一位哲学家和业余建筑师特里希诺的资助，才能够学习建筑。特里希诺鼓励他阅读罗马建筑学作家维特鲁威的作品，并陪伴他游览了罗马。1549 年，帕拉迪奥赢得了改造位于维琴察的一座早期文艺复兴风格宫殿的机会，在此之后的 30 年里，他大获成功，设计了大量教堂、宫殿和别墅，特别是在维琴察和威尼斯，留下了很多作品。帕拉迪奥的建筑汲取了他从古罗马建筑中学习的精华。他在别墅和教堂设计中常常使用的圆柱就是受到罗马神庙的启发，比如维琴察的圣乔治马焦雷教堂和威尼斯救主堂。著名的维琴察奥林匹克剧场也是受到古典模型的影响。《建筑四书》出版后，帕拉迪奥更加声名远播，这本书被翻译成多国文字，对欧洲各国的设计师产生了极其深远的影响。

# 视觉之旅

▶ **门廊的雕塑** 在圆厅别墅的三角山墙中，装饰着12座大型雕像，由乔瓦尼·巴蒂斯塔·阿尔巴内斯作于16世纪。虽然这些雕塑是在帕拉迪奥去世后加上的，但是在他的原图纸中也确有雕塑设计，而且与建筑的配合恰到好处，增加了建筑轮廓的生动性。这些雕塑表现的是罗马诸神形象。此处可能是狩猎女神黛安娜。

◀ **门廊** 圆厅别墅四个入口处的门廊设计都极为类似，均是六根爱奥尼圆柱，顶部有檐部（水平的石质条状物）装饰和三角山墙。门廊的布局和比例模仿了罗马模式，如万神庙（见第28—31页），看起来简单而严肃。圆柱上没有雕刻凹槽，檐部的线脚极为简洁，而且三角山墙的中央区域也比较朴素，但是山墙上的一圈小方块却构成了强烈的光影图案。

▲ **穹隆内部** 穹隆是圆厅别墅中最引人注目的部分，华丽的栏杆和中央的灯亭构成了内部装饰图案。当帕拉迪奥最初建造这座别墅时，他设想的是像罗马万神庙一样，在穹隆顶部开一个开口或着眼窗，以增加室内的进光量。但是这个设计没有实现，估计是因为不符合实际情况。这些壁画描绘了像美德之类的寓言性主题，是17世纪时增加的，当时圆厅别墅的主人是卡普拉家族。

## 环境

帕拉迪奥设计的大部分的别墅都位于田庄的心脏位置，别墅周围一般还有一些农业建筑。但是圆厅别墅是个例外。帕拉迪奥追求的是一座完美的别墅，因此特意将它放在维琴察东南方的山丘地区，几乎与外界隔绝。别墅周围没有农业建筑，按照最初的设计，也没有任何附属建筑，但是后来还是增建了若干。圆厅别墅坐落在山顶，不仅方便了人们从远处欣赏它的美，更重要的是为别墅内部的居住者创造了绝佳的视野，透过巨大的窗户和四面的门廊，四周美景尽收眼底。正如帕拉迪奥写道："最美妙的山丘都已呈现在别墅四周，仿佛置身于巨大的剧场中一般。"

▲ **鸟瞰图** 四周的田野距离圆厅别墅周围的道路很近，所以别墅与乡野已融为一体。

◀ **中央大厅** 装饰豪华的圆形大厅位于别墅中央，从4个入口延伸而来的走廊也在此交汇。大厅的地板铺设了珍贵的威尼斯 BATTUTO，这是一种由石灰混合彩色大理石碎片制成的灰墁。墙壁上的壁画主题是神话人物和场景，有一部分是18世纪时才增加的。艺术家运用娴熟的错视画技巧，将自己绘制的圆柱图案与真实的三维的华丽门框整合在一起，而且有些雕塑甚至高出了门框。

▲ **天顶画** 位于别墅四角（对应4个罗经方位点）的小房间天花板上的绘画是与中央穹隆上的同期完成的。据说这些画的绘制者都是亚历桑德罗·马加赞，他生于维琴察，活跃在威尼斯，风格矫揉造作。这些绘画作品被设计成小方形或圆形插画的样式，嵌在灰白的背景之上。凹形檐口也是灰白色，但是却被精美的石膏工艺装饰得丰富而生动。制作这些石膏作品的是著名灰墁艺术家阿格斯蒂诺·罗比尼。

## 扩展

帕拉迪奥的《建筑四书》流传度极广，不论是在建筑师还是房屋购买者当中。该书将古典建筑解释得清晰明确，介绍了大量易于掌握的建筑方法，甚至还有包括圆厅别墅在内的建筑图纸。建筑师们深受影响，单在英格兰就出现了持续17、18世纪两个世纪的帕拉迪奥运动。该书的影响甚至跨越大洋，传播到了美国，启发了很多住宅的设计，如蒙蒂赛洛（见第168–171页）。伦敦的百灵顿伯爵大屋和英国梅尔沃斯城堡都在很大程度上效仿了圆厅别墅。

▲ **百灵顿伯爵大屋** 这座为百灵顿伯爵而建的大宅像极了圆厅别墅，不同之处是它只有两个门廊，同时穹隆建得更高一些。

# 姬路城

1601—1618年 ■ 城堡 ■ 日本，姬路

## 建筑师未知

姬路城是日本最著名的城堡之一，气势宏伟，精美绝伦，由16至17世纪日本封建时代的大名（军阀）建造。姬路城是在一座旧城堡的原址上建造的一组建筑群，工程时间是1601年至1618年。城堡中央有一座高塔，通过走廊与四座小塔连接起来，外围修筑了城墙和大门。与当时大部分城堡一样，姬路城的设计初衷不仅是一座堡垒，更是有权有势的大名及其家族的奢华宅第，是其社会身份的象征。

城堡的外墙修筑在巨大的石头地基上，墙壁的上半部分由干泥砌筑而成，在有些地方还内嵌了金属板。这样的建筑材料使得城墙不仅具备防火能力，而且几乎是不可能被凿破的。对攻城者来说，要想进入姬路城内，不得不经过一道道大门，而大门之间仅有狭窄的小道，所以城堡的中心区域几乎是牢不可破的。

在城中央的若干塔楼中，建造了库房、生活区、军械库，以及弩手和弓箭手的射击平台。在建造过程中，木匠们可以预先搭建好这些塔楼的木架构，而石匠们负责垒砌坚固的石头地基。为了进一步防止火灾，另外在木材表面涂抹了一层白色的灰泥。通过特别开凿的板条制作的开孔，防御者可以朝外射击，同时借助特殊的斜槽或者“投石窗”向试图登城的敌人投掷弹药。

姬路城不仅结构稳固，样式优雅，而且还有丰富生动的细部，比如大量尖形的带雕刻的山墙和山花板、外挑屋檐、华丽的尖顶饰。在建筑内部，将暴露在外的天然木梁与绚丽的大尺寸彩绘板相结合，一般描绘的场景来自在日本文化中备受尊崇的大自然。

### 池田辉政

1565—1613年

池田辉政是日本江户时代早期的大名，作为一位知名武士，在16世纪晚期长期活跃在日本西部旷日持久的战争中。1600年，他参加了多部族争夺幕府将军之位的关原之战，当时的幕府将军地位仅次于天皇，而且是日本的实际领导者。池田率领着4560人组成的军队效忠于他的岳父——德川家康。德川家康取胜后成为了日本的幕府将军。作为奖赏，德川将姬路城及其周边大片土地都赐给了池田，为他带来了大量财富。池田重建了这座要塞使之成为日本最大的城堡之一，而他自己的权势地位、财富和影响力也不断增长，乃至他死后经常被称作日本西部的幕府将军。

# 视觉之旅

▲ **进出通道** 城堡布局精巧，通往不同庭院和塔楼的进出通道狭窄而曲折。任何突破城墙而入的敌人都会在这里遭到重重阻碍，道路狭窄到只能同时容纳两人并肩通行。为了迷惑敌人，这条曲折向上的主通道在某些地方还会使人原路折回，或者穿越了几道城门之后，有时甚至变成漆黑的通道。每段通道的附近都建有防御城墙，部分城墙上开凿了用于瞄准和开火的射击孔。

在城堡内部，可以清楚地看到木架构

◀ **塔楼** 在坚固的石质地基上，城堡的塔楼拔地而起，高达数层。主塔的最底层被包围在石基之内，是重要物资的储存区，比如大米和盐，还有一口井。塔的上层综合了生活区和防御点，能够观察敌人情况并射击。透过板条窗上细长的开口，弓箭手们可以瞄准并射击。

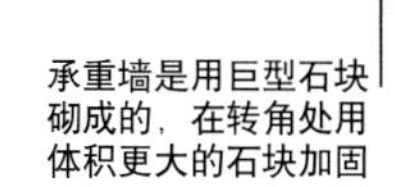

承重墙是用巨型石块砌成的，在转角处用体积更大的石块加固

◀ **屋顶细部** 城堡的外挑且上翘的屋顶上铺砌的是扁平和弯曲的瓷瓦，比起传统的茅草屋顶，防火性更好。这些屋顶也有装饰作用——瓦片的圆形底端雕刻着城堡主人的家族纹章。

▶ **内部** 直到17世纪早期，在日本城堡中最重要的房间往往装饰豪华。在屏风、隔墙甚至天花板上，一般会绘制浓墨重彩的风景画，一般是狩猎场面，特别是狩猎大型动物，如象征着军阀的老虎。为了反射阳光使得内部更明亮，还会大规模使用昂贵的金箔。

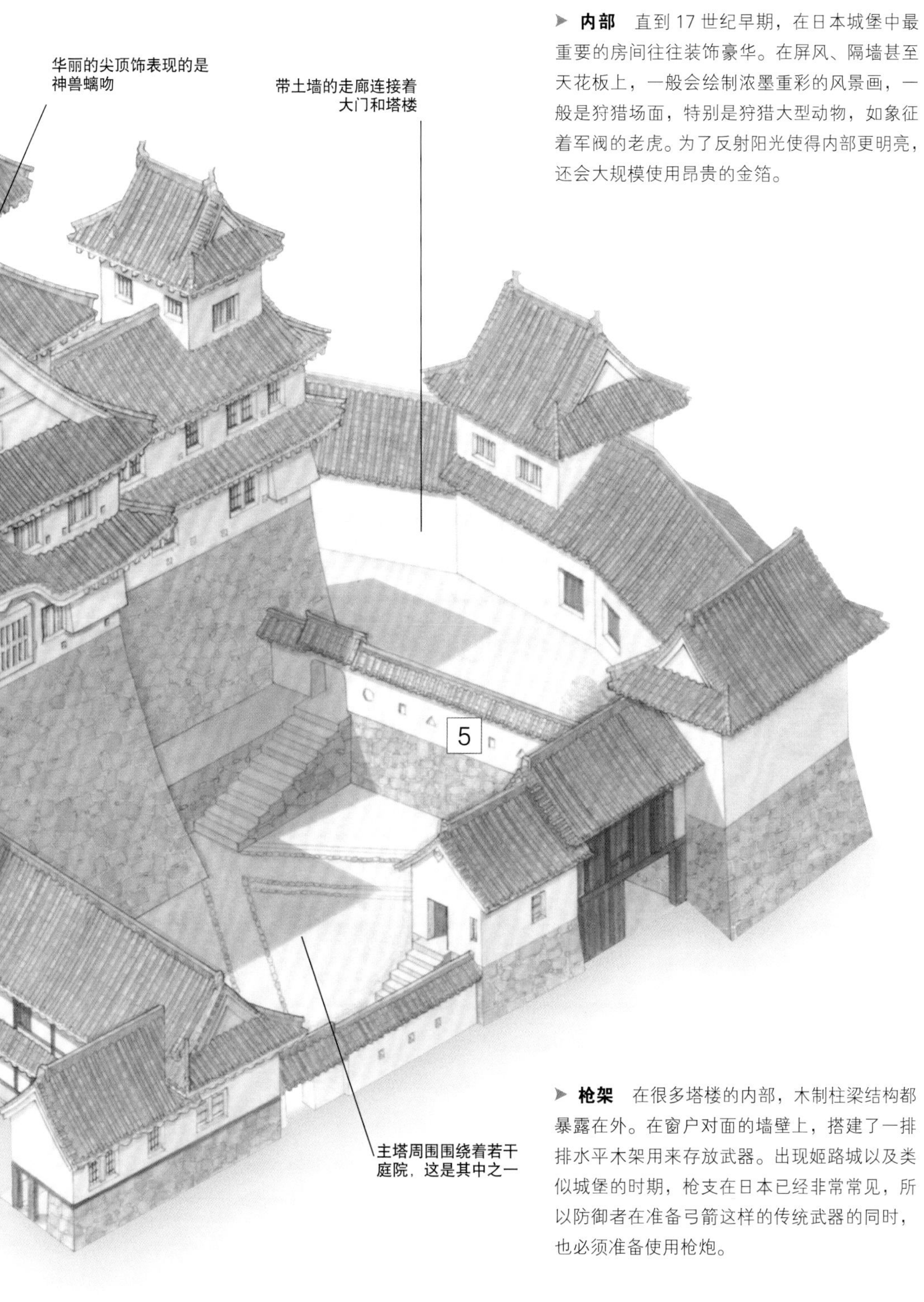

▶ **枪架** 在很多塔楼的内部，木制柱梁结构都暴露在外。在窗户对面的墙壁上，搭建了一排排水平木架用来存放武器。出现姬路城以及类似城堡的时期，枪支在日本已经非常常见，所以防御者在准备弓箭这样的传统武器的同时，也必须准备使用枪炮。

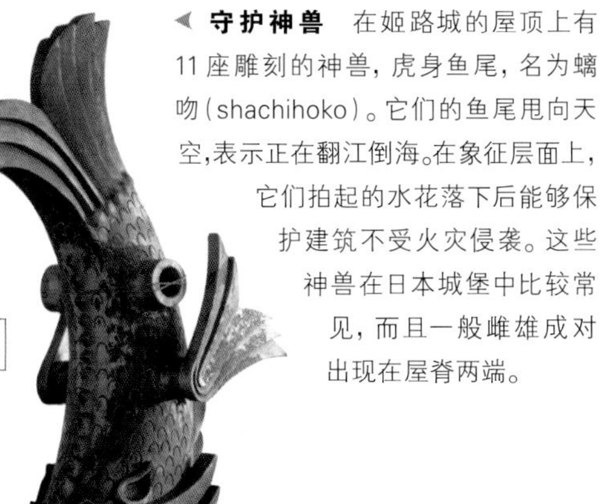

◀ **守护神兽** 在姬路城的屋顶上有11座雕刻的神兽，虎身鱼尾，名为鳙吻（shachihoko）。它们的鱼尾甩向天空，表示正在翻江倒海。在象征层面上，它们拍起的水花落下后能够保护建筑不受火灾侵袭。这些神兽在日本城堡中比较常见，而且一般雌雄成对出现在屋脊两端。

◀ **墙体和枪眼** 墙体的下部是用未经加工的当地石材随意砌成的。部分结构紧靠路堤，起到壁垒的作用，而其余部分是厚实的墙体，用石头砌成“外皮”，泥土和碎石用作填料。在由此构成的坚固的地基之上，是更加光滑的土墙，外表涂抹了明快的白色灰泥。沿着土墙，开凿了一系列孔洞——圆形、方形和三角形——用作枪眼。

# 伊斯法罕皇家礼拜寺

约1611—1630年 ■ 清真寺 ■ 伊朗，伊斯法罕

## 奥斯塔德·谢赫·巴哈伊

伊斯法罕皇家礼拜寺是伊斯兰教世界最美丽的建筑之一，单是高耸的蓝绿色祷告厅穹隆和瓷砖装饰的复杂图案就足以震撼人心。修建这座建筑的是强盛的萨非王朝，当时帝国的中心位于波斯（现在的伊朗）。帝国统治者沙阿·阿拔斯一世迁都到伊斯法罕并开始了大规模的重建项目，其中皇家礼拜寺是城中最重要的清真寺，当中一座宏伟的大门朝向一个新建中央广场的南面。

伊斯法罕皇家礼拜寺是萨非王朝建筑的杰出代表。与当时大部分宏大的清真寺一样，祷告厅只有一个独立的巨大空间，屋顶为穹隆造型。而早期的清真寺却是依靠林立的柱子支撑屋顶。除了极佳的音响效果，这种空间安排也非常实际，因为大穹隆结构更方便容纳大型集会，于是只要条件允许，就会推广建造这样的大穹隆清真寺。在伊斯法罕皇家礼拜寺的弯曲的大穹隆中，色彩明艳的瓷砖构成了绝妙的伊斯兰教图案，装饰的美感令人赞叹。

在伊斯法罕皇家礼拜寺中，有一座巨大的庭院，庭院的大门极其精致，这也是大型波斯清真寺的另一个主要特征。这类庭院设计在大型清真寺中非常流行，一是面积广阔的庭院方便了参加集会的信徒在进入祷告厅之前完成洗礼仪式；二是为一些附属建筑创造了建造空间，如宗教学校和冬季祷告厅。在宏大的建筑群中，特别是宣礼塔顶部这样的突出部分，每个细节的处理都一丝不苟，并颇具新意，如使用了深色调亮色的陶瓷工艺。

### 环境

阿拔斯一世是萨非王朝最杰出的统治者，在他执政期间（1587—1629年），他组建了波斯政府，并且在新的都城——伊斯法罕建立了集权统治。为了建设一座相称的中心城市，他大兴土木，同他的建筑师和规划师奥斯塔德·谢赫·巴哈伊一起进行了大规模的建筑工程。整个城市围绕着中央位置的一条林荫大道和一座开放式大型广场——伊斯法罕皇家广场铺展开来。在广场上坐落着皇家礼拜寺、阿里卡普宫（阿拔斯处理政务并款待来宾的皇家宫殿）以及伊斯兰教世界最大的皇家集市。礼拜寺的祷告厅朝向麦加。通过将这些核心建筑围绕在一个广场上，阿拔斯实际上是将整个王国的权力机构——君主政体、商业和宗教都集中起来，以便他在一个中心点掌控全局。

▲ **布局** 这座礼拜寺与广场呈45度角。

# 视觉之旅

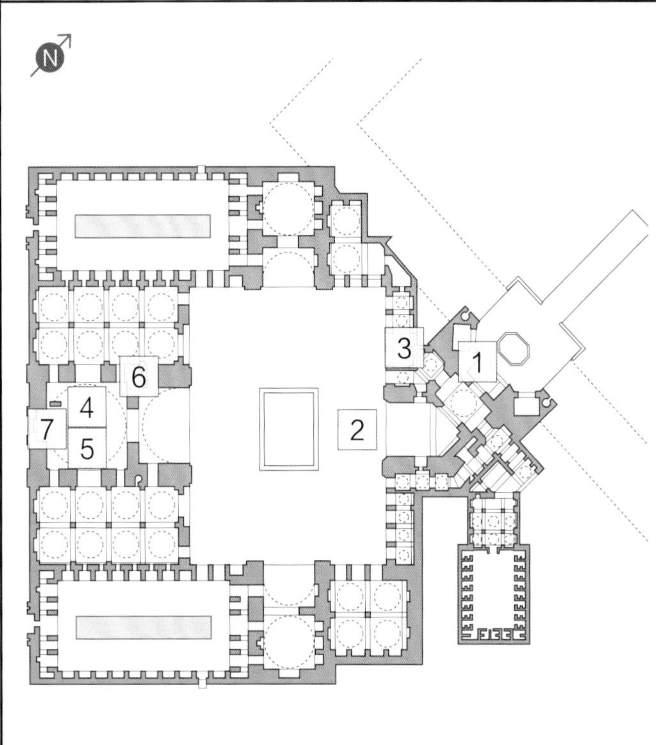

▼ **大门** 四座高大宏伟的大门，或者称为“Iwan”，是庭院中最引人注目的焦点。每座大门都是由尖形的拱门和其周围围绕成矩形的墙体构成的。在通往祷告厅的两座大门顶部还建造了纤细的宣礼塔。开口内部的空间呈拱形，装饰着复杂的钟乳石状造型，与门道连成一体。

▲ **庭院** 在庭院两侧，都修建了大门。成排的拱券相连，形成两层高的连拱，再配合上精美的装饰瓷砖图案和中央水池中的倒影，构成了一幅完美对称的画面。在萨非王朝，穆安津并不是站在宣礼塔上召唤信徒做礼拜的，他们修建的是屋顶为金字塔造型的矩形结构戈达斯特。在图中，戈达斯特被修建在庭院中其中一座大门顶部。

▲ **连拱内部** 环绕在礼拜寺庭院边缘的是一圈连拱，用扁平拱支撑，这种设计在伊斯兰建筑中也比较常见。连拱的天花板呈拱形，带有星形图案，整个天花板和墙壁上部都贴满了瓷砖。这些装饰精致的空间极受礼拜者欢迎，因为他们可以在此躲避强烈的阳光。

## 设计

在伊斯兰教创立以前的西亚地区，彩色瓷砖就已经被广泛用于铺砌墙面和地面，到 13 世纪时，在波斯及其周围地区十分流行。波斯的艺术家进一步延伸了平铺马赛克的应用，他们将瓷砖切割成小立方体（镶嵌片）并拼出复杂的图案。然而，到 16 世纪时，更流行的是多色瓷砖，不只是因为追求更绚丽的视觉效果，另一层原因是如果在烧制前将彩釉应用到一块单独的瓷砖的话比用成千上万块小镶嵌片拼出图案来得更加迅速便捷。伊斯法罕皇家礼拜寺的瓷砖就像调色板一样斑斓多彩。除了用深蓝和浅蓝色做主色调，还结合使用了小块区域的黄色、黑色、白色、绿色和浅褐色。

5

▲ **穹隆内部** 深蓝色和金色的玻璃瓦覆盖着穹隆内部，整个空间金光闪闪，光彩夺目。通过一系列位于拱券上方的名为“拱内角”的三角形结构，八角形空间过渡到了圆形的穹隆结构。同时，这些三角形被分割为一连串三边形或菱形瓣面，这种处理加上瓷砖构成的图案，大大减少了整个结构的厚重感，而且实现了极佳的声学效果。

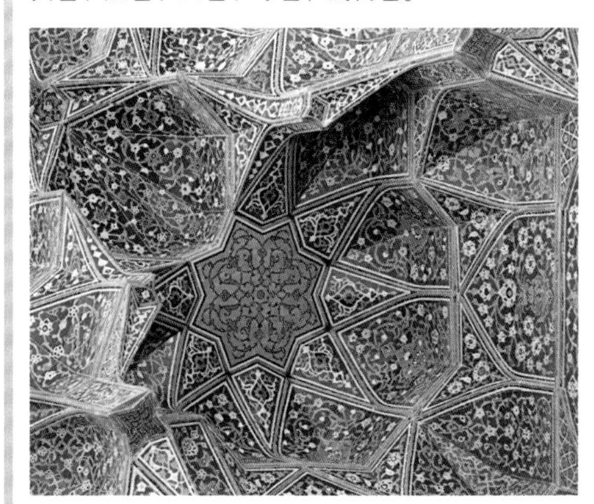

▲ **瓷砖细节** 在拱顶中的这部分图案里，艺术家们娴熟地运用了蓝色、白色和黄色瓷砖拼出了像花朵一样的图案，如果从更近处观察，能够看到更多细节。

◀ **穹隆外部** 波斯的建筑师极其善于使用穹隆，他们用穹隆修建清真寺的历史可以追溯到 12 世纪。伊斯法罕皇家礼拜寺的穹隆就是结构最宏大、装饰最精美的穹隆之一。这个穹隆结构有两层外皮，外层高达 53 米，而内层比外层低约 14 米。凭借这种建筑方式，礼拜寺的穹隆成为整个城市中最高的一个，同时又保持了内部天花板的适当高度，方便人们欣赏。在外部，支持着穹隆的鼓座形成了一条水平条带，并在瓷砖上铭刻了《古兰经》经文。而整个穹隆外部则覆盖着绝妙的、弯曲的阿拉伯花纹。

▶ **宣礼塔** 虽然伊斯法罕皇家礼拜寺的宣礼塔并没有一般的召唤功能，但是其建筑特色却是非常突出的。这些宣礼塔覆盖着图案复杂的瓷砖，挺立在两个主要大门的两侧，成为为礼拜者指示通往祷告厅的大路的路标。宣礼塔顶部的空间被扩大到可以容纳一个阳台，支撑阳台的是多面钟乳石造型的叠涩结构，这是在萨非建筑中极受欢迎的一种处理方式。构成网状阳台的栏杆也是经过精雕细琢的。

6

7

▲ **米哈拉布** 米哈拉布是嵌在祷告厅内墙中的一个壁龛，指向麦加方向，因此在祷告进行时会众必须朝向米哈拉布。与大多数大型清真寺一样，伊斯法罕皇家礼拜寺的米哈拉布被设计并装饰得极富视觉冲击力，特别是运用了多面拱顶和浓艳的蓝色和金色瓷砖。有些瓷砖上带有铭文，同时，在两侧装饰着竖向排列的宗教书法。

# 泰姬陵

约1648年 ■ 莫卧儿王朝陵墓 ■ 印度，阿格拉

## 建筑师未知

泰姬陵是莫卧儿王朝皇帝沙·贾汗为了纪念爱妻泰姬·玛哈尔而修建的陵墓，通体由闪闪发光的白色大理石建成。泰姬·玛哈尔在1631年生下第14个孩子，不久便香消玉殒。泰姬陵的建设紧接着在1632年便开始了，直到1648年才最终完成，而花园和周边建筑等环境美化工程则又持续了若干年。沙贾汗死后，被安葬在爱妻身边。

从16世纪中期开始，莫卧儿王朝陆续涌现出一些极具特色的建筑，以及专为皇室成员修建的陵墓。最简单的陵墓造型是立方体形式的石砌或砖砌结构，顶部加盖了圆屋顶。另有一部分陵墓的结构更加复杂，如位于德里的胡马雍陵。这座陵墓结构复杂，位于中央的是一间八角形大厅。泰姬陵深受胡马雍陵的影响，承袭了大量胡马雍陵的特点。关于泰姬陵的设计者一直未有定论，据估计是尤希达·艾哈迈德，他同时也是沙·贾汗其他建筑的设计师，包括德里红堡。

虽然受到了早期建筑的影响，但是泰姬陵的独特风格仍然十分突出——大、小拱券的对称，中央葱形穹隆与其他尖塔的小穹隆之间的关系，以及屹立在下方凸起平台的方式和与周边环境的结合，都自成一体。在泰姬陵前方开凿的运河中，河水静静地流淌着，映出泰姬陵美丽的倒影，更增加了一份优雅。正面的大理石雕像中镶嵌着彩色的石头，样式复杂精美，使建筑的图案和肌理更加丰富雅致。

### 沙·贾汗

约1592—1666年

作为阿克巴皇帝的孙子，沙·贾汗于1627年登上帝位，成为莫卧儿王朝的第五位皇帝。他精明强干，精力充沛，改进了王朝的管理并使之集中化，同时为了扩大疆土、巩固帝位而连年征战。沙·贾汗也是各种艺术形式的支持者，从绘画到诗歌，但是最出名的还是他的建筑成就。在他的热情支持下，在德里建起了宏伟的红堡和贾玛清真寺、拉哈尔的部分堡垒和其父贾汉吉尔的陵墓。还在青少年时期，沙·贾汗就迎娶了阿姬曼·芭奴作为皇后，她后来被封为泰姬·玛哈尔（意为“宫廷的皇冠”）。虽然妻妾成群，但是沙·贾汗还是无法承受她的去世所带来的痛苦，并仍然全身心地爱着她。1658年，沙·贾汗抱病并退位，皇位传给了他的儿子奥朗则布。

# 视觉之旅：外部

1 ◀ **穹隆** 加上底部的石砌鼓座，中央穹隆的高度达到了约 61 米。在外部看来，白色大理石砌成的穹隆呈葱形，但是内部的天花板各边仍然是直线形的。

穹隆的壁极厚，是为了在避免内部过高的前提下，不影响外部的高度

查特里斯

据说宣礼塔略微向外倾斜，是为了使得从花园角度看上去是笔直的

泰姬陵倒映在狭长的水渠中

2

▲ **尖顶饰** 主穹隆上的镀金尖顶饰既有新月形这样的伊斯兰教装饰主题，也包含着球根形水容器这样的印度元素。

3

▲ **宣礼塔** 在清真寺中，宣礼塔承担着召唤信徒来做礼拜的作用，但是泰姬陵中的宣礼塔只有装饰作用并成为主要建筑体的框架。

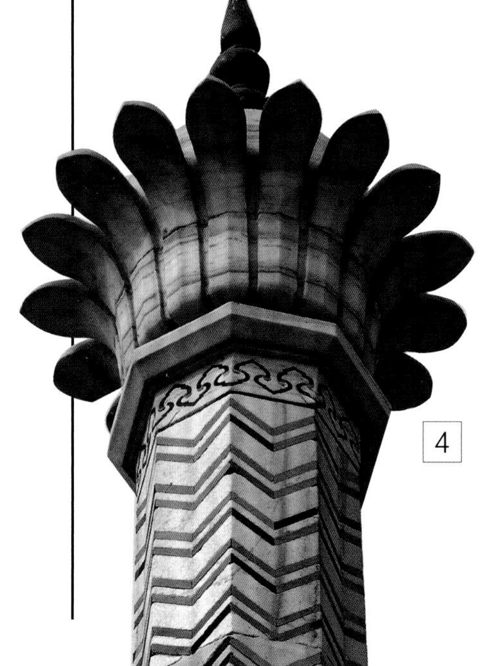

4

◀ **小尖塔** 大理石制作的八角形小尖塔分别位于建筑的四角，塔身纤细，刻着“V”字形图案，镶嵌了顶部为莲花瓣造型的柱身。这些有趣的雕塑使得泰姬陵的天际线更加清晰美丽。

▶ **查特里斯** 查特里斯（chhatris，意为“雨伞”）是一种圆拱屋顶的小亭子，由下方细长的柱子支撑。建在泰姬陵屋顶上的这些查特里斯的柱间装饰着华丽的多叶饰，与宣礼塔上的装饰相呼应。

5

小尖塔

屹立在高台上，泰姬陵的地基高出花园

▼ **拱形大门** 大型拱形开口是每个正面的中心装饰，包括一面大门、一扇窗户，以及一排雕刻或镶嵌的装饰品。在开口的周围，铭刻着《古兰经》第36苏拉（章）的经文，即真主对世人的馈赠，以及对信道者得到永生的约言。

6

7

▲ **《古兰经》经文和内嵌装饰** 这个细节图展示的是上半部分的《古兰经》经文，这些流畅的雕刻出自书法家阿曼纳特·汗之手，他在作品上签下了自己的名字。与他合作完成泰姬陵中作品的还有很多艺术家和工匠，但是他们的身份都无法确认。在经文下方、拱券正上方，是五彩缤纷的镶嵌式装饰，图案为风格化的叶、茎和花。

8

▲ **浮雕** 泰姬陵外部还装饰着对称排列的植物和花朵的浮雕图案。在强烈的阳光照射下，建筑物正面的形式和肌理都显得更加生动。

## 环境

为泰姬陵选址时，沙·贾汗考虑十分周详。他将泰姬陵建造在亚穆纳河岸边，河水可以倒映出建筑的美景，而且建筑所在的平台高出了两旁的河流和花园。遵循几何学设计，4条水渠将花园分割为4个部分，这些水渠在中央的水池中交汇。这种四分式花园格局象征着《古兰经》的基础教义——和谐统一，其中，这4条水道分别代表了4条生命之河，即水河、乳河、酒河、蜜河。

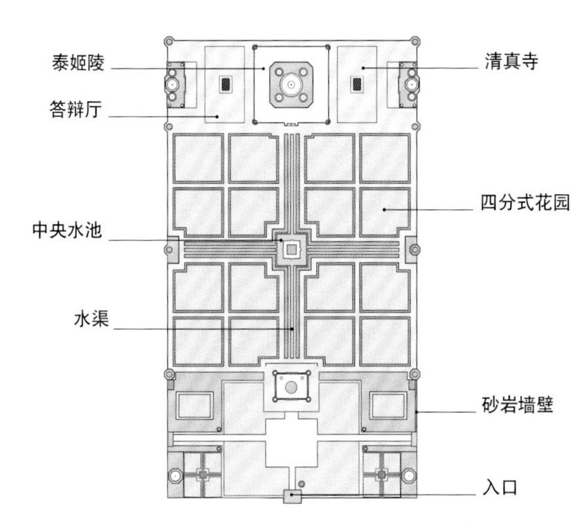


▲ **墓冢和花园的平面图** 游客从入口进入后，首先会经过其他墓冢才能到达泰姬陵前方的花园。陵寝东西两侧各建有清真寺和答辩厅这两座式样相同的建筑。

## 扩展

从16世纪早期到18世纪早期，莫卧儿王朝一直统治着印度。在这漫长的岁月里，王朝的建筑师们博采众长，从中亚先人和印度本国的穆斯林前人的建筑中汲取了很多元素，并渐渐形成了自己独特的风格。他们学习了在波斯和德里的建筑中都看得到的葱形穹隆、直边尖券和多叶饰拱券，但是比起中亚建筑中常见的色彩艳丽的瓷砖，他们的作品在色彩搭配方面更加收敛。莫卧儿王朝的建筑师们十分擅长军事建筑，如阿克巴皇帝曾在阿格拉附近建造的著名的法特普尔·西克里城。尽管如此，他们最精彩的作品还属陵墓。莫卧儿王朝的陵墓比早期德里苏丹的陵墓更加煞费苦心，往往设计了复杂的平面和精致的装饰，而泰姬陵就是登峰造极之作。

▲ **胡马雍陵，德里** 胡马雍陵建于16世纪60年代，早于泰姬陵。巨大的穹隆、查特里斯、八角形中央大厅、高台地基，这些特点都被后来的泰姬陵沿袭了下来。

# 视觉之旅：外部

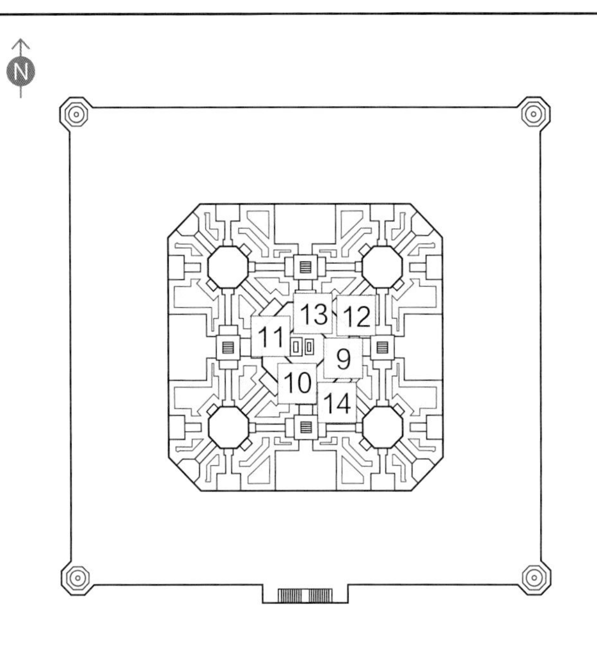


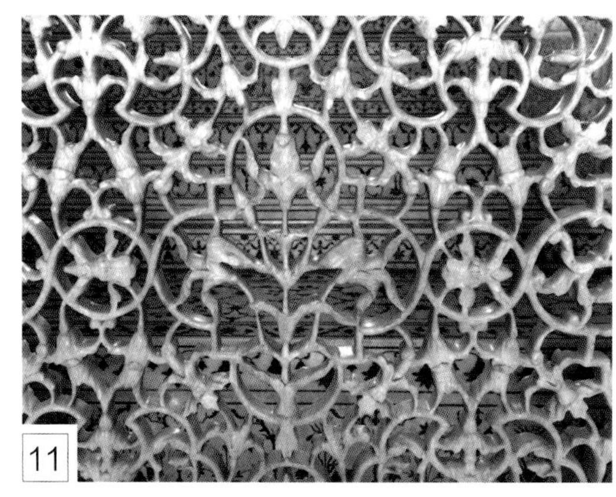


▲ **加利** 加利是一种八面晶格构造的屏风，包围着两个衣冠冢。为了防盗，沙·贾汗用大理石替代了最初的黄金加利，镂空图案复杂精巧。

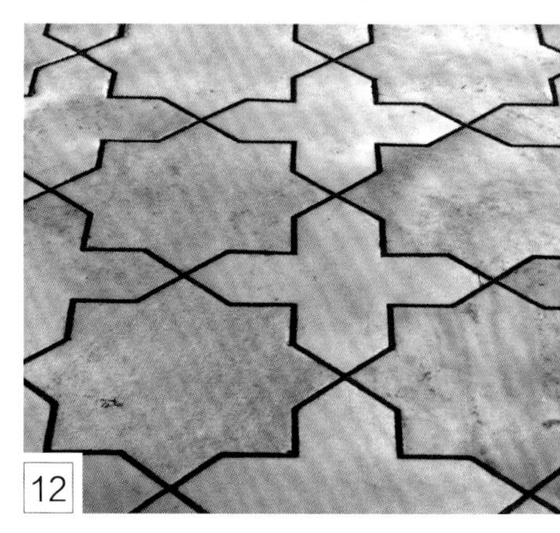


▲ **几何学地板图案** 大理石地板被拼成了典型的伊斯兰教图案，如星形、十字形。穆斯林艺术家根据自己的几何学知识，创造出了大量相似的精美的连锁图案。

▶ **衣冠冢** 依照伊斯兰教传统，泰姬·玛哈尔和沙·贾汗的墓穴都非常简单，分别被安葬在位于泰姬陵底层的朴素的石棺中。而主层则是为纪念国王和皇后而精心装饰的衣冠冢（空墓）。泰姬先于国王辞世，她的衣冠冢位于建筑的中心位置。

▲ **碑文** 在泰姬衣冠冢的尾端刻着墓主的身份，为了安抚逝去的灵魂，侧面镌刻着《古兰经》经文。

▲ **穹隆顶点** 即使在人眼几乎看不清的穹隆内部的制高点，艺术家们依然毫不懈怠地延续着精美的构图。靠近观察，可以看到明显的连锁三角形网状和类似太阳的图案。

▲ **屏风支柱** 加利的每个转角处都由支柱支撑，这些支柱表面镶嵌着白色大理石。这些装饰延续了衣冠冢和拱肩（拱券之间以及窗户上方的三角形区域）处的图案。

## 设计

大部分墙壁表面都镶嵌着用各种次等宝石构成的图案，包括光玉髓、珊瑚石、翡翠、碧玉、天青石、玛瑙和绿松石。这种装饰风格可能是受到了被称为佛罗伦萨马赛克饰面（pietra dura，意为“硬岩”）的意大利工艺影响，也有西方学者认为有欧洲工匠来到阿格拉参与了泰姬陵的建设，这种可能性微乎其微。在莫卧儿王朝中已有意大利的镶饰家具，图书馆的藏书中也可能已介绍了这种设计。建造泰姬陵的艺术家采用了这种工艺，但是设计了独特的色调搭配和图案。

伊斯兰教禁止具象化艺术，特别是针对表现人或动物这样的“高等生命形态”。因此基于植物形态的设计便大行其道。为了增强美感，泰姬陵的艺术家们在镶嵌装饰中广泛使用了植物造型。

▲ **精巧的镶嵌装饰** 绿色、红色、黄色的花朵、叶片、藤蔓等图案镶嵌在泰姬陵内部的白色大理石上，使得画面充满生机。

## 细部

植物造型和抽象主题混合而成的装饰图案不仅出现在佛罗伦萨马赛克饰面中，也通过浅浮雕这种艺术形式加以展示，广泛分布在泰姬陵内部。但是浅浮雕装饰采用的是单色石头，多为白色大理石，被用作饰面材料。这些石头产自拉贾斯坦邦的马克拉纳，还有一些国王订购石头的信件也被保留下来。在信中，国王要求石匠们从拉贾斯坦邦赶到阿格拉，而且不同意采用欧洲的传统工艺。拉贾斯坦邦的石匠们技艺高超，制造出了精美绝伦、惟妙惟肖的花朵、叶片形态。

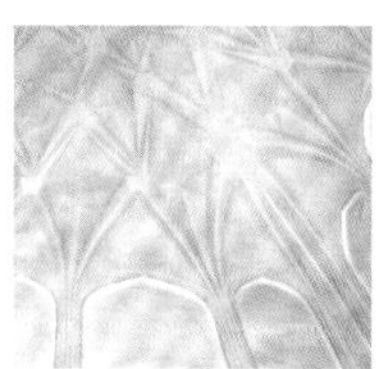

▲ **细腻的雕刻** 这些基于植物形态的浮雕细部充分展示了雕刻者的技艺，从几何构图和装饰美感上来看都无可挑剔。

# 阿姆斯特丹王宫

1648—1655年 ■ 宫殿 ■ 荷兰，阿姆斯特丹

## 雅各布 · 范 · 坎彭

屹立在大坝广场制高点上的阿姆斯特丹王宫建成于17世纪中叶，本是当地的市政厅。这段时期被称为荷兰的黄金时代，繁荣的贸易带来大量财富，艺术和科学领域更是硕果累累。雅各布·范·坎彭设计的王宫巨大而宏伟，与这座荷兰最强大城市的地位也极为相称。他从罗马建筑的宝库中吸收了大量古典细部设计技巧，这种做法也反映出了荷兰人霸占全球的野心，他们一直自视为罗马帝国统治者的后人。

实际上，雅各布·范·坎彭的杰作甚至超越了任何一座罗马建筑。宏大的规模和高耸的八角形塔楼，足够这座王宫傲视阿姆斯特丹市中心的其他低层建筑。同样令人惊叹的还有王宫金碧辉煌的内部，大理石外饰面的房间主要部分由豪华的建筑装饰和雕刻装饰构成。建筑的比例遵循了古典范式，中心部分比建筑正面的其他部分略微前倾，且顶部装饰着三角山墙。为了与中心部分平衡，侧面的开间也是突出的，底层造型简单，而且开凿了入口拱门。

建筑物正面规模宏大，共有五层。但是这五层仿佛被第3和第4层之间的腰线一分为二，形成两个单位，即底层、2层和3层形成一个王宫，同时4层和5层组成另一个。每一层的正面的窗户数量都不少于23个。第一层和第三层中的一些窗户甚至要高出其他窗户，这种尺寸的变化使得外部的砂岩墙壁看起来富于变化。

1808年，这里成为路易·拿破仑的宫殿，同时用超过13000根基桩支撑起了整座建筑，给这座城市潮湿的泥土造成了极大的负担。

### 雅各布 · 范 · 坎彭

1596—1657年

雅各布·范·坎彭出生在一个富农之家，在游历到欧洲之前就已经学习过绘画。他被帕拉迪奥及其追随者的建筑作品所吸引，也阅读了罗马作家维特鲁威的著作，而帕拉迪奥式建筑正是以维特鲁威的理论为基础的。回到荷兰后，范·坎彭开始设计住宅，包括为诗人和外交官康斯坦丁·惠更斯设计的住宅，并形成了具有自己独特印记的帕拉迪奥式建筑风格。他的社会地位和杰出才能使得他邀约不断，承接了大量建筑和装饰设计工作。除了市政厅，他还设计了毛里茨住宅（现为毛里茨皇家美术馆）和诺尔登德皇宫，这些建筑都位于海牙。范·坎彭最初与其他设计师和艺术家合作，后来独立工作。他的风格不仅影响了荷兰的建筑，而且也传播到了北欧的其他地区。

# 视觉之旅

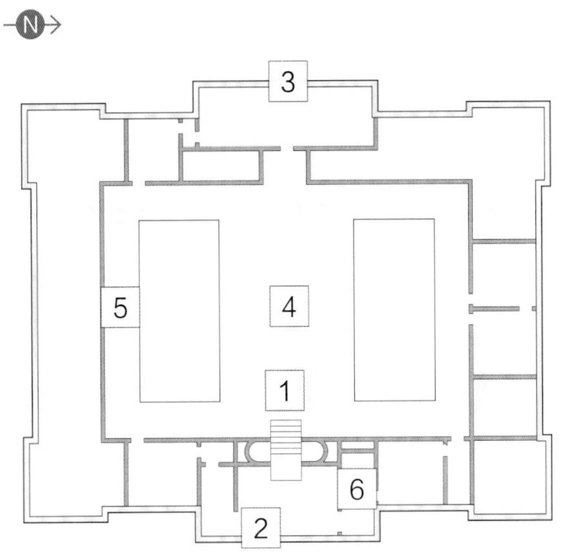


▶ **塔楼和穹顶** 在帕拉迪奥式建筑中，有时会在建筑物顶部加盖一座穹顶，即挺立在小塔楼上方的穹隆，一般用古典拱券支撑。在阿姆斯特丹王宫中，庞大的穹顶虽然改变了建筑物的轮廓，但是它与宏大的正立面的比例并不会显得不和谐。虽然巨大，但是其细部装饰却一丝不苟——拱券上方雕刻的垂花饰（水果、植物构成的环状装饰）、网状的栏杆和圆柱顶端的科林斯柱头。最引人注目的是在穹隆顶部另建了一个装饰着金属尖顶饰的微型穹隆，不仅增加了建筑的高度，同时也是一大装饰特色。

▲ **正面** 从远处看，巨石砌成的建筑物正面似乎略显单调，但是在近处欣赏就能发现丰富的装饰元素。各个窗户之间用垂直的壁柱（突出的石砌带状物）分隔，壁柱柱头为科林斯式，窗户下方装饰着与穹顶相似的垂花饰。第二层和第三层之间的檐口极长，而且其线脚和一排齿状装饰（突出的长方形块体）非常突出。

▶ **山墙雕塑** 外墙上的装饰性雕塑由安特卫普雕塑家阿图斯·克里昂监督建造，赞颂了阿姆斯特丹的伟大。比如，东立面上的大理石山墙雕刻中，代表世界海洋的人物正在歌颂这座城市。在山墙上方，铜质的阿特拉斯（译者注：希腊神话中受罚以双肩掮天的巨人）用肩膀扛起地球，俯视着大坝广场。

◀ **公民大厅** 在整座王宫里，这间集会大厅是最引人注目的。大厅的墙壁上镶嵌了大理石并仿效了古典圆柱和檐口的造型，同时用代表四元素的雕刻进行装饰。在地板中，用石头和黄铜制成的镶饰构成了世界和天堂的地图，象征着荷兰的全球霸主地位。在房间远端的大门上方，是一座拟人化的代表阿姆斯特丹的人物雕像，他手持橄榄枝和棕榈叶（象征和平和对忠诚的奖赏），立在两侧的则是代表权力和智慧的雕像。这座建筑成为王宫后，这间大厅被用作豪华宴会厅。

▶ **画廊** 这个绵长的通道空间与公民大厅的四个转角相接——右图中看到的是公民大厅西南侧的画廊。画廊的装饰与大厅本身相似，采用了浮雕雕塑和大尺幅的画作，表现的是罗马人和巴达维亚人（荷兰人）的冲突。开窗朝向是建筑中一间内部庭院，而大门则通向附属的房间、楼梯和通道。自从这座建筑从市政厅转为王宫后，画廊空间成为服侍王室的侍从、官员的房间。

▲ **法庭** 当这座建筑被用作市政厅时，如果某人犯下了重罪，地方法官们会齐聚在这间庄严肃穆的大厅中，对其宣判死刑。法官们就座的是摆放在一侧的一条长凳，身后的浮雕作品描绘了古典著作和圣经中的场景，表明司法需免除智慧、仁慈和公正。代表智慧的所罗门王正在审判两个争夺婴孩的妇女。另一幅画面中，罗马执政官布鲁特斯因为叛国罪而处决了自己的儿子，表现了司法的冷酷的一面。

**扩展**

17 世纪时，四处征战和繁荣的贸易为荷兰带来了大量财富，在阿姆斯特丹和海牙等城市涌现出了大量新建筑。起初，荷兰的建筑师们仍然采用比较传统的建筑风格，即哥特风格混合一些文艺复兴式细部。然而 17 世纪中叶之后，雅各布·范·坎彭、彼得·波斯特、亨德里克·德·凯泽等建筑师纷纷效仿古罗马和文艺复兴时期的法国建筑，为荷兰建筑引入了更多古典元素，同时他们也转而使用石材做建筑材料，代替传统的砖块，从而形成了一种古典建筑比例与中央山墙、突出的大门、阳台和传统的坡屋顶等特点相结合的建筑风格。设计大宅或宫殿时，他们也加入了浮雕画面、人物雕像以及壁柱这样的更宏大的古典细部特征。这种建筑风格被大量复制，尤其是在英格兰地区。

▲ **毛里茨皇家美术馆，荷兰，海牙** 这座优雅的住宅属于黄金时代古典风格，由雅各布·范·坎彭和彼得·波斯特为拿骚－锡根王子约翰·莫里斯设计建造。

# 凡尔赛宫

约1660—1710年 ■ 宫殿 ■ 法国，巴黎

## 路易·勒沃，儒勒·阿尔杜安－芒萨尔

凡尔赛宫是世界上最大、最宏伟的宫殿之一，由当时法国最著名的两位建筑师路易·勒沃和儒勒·阿尔杜安－芒萨尔为路易十四而建造。以路易十三的狩猎行宫为基础，经过几十年的不断扩建，最终形成了巨大的中央区块和包围着中央庭院的两翼结构。这样的格局和最初的建筑是由勒沃完成的。1678 年，当王室完全在此定居并设为政府后，阿尔杜安－芒萨尔又进行了扩建。他添建了巨大的南北两翼，并且合并了一些大面积的国事厅，如镜廊。这两位建筑师都是巴洛克风格的拥护者，其主要特征是宏伟的外部、装饰奢华的房间、巨幅油画、镀金的天花板和檐口，专门委托设计的室内装潢、巨大的镜子和其他华美的家具。大部分内部细节装饰都由著名画家和设计师夏尔·勒布伦一手完成。大部分房间都被归合为住房和大居室，分配给不同的王室成员，而国王和王后的大居室则位于

宫殿的心脏位置。中心人居室被有意设计为正式风格或国事厅，国王及其随从可以在这里接待宾客，而且须遵循一套复杂的仪式和礼节体系。路易十四被称为“太阳王”，因此“太阳”是一大装饰主题，象征着国王的绝对权力，同时镜子和镀金是为了折射他的光芒。

1789 年，法国大革命爆发，全能的君主政体被推翻了，但是后来的很多统治者仍然居住在凡尔赛宫，并依据自身需求对其进行了改造。然而宫殿的整体格局——勒沃和阿尔杜安－芒萨尔的杰作——并没有改变，而且很多房间仍然保留着 18 世纪时浮夸的装饰风格，油画、镀金和门套等细部还是路易十四统治时的原貌。

**儒勒・阿尔杜安－芒萨尔**

1646—1708年

儒勒・阿尔杜安－芒萨尔本名是儒勒・阿尔杜安，他的叔祖父是法国著名建筑师弗朗索瓦・芒萨尔。儒勒・阿尔杜安跟随叔祖父学习，继承了他的伟大智慧，也沿用了芒萨尔这个姓氏。进步神速的阿尔杜安－芒萨尔很快就崛起为皇家建筑师并参与了国王的一系列工程。除了扩建并完成凡尔赛宫，他还设计了附近的大特里亚农宫和另一座皇家宫殿——马利城堡。他的杰作遍布巴黎，包括国王桥、圣洛克教堂，以及一些著名的公共空间，比如胜利广场和旺多姆广场。

阿尔杜安－芒萨尔的作品属于典型的法国巴洛克晚期风格，成排的窗户、古典壁柱、芒萨尔式屋顶，不仅装饰华丽，而且占据较大比例。与勒布伦等这样声名显赫的艺术家、装潢家合作，他的建筑内部装饰讲究富丽堂皇。阿尔杜安－芒萨尔的设计风格曾风靡一时，并被世界各地的建筑师所效仿。

# 视觉之旅：外部

▶ **镀金大门** 具备强烈的仪式和礼节意义，凡尔赛宫被划分为专供不同人使用的不同区域。这扇金光闪闪的大门就是重要的区域分界线，将外部或部长庭院与内部或皇家庭院分隔开来。奢华的镀金表明只有最尊贵的人才能进入宫殿的这一部分区域。大门的华盖顶部装饰着巨大的皇冠和其他皇家象征。中间的小圆盘饰物为太阳造型，也是路易十四的御用装饰主题，簇拥着太阳标志的还有三个法国王室纹章——鸢尾花。

▶ **骑马雕像** 这尊威风凛凛的路易十四骑在马背上的雕像制作于19世纪，为了纪念这位命人建造凡尔赛宫的皇帝。雕像中的骏马由皮埃尔·卡特里耶制成于1816年，原本打算用于巴黎的路易十八雕像。卡特里耶的女婿，雕塑家路易·贝蒂多于1829年制作了路易十四的雕像，同时将这两个部件组合在一起，安装到了凡尔赛宫。虽然这件作品是由两位不同的艺术家完成的，但是却毫无破绽。无论是骏马还是马上的路易十四都制作考究，被浇筑成青铜雕像时，也准确再现了精美的蕾边。

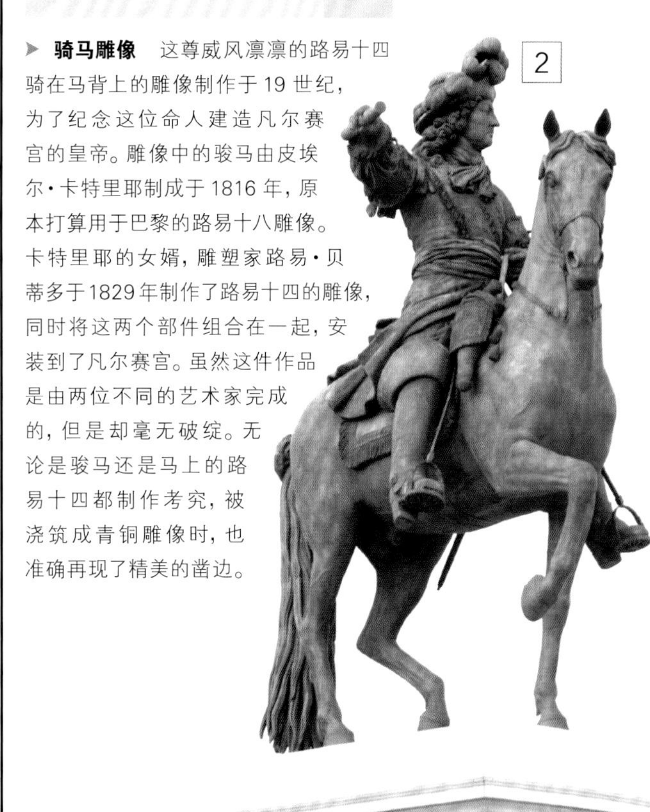


▶ **大理石庭院** 这座庭院由大理石铺设而成，砌成墙壁的石块为两种色调，墙壁上的开窗面积巨大，大窗两侧装饰着半身像。芒萨尔式屋顶（有两道斜面的屋顶）上开凿了带有镀金装饰性窗套的圆形屋顶通风窗。王室的大居室就在通风窗的正下方，国王寝宫的窗户朝向中央阳台，这个阳台由红色大理石制成的双柱支撑。在正立面的这部分两侧，包围着顶部装饰有精美雕像的高耸的壁柱。1715年，路易十四去世，顶部的时钟在他逝世的瞬间戛然而止。

▶ **皇家礼拜堂** 这座两层结构的礼拜堂位于凡尔赛宫北翼，屋顶弯曲且高耸，打破了建筑的对称。礼拜堂由阿尔杜安－芒萨尔和罗伯特·德寇特设计，是路易十四统治时最后完成的部分。这座巨大的石砌建筑的屋顶是弯曲的，打破了其余结构的直线屋顶模式。还有巨大的古典式檐口和壁柱，柱头为科林斯式，处理手法大气非凡。另外，高大的石雕像是礼拜堂上部的显著特征。

4

▼ **大特里亚农宫** 大特里亚农宫是凡尔赛宫广阔庭院中的一座小宫殿，由阿尔杜安－芒萨尔设计，只有一层，两翼为柱廊结构。粉红色的朗格多克大理石制成的一排排壁柱成为这座建筑外部最华丽的特征。宫殿内的大居室虽然宽敞，但是不及主宫殿大居室的规模。在这里，国王可以躲开廷臣和随从，安享清净（看望他的情妇）。虽然后来的统治者对这里进行了改造，但是建筑的外部几乎仍保持原貌。

6

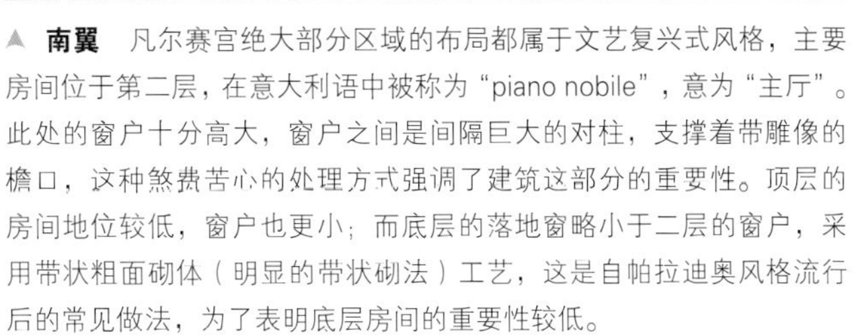

5

▲ **南翼** 凡尔赛宫绝大部分区域的布局都属于文艺复兴式风格，主要房间位于第二层，在意大利语中被称为“piano nobile”，意为“主厅”。此处的窗户十分高大，窗户之间是间隔巨大的对柱，支撑着带雕像的檐口，这种煞费苦心的处理方式强调了建筑这部分的重要性。顶层的房间地位较低，窗户也更小；而底层的落地窗略小于二层的窗户，采用带状粗面砌体（明显的带状砌法）工艺，这是自帕拉迪奥风格流行后的常见做法，为了表明底层房间的重要性较低。

## 设计

凡尔赛宫并非是与世隔绝的。路易十四希望宫殿本身与周围环境融为一体，于是雇用了法国伟大园林大师安德烈·勒诺特尔设计了巨大的庭院。在宫殿附近，勒诺特尔布置了一座花园——为了方便俯瞰欣赏花园，花朵、树木和水池的布置显得规整而空旷，并且用低矮的树篱镶边，两侧是成排的修剪成型的树木和灌木。笔直的花径和林荫大道呈放射状，连接起成荫的小树林、人工湖、喷泉、用来泛舟的大运河以及人工洞穴。花园的整体规划都是为了方便从皇室成员的寝宫中能欣赏到最美的风景。

▲ **花圃** 花圃的图案是美丽而精确的卷轴形状，四周是成排的修剪成壶形的橘树。

# 视觉之旅：内部

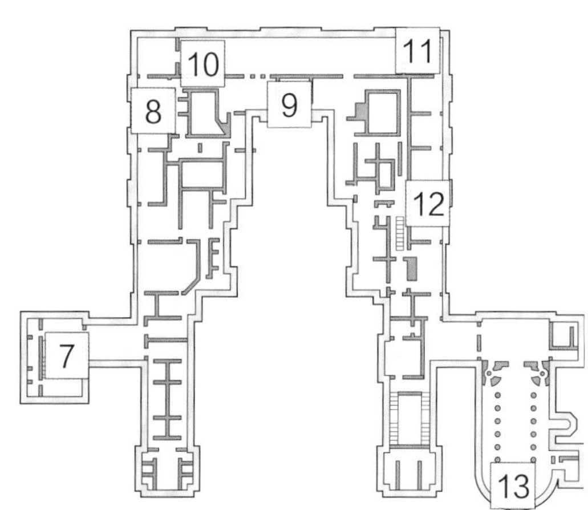


▼ **战争廊** 战争廊是一座巨大的双倍高度的长廊，面向花园，长达120米，几乎占据了整个南翼的长度。因为其中包含皇子们居住的房间，所以这一部分原本被称为王子的翼殿。路易·菲利普在位时（1830—1848年），对这间大厅进行了装修，挂上了一些展现法国历史上伟大胜利场面的油画，按照时间顺序，从496年克洛维一世在托比亚克取得的胜利，一直延续到拿破仑大败奥地利军队的瓦格拉姆决战。

▶ **国王寝宫** 这间房间位于大理石庭院北面的中心位置，原本是一间会客厅，后来被改为皇家寝宫。在房间里，国王的侍从们会服侍国王更衣并完成“起床”仪式，迎接一天的开始。房间里大部分豪华的装饰都被保留了下来，包括镀金壁柱和檐口，以及大艺术家凡·代克等人的画作。

▼ **皇后寝宫** 这间奢华的房间在18世纪时被装饰一新。18世纪30年代，为了取悦路易十五的妻子——玛丽·蕾捷斯卡皇后，房间中安放了大量油画和雕刻装饰品。这些出自名家的作品中，最著名的要数弗朗索瓦·布歇绘制的一组大奖章形装饰物。后来，为了迎接玛丽·安托瓦内特皇后，该寝宫再次整修，并精确模仿1786年时的丝绸墙面材料。此材料适用于夏天，进入冬季后，便替换为更厚重的锦缎或天鹅绒。

10

◀ **镜厅** 镜厅面积巨大，装饰精美。在其中一边，17 扇高大的拱形窗门排成一排，另一边则镶嵌着与拱形窗对称的 17 面镜子——镜子在 17 世纪时属于高级奢侈品——镜子的尺寸庞大，几乎从地面直达天花板，镜厅也正是由此得名。拱券两侧是大理石壁柱，镀金的柱头之间的壁龛中安放着路易十四收藏的古代古典雕塑。勒布伦绘制的天顶装饰画展示了路易十四亲政时的功绩，包括他的一些军事胜利。位于中央的一幅叫做《国王独揽天下》，暗指路易十四的绝对权力。这间气势磅礴、金碧辉煌的大厅是路易十四和其他国王统治时举行接待仪式、宴会和其他重大活动的场所，至今仍然被用于国事活动。

12

◀ **阿波罗厅** 这间大厅得名自描绘希腊之神阿波罗的一幅天顶画。这里曾是最奢华的皇家套间之一，起初是寝宫，后来成为正殿。当这里被改为会客厅时，很多原本的家具都被搬离了，但是墙壁却仍然覆盖着红色锦缎，一如其 17 世纪的装饰，由此说来，这里的原有风貌称得上依稀尚存。在屋内陈设中，能看到很多高大的落地式烛台，底部的小天使雕像或其他人物雕像将烛台底部托起到半空中。这些奢靡的陈设原本属于镜厅，当时的皇家居室和国事厅的奢华程度由此可见一斑。

11

▲ **战争厅** 这间大厅原本是国王的私人房间，后来被改造为纪念路易十四的军事胜利，特别是征服荷兰及其盟国的伟业的场所。在图中看到的巨大的、大奖章形雕刻装饰盘中，凯旋的国王雄踞在马背上，正在跨越莱茵河。在圆盘下方，是两尊被锁链拴住的人物镀金雕像。

13

◀ **皇家礼拜堂** 这间礼拜堂献给法国波旁王朝的守护神圣路易。礼拜堂共分两层：带回廊的顶层只能由国王使用，底层宫廷臣使用，同时侧礼拜厅奉献给皇室的其他守护神。天顶画是这间礼拜堂最引人注目的特点。这幅气势恢宏的巨作铺展在中殿的天花板上，由巴洛克风格艺术家安托万·夸佩尔创作，描绘了“天父宣布救世主来临”。夏尔·德·拉·福斯绘制的半穹隆彩绘则表现了耶稣复生的画面。

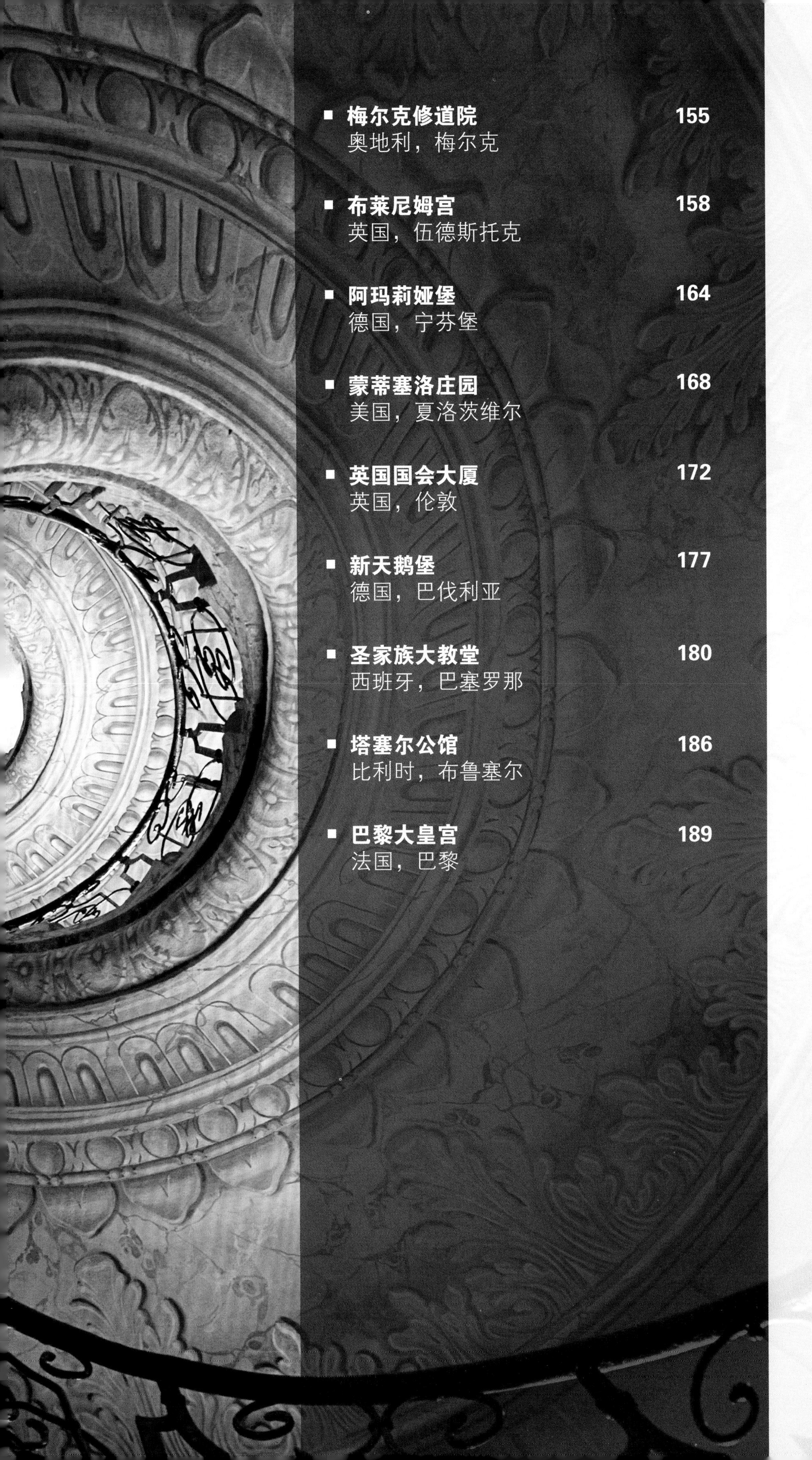

# 1700—1900

# 梅尔克修道院

约1702—1714年 ■ 修道院 ■ 奥地利，梅尔克

## 雅各布·普兰陶尔

梅尔克修道院是一座本笃会修道院，屹立在下奥地利州的一座山岩之上，俯瞰多瑙河。这间修道院创立于11世纪，是当时著名的宗教和学术中心，但是进入1700年后，原有建筑已经无法与它的功能相称，于是当时的修道院院长贝特霍尔德·戴特梅尔便委托建筑师雅各布·普兰陶尔对其进行改造。普兰陶尔专精于巴洛克风格建筑，他在梅尔克新建了教堂、宿舍、图书馆和若干其他结构，使之成为了世界上规模最大、最雅致的巴洛克建筑之一。

巴洛克建筑在16世纪晚期的意大利大行其道，到1700年时已经席卷了整个欧洲天主教。这种建筑风格的特点是对光线和空间的夸张运用，弯曲的墙壁、华丽的穹隆，用绘画、雕塑和灰墁（灰泥抹面）进行装饰，以及对幻想式的错视画效果的钟爱。在天主教国家，巴洛克风格，包括一些大型圣像雕塑，成为宗教改革后对教堂进行更新的同义词，这也正是梅尔克等大量修道院对巴洛克风格如此充满热情的缘由。

修道院教堂是梅尔克建筑群的心脏，巨大的穹隆和顶部建有穹顶的高塔勾勒出优美的天际线。教堂周围的建筑虽然较低矮，但是却似宫殿般华贵，同时居住区、国家套房、宏大的图书馆和学校等设施也一应俱全，分布在周围的若干庭院中。从这惊人的规模和装饰中，不难看出这座修道院的居住者追求的是高档次的舒适和便捷生活。其实从远处眺望，也能看到大量巴洛克建筑元素——造型繁复的穹顶、弯曲的山墙、多彩的灰墁，这些元素完美地结合在一起，使得梅尔克修道院成为了世界上最令人过目不忘的宗教建筑之一。

### 雅各布·普兰陶尔

约1660—1726年

雅各布·普兰陶尔出生在蒂罗尔的斯坦兹，长大后子承父业，成为一名石匠，而且他也是一位雕刻匠，这使得他有能力在成为一名建筑大师后同时也负责雕刻部分的设计。在其职业生涯初期，他在维也纳附近的圣帕尔滕工作，后来参与了一些重要的奥地利修道院和教堂的重建工作，其中包括林兹附近的圣佛莱恩修道院、斯泰尔附近的加尔斯滕修道院和索塔伯格的朝圣教堂。除了设计工作，他还亲自投身到建造过程中，不仅指导建设，而且监督各个画家、装潢师和雕刻家的工作。从这些丰富的经历中，他成长为精通巴洛克风格的大师，也成为重建梅尔克修道院的不二人选。从1702年开始，他便全心投入到梅尔克修道院的建设中，直到去世，仍有大量工程没有完成，后来被他的表亲兼助手约瑟夫·蒙格纳斯特接手，并完成了他的遗作。

# 视觉之旅

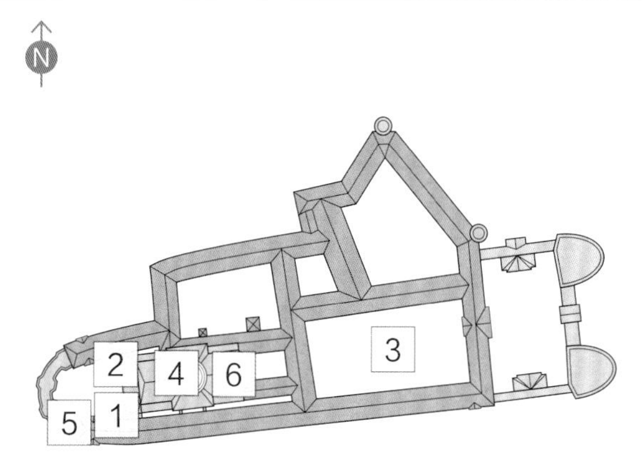

◀ **西端正面** 教堂西端正面的格局沿袭了中世纪大教堂的风格，大门开在中间，上方挺立着双子塔楼。然而，它的细部特征却与中世纪风格截然不同。比如，塔顶的结构是圆顶而非尖顶，古典式的壁柱（垂直的突出物）和檐口突出于平面之外。与大多数中世纪大教堂的正面相比，这座教堂的雕塑数量更少，但是体积更大，而且还有一组雕像构成了天际线，属于典型的巴洛克风格特征。

▼ **教堂内部** 在整个修道院中，教堂内部是最富丽堂皇的部分。从高大的窗户中射进的自然光线洒在各处，大量镀金的细部表面反射着阳光，从讲道坛的华盖到主圣坛后面的雕像，每个角落都金光闪闪。在中殿里，侧墙微微倾斜，穿过其中的拱券就能到达小礼拜堂。弯曲的檐口是整个明亮的内部空间中颜色最深的细部，将人们的目光引向顶部的穹隆和远处圆拱形的圣殿。

▲ **正面细部** 普兰陶尔对钟楼细部的处理表现出鲜明的巴洛克风格特色，几乎看不到直角或直线。线脚和檐口曲曲折折，充满动感，而且这些灵动的曲线进一步延伸到了钟楼转角处的卷轴线脚轮廓，围绕着钟面的线脚也能够与之辉映。瓮形装饰是另一大巴洛克特征，不仅增加了装饰的层面，也使得天际线更加生动。同时，普兰陶尔还运用各种色彩进一步增强了细部的装饰效果，他将线脚涂成赤土色，与白墙形成强烈的对比。

▶ **庭院** 矩形的窗户排列在庭院周围，窗户顶部装饰着弯曲的线脚，其中的灰墁颜色比周围墙壁更深。这种窗户格局与很多中欧城市的宫殿相似，营造出一种庄严宏伟的氛围。四方庭院的地面铺砌着瓷砖，中心位置是一座雕像支撑的巴洛克式喷泉。图中看到的是上奥地利州瓦尔德豪森的一位修士捐赠的替代品，而原作已经被贝特霍尔德·戴特梅尔赠给了梅尔克镇。

▶ **大理石大厅** 按照修士们必须遵守的本笃会会规，他们对待客人要像“对待基督一般”，并且用相应的尊荣招待他们。这间富丽堂皇的大厅是用来招待最高地位的客人的餐厅，包括经常探访梅尔克修道院的哈布斯堡王朝统治者。正门门框用大理石制作，而墙壁则用被绘制成大理石图案的灰墁装饰。通过位于地板中央的铁质格栅下方的加热装置，暖空气源源不断地进入这间巨大的房间，使之保持舒适的温度。气势磅礴的天顶画描绘了古典神话中的场景，比如其中一幅表现的是大英雄赫拉克勒斯用棍棒杀死“地狱猎犬”的场面。赫拉克勒斯被视为正义的形象，尤其受到哈布斯堡王朝统治者的喜爱。

5

6

▲ **穹隆内部** 穹隆构成了教堂空间的中心，从窗户中射进的阳光照得穹隆内部华丽的装饰无比明亮。同教堂的其他部分一样，穹隆上装饰的是错视画艺术，可能是由意大利裔奥地利艺术家安东尼奥·贝杜祖设计，由奥地利巴洛克大师约翰·迈克尔·罗特梅尔绘制，图案包括圣父、耶稣基督和灯亭中代表圣灵的鸽子。

## 细部

巴洛克艺术家希望通过建造弯曲的墙面和隐藏的窗户来消解过去建筑中常见的僵硬的线条和中规中矩的内部结构。常常以宗教或神话人物为主题的天顶画进一步增强了这种效果。通过错视画的艺术形式，天顶画令人产生幻觉般的错觉，感觉房间与天空相连，而画中的人物正在俯瞰下方的尘世。罗特梅尔等画家在梅尔克教堂中创作了天顶壁画，并且精通透视、投影缩小等技巧，使得人物看起来仿佛飘浮在半空中。有时，艺术家会在边缘增加一些建筑细节，使得建筑的墙壁产生一种向上延伸的效果，并且雇用专家来完成这些元素的绘制，如来自意大利的盖塔诺·范蒂。

▲ **天顶画人物** 绘制梅尔克天顶画的艺术家小心翼翼地调整了画面的透视效果，将离观看者更近的人物足部和四肢放大。

## 设计

巴洛克教堂中的装饰细节似乎过于泛滥。窗框、檐口、壁龛和其他建筑元素无一例外地都装饰着华丽的卷轴或贝壳状线脚，或者布满圣像或一般以带翅膀的小孩形象出现的小天使雕像（智天使和炽天使）。还有一些重要的固定装置，如圣坛后屏风（位于圣坛后方的屏风）、讲坛和管风琴，也装饰着表现《圣经》中场景的圣像或浮雕，极其引人注目。

▲ **管风琴** 在梅尔克教堂中殿的西端，矗立着一台管风琴，上方蹲坐着镀金的智天使雕像。

# 布莱尼姆宫

1724年 ■ 宫殿 ■ 英国，伍德斯托克

## 约翰·范布勒

第一任马尔伯勒公爵约翰是英国著名的军事统帅。1704 年，西班牙王位继承战战事正酣，约翰在巴伐利亚的布莱尼姆战役中取得了一场事关重大的胜利。为了表彰他的功绩，安妮女王授意为他和妻子萨拉建造一座宏伟的乡间大宅。作为女王指定的建筑师，约翰·范布勒爵士面临着巨大的挑战，他要建造欧洲最大的宅第之一，使其规模足以媲美路易十四的凡尔赛宫（见第 146—151 页）。布莱尼姆宫很快就从宅第升格为宫殿。与凡尔赛宫相似，它的格局也是居住区位于中央，四周环绕着巨大的庭院。两翼是两座附属的建筑——马厩和厨房——分布在各自的庭院附近，而且比很多郊区住宅还要巨大。

这座气势磅礴的建筑充分体现出了范布勒极具个人特色的巴洛克风格。在欧洲大陆，巴洛克建筑一般采用复杂的曲面配合华丽非凡的装饰，营造一种轻盈感。而他与助手尼古拉斯·霍克斯穆尔共同创造的范布勒风格则显得厚重得多。布莱尼姆宫融合了古典式和巴洛克式两种建筑风格，前者如巨大的中央门廊，后者则强调精美细节的大量使用，如雄伟的拱券、厚重的条状石砌工艺，以及丰富的雕塑。这座建筑不仅规模宏大、格局对称，而且通过巨大的烟囱体和夸张的尖顶饰而形成了极具戏剧性的天际线，营造出了一种压倒性的磅礴气魄。

与其外部相同，宫殿内部的布局也是对称的。按照当时的惯常做法，范布勒的内部设计采用庄重而严谨的风格。在中部区块的中心位置，是两间极高的双倍高度房间，即大礼堂和用作国宴厅的大会客厅。沿着大会客厅向南，两侧分别布置了对称的套房，即贵宾厅，用来招待极尊贵的客人，如君主及其伴侣。在每个套房中，最大、最开放的房间与中央的大会客厅相同，而较小也更为私密的房间则延展到另一侧。在大会客厅的东面，也有一对相似的对称格局的套房，面积相对较小，用于招待公爵和公爵夫人。套房后方的房间、走廊和楼梯间则更加低调。由于18世纪的惯用套房设计已经不再流行，所以如今很多房间被重新布置，但是其宏大的规模和部分奢华的装饰得以保留。

## 约翰·范布勒

1664—1726年

约翰·范布勒出生在伦敦，具备英国和荷兰的双重血统。20多岁时，他在军队服役，曾参与导致了1689年荷兰国王威廉三世登陆英国并成为英国国王的政治行动。17世纪90年代，范布勒成为了一名剧作家，并创作了大量喜剧，其中最著名的当属《旧病复发》和《愤怒的妻子》。90年代末，他无师自通，转而设计建筑，特别擅长设计郊区别墅，他的作品往往规模巨大，包括霍华德城堡、锡顿·德勒沃尔宅第和布莱尼姆宫。范布勒具备丰富的戏剧理论知识，这一点毫无疑问，但是如果没有专业人士的帮助，他是不可能设计出这些宏大而复杂的建筑的。幸运的是，他的合作者尼古拉斯·霍克斯穆尔师从克里斯多佛·雷恩爵士并曾经设计了大量巴洛克风格的教堂和住宅。范布勒与霍克斯穆尔究竟是怎样的合作方式，这一点无人知晓——可能是范布勒设计平面图，而细节部分交由霍克斯穆尔处理，但是无论是宫殿般的乡间宅第，还是相同的、夸张的巴洛克风格的小型建筑，都具备一种非凡的气势，这应该归功于范布勒。

# 视觉之旅：外部

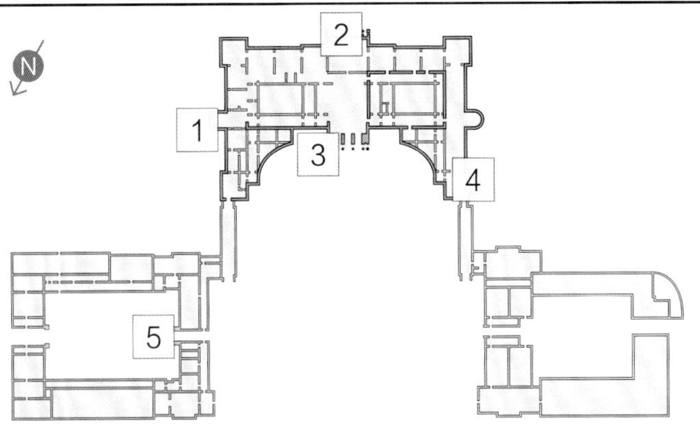


▶ **东端正面** 范布勒运用标准的建筑元素——窗户、檐口、墙体和烟囱体营造出了最动人心魄的效果。巨大的拱形主窗十分高大，其庄严的气势是方形窗无法呈现的。角楼的墙壁采用条状石砌工艺，令人过目难忘。然而更具视觉冲击力的还属塔楼的顶部设计。在突出的檐口上方，是一组由小型拱券相连的角楼和烟囱体。四座角楼顶端的球根状尖顶饰创造出了奇异的天际线。

▲ **南正面** 两座角楼在南正面的两端遥相呼应，呈现出一种平衡的效果，而最引人注目的还是正面的中心部分，一排高大的圆柱——被称为大型柱式——拔地而起，达到两层楼的高度。这种设计表明了这里是建筑中最重要的部分。大门通向大会客厅，大会客厅的后方便是大礼堂。同大型柱式相同，大礼堂也是通高两层。不仅建筑的立面呈现出完美的平衡，大会客厅两边的房间也同样完全对称，与立面的庄重和平衡相呼应。

▶ **圆柱细部** 虽然范布勒不遗余力地追求宏大的气势，但是他同样没有放松对任何细部的把握。图中的例子是北正面支撑山墙的科林斯圆柱的柱头，被雕刻出卷曲的莨苕叶形图案，造型丰富而深刻。柱子上方的山墙同样有繁复的雕刻装饰。每个齿状线脚（沿着山墙底部排列的重复的小块体）上都雕刻着细微的玫瑰形饰，甚至齿状线脚之间的空间也运用了大量线脚装饰。

▼ **头像界碑** 在突出于立面之外的半圆开间上部，排列着一组女性雕像。这些雕像被称为头像界碑，继承于古代希腊雕塑形式，即人物头部或躯干部分的半身像。古代的头像界碑多是男性雕像，而在布莱尼姆宫，为了有更大的余地采用巴洛克风格灵动的绳结和褶皱来雕刻丰富的雕像服饰褶皱，头像界碑被创作为女性形象。

## 扩展

布莱尼姆宫已与周围广阔的园林融为一体。这座园林与建筑本身同期开始建造，当时马尔伯勒公爵家的园丁亨利·万斯设计了与宅邸紧密相连的中规中矩的花园，对称的花田构成复杂的图案，用低矮的树篱分隔成块。范布勒修建了一座跨越格利姆河的沼泽河谷的大桥，与布莱尼姆宫相连。18 世纪时，这种非常正式的园林风格已经显得过时，当时的公爵请来了被称为"全能的布朗"的著名园林巨匠兰斯洛特·布朗重新设计这座园林，使之更加随意。为了使花园与周围的自然景观协调一致，布朗布置了聚集成块的树木，还在河谷中修建了一片湖，在范布勒的大桥两侧形成了两条巨大的弧线。20 世纪 20 年代，建筑附近的花园被整修一新，修建了花田、雕塑和喷泉，但是布朗留下的郁郁葱葱、湖水粼粼的园林看起来仍然与周围景色和谐统一。

▲ **大桥** 范布勒修建的大桥原本跨越了整个河面，但是现在有一部分浸没在了"全能的布朗"建造的湖里。

▶ **入口拱券** 图中是与布莱尼姆宫的一座庭院相连的入口拱券部分，拱券上方屹立着一座钟塔。范布勒对拱券石砌工艺及细节的处理进一步增加了建筑宏伟的气势。比如，拱顶石（拱券顶端的楔形石头）一般体积巨大，而范布勒设计的拱顶石体积是其两侧拱石的 3 到 4 倍，极具重量感。

范布勒对半圆形窗户的设计又运用了不同方式。窗户顶部的拱顶石虽然体积巨大，而其两旁的两对拱石在大小上也不相上下。拱券两侧的圆柱也采用了相似的设计。通过条状石砌手法，这些柱子看起来仿佛是一块块巨石垒成的。实际上，这只是一种错觉，每块条状石块都是用两块或 3 块石头小心地拼接在一起的。全靠设计师和建造者的密切合作，才能实现这样戏剧性的效果。

5

## 设计

从设计伊始，布莱尼姆宫的定位就已经十分明确，那就是"英雄之家"，按照马尔伯勒家族的后人温斯顿·丘吉尔爵士的描述，他的军功至伟，乃至"改变了整个世界的轴线"。这座建筑的设计处处注重对称，气势雄伟庄重。在布莱尼姆宫中，经常可以看到代表武器、旗帜、战鼓和其他战利品的雕塑。军事象征本来就是历史悠久的雕塑主题，在文艺复兴时期尤其盛行，为了展现雕塑的拥有者或委托建造者是战斗英雄或战绩辉煌。

▲ **凯旋雕像** 这座集合了武器、盔甲和旗帜的雕塑屹立在建筑顶端，构成了天际线中引人注目的一部分。

# 视觉之旅：内部

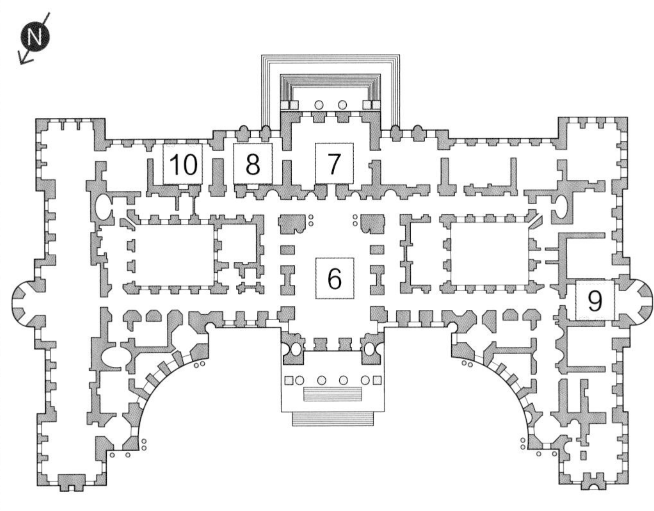


▼ **大礼堂** 这间大礼堂是整座宫殿中最大的房间，高度约20米，兼具门厅和会客厅的双重功能，与通往其他主要房间的走廊相连。大礼堂中排列着一系列石拱，石拱的雕塑皆是当时最伟大的雕刻家格林宁·吉本斯的作品，包括科林斯式柱头和大拱券中心位置的安妮女王的盾形纹章。房间末端的巨大拱券极具范布勒的个人风格，也许是有意为之，令人想起罗马的凯旋门。

▶ **绿色写作室** 这间房间以其陈设而出名，采用了华贵的镀金天花板装饰、白色的墙壁镶板以及镶板门，其中最引人注目的是为这座宫殿特别订制的跨越了一个转角的挂毯。在挂毯图案中，马尔伯勒公爵骑在马背上，接受布莱尼姆战役后法国军队领导者马歇尔·塔拉尔德的投降。画中背景细节丰富，包括远处浓烟滚滚的房屋、朝多瑙河方向落荒而逃的法国军队，这些可能是基于公爵回忆的真实场景再现。

▼ **大会客厅** 这间面积巨大的房间被布置为国宴厅。最初，范布勒打算请已完成大礼堂的绘画作品的詹姆斯·桑希尔爵士来绘制壁画和天顶画，但是马尔伯勒公爵的妻子萨拉认为他收费过高，于是转而聘请了法国画家路易·拉盖尔。拉盖尔将世界各国风光铺展在墙壁上，同时在天花板上表现了马尔伯勒公爵在胜利游行中的英姿。

10

▲ **红色绘画室** 这间房间得名于铺满整个墙壁的红色锦缎。红色绘画室位于宫殿的南部，是一间典型的会客室。如今看到的模样是历经几个不同时期的建造而完成的。整个房间的形状，及其高耸的凹圆天花板保持了原貌，天花板的设计可能是由范布勒的助手尼古拉斯・霍克斯穆尔完成的。18 世纪时，威廉・钱伯斯爵士受命重新装修部分建筑，并改造了这间房间。他按照 18 世纪 60 年代流行的优雅的新古典主义风格设计了壁炉。

9

◀ **长图书馆** 这间通高两层的巨大的房间贯穿了整个建筑西翼，长度更是达到了 56 米。范布勒和霍克斯穆尔原本打算延续他们在都铎式郊区住宅中常用的类似“长画廊”的结构来设计这间房间，称之为“巡游厅”，即房屋的居住者可以来回走动并欣赏墙壁上悬挂的画作。建筑师打破了空间的整体性，建造了若干拱券，并将天花板处理为看似浅穹隆的一系列方形和圆形结构。按照原计划，桑希尔爵士将绘制天顶画，但是因为费用问题遭到萨拉反对，所以整个天花板至今仍一片空白。1744 年，这间房间成为图书馆，其书架藏书达到约 1 万册。

# 阿玛莉娅堡

1734—1739年 ■ 狩猎行宫 ■ 德国，宁芬堡

## 弗朗索瓦·德维居莱

阿玛莉娅堡是巴伐利亚选帝侯卡尔·阿尔布鲁希特为其夫人玛利亚·阿玛莉娅而建的狩猎行宫，堪称欧洲洛可可风格建筑的瑰宝。这座小巧而华丽的建筑由弗朗索瓦·德维居莱设计，掩映在占地广大的宁芬堡（选帝侯位于慕尼黑的夏宫）中，周围是郁郁葱葱的大片林地。

这座行宫为整个宁芬堡增添了趣味，方便贵族们在打猎归来后休憩，暂时逃离束手束脚的宫廷生活。德维居莱将它设计为一座微缩型的宫殿。虽然只有一层，但是各类房间一应俱全，装饰得一丝不苟，如豪华的接待大厅、卧室、更衣室、狩猎室、厨房，甚至还有一间专为选帝侯的猎犬准备的房间。

阿玛莉娅堡的装饰属于洛可可风格，在德维居莱的监工下，由宫廷木雕家约翰·约阿希姆·迪特里希和德国画家及灰墁艺术家约翰·巴普蒂斯特·齐默尔曼共同完成，呈现出精细的金银丝细工整体装饰效果。浅浮雕形式的植物图案在内墙上蔓生，檐口处则延续了用灰墁表现的叶形装饰。装饰的主色调为洛可可式典型的白色和巴伐利亚王国国旗颜色——蓝色和银色，巧妙地暗示了选帝侯的权势。同时，整座建筑对光线的运用堪称绝妙。主立面上装设的是全高窗，中央大厅中镶嵌了一排镜子，最大程度地利用了自然光线，晚上则依靠房中巨大的枝形吊灯照明，整个房间内部璀璨夺目，如宝石盒般耀眼。

**弗朗索瓦·德维居莱**

1695—1768年

德维居莱出生在比利时，由于身材非常矮小，成了流亡在法国的巴伐利亚选帝侯马克西米兰·伊曼纽尔的宫廷侏儒。马克西米兰发现了德维居莱的才能，并出资供他学习，返回慕尼黑后更是安排他与宫廷建筑师约瑟夫·艾弗纳一起工作。1726 年，卡尔·阿尔布鲁希特成为选帝侯后，将德维居莱任命为宫廷建筑师。德维居莱曾到巴黎学习，当时洛可可风格盛极一时，德维居莱也被认为是成功地将洛可可风格引入德国的人。他为选帝侯完成的作品包括位于布吕尔的一座礼拜堂、一座狩猎小屋（Falkenlust，即乡间小屋城堡）以及慕尼黑王宫房间的装饰工程。德维居莱是一位颇有建树的装潢家，他极其擅长家具设计，阿玛利娅堡中楼梯、镜子和壁炉的装饰都精巧雅致，富于奇思妙想。

# 视觉之旅

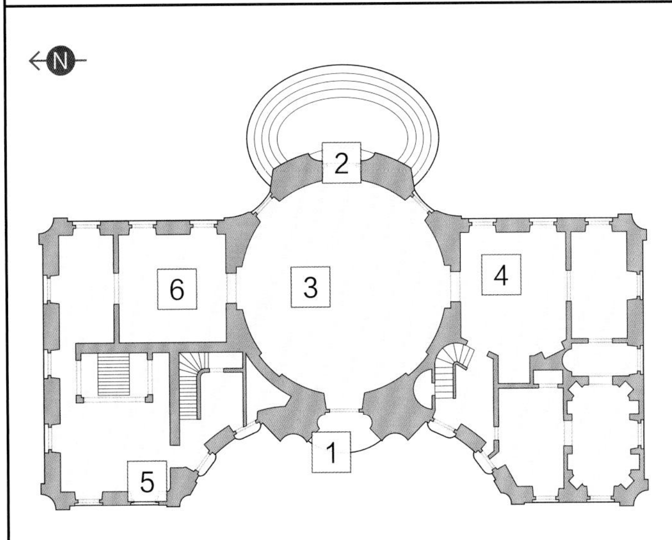


▼ **立面** 阿玛莉娅堡前后两个立面都装设了统一的玻璃窗格较小的落地窗，水平的浅桃色和白色灰墁条带（被称为条状粗面砌体）贯穿整个正面。这些直线形装饰细部中间穿插着各式曲线装饰——立面上华丽的、连绵曲折的凹曲线、中央大门上方檐口处的凸曲线以及弓形（小于半圆形）拱券。形成鲜明对比的凹曲线和凸曲线的运用是典型的巴洛克和洛可可建筑风格特点，使得整个建筑外部看起来行云流水般灵动，与内部同样流畅的装饰相呼应。

▲ **外部细节** 建筑外部的装饰属于古典风格，但是却融合了花哨的洛可可特征。壁柱（垂直的突出物）顶部的柱头为爱奥尼式，然而却从卷轴装饰上垂吊下其他装饰物。装饰性浮雕展示了一些经典场景和狩猎战利品，位于中心的狩猎女神雕像甚至突破了框架，一条腿摆荡在框架下方，而一只胳膊则向上抬起，几乎触碰到了上方的拱券。

► **镜厅** 这间圆形房间位于阿玛莉娅堡的中央位置，是整座建筑中面积最大的一间房间，被用作门厅及会客厅。在弯曲的墙壁上，除了大门的窗户， 其余位置镶满了镜子，使得房间内部璀璨明亮，而且创造出了多重镜像。从窗户中照射进房间的阳光加上镜子反射的效果，使得灰墁装饰非常突出，金银丝细工制成的精巧的叶形装饰蜿蜒蔓生，爬升到浅拱形天花板，仿佛是浅蓝色的天空下生长着繁茂的植物。

4

◀ **卧室** 这间卧室与镜厅相连，是建筑的主要房间之一。浅黄色的墙壁上覆盖着银色油漆的木雕刻，由著名雕刻大师约翰·巴普蒂斯特·齐默尔曼完成，他在整个建筑中完成了大量装饰工作。卧室的床隐藏在墙壁的壁龛之中，两侧分别悬挂着选帝侯卡尔·阿尔布鲁希特和其夫人玛利亚·阿玛莉娅的画像，两人都是一身狩猎的装扮。

6

◀ **狩猎室** 虽然阿玛莉娅堡的设计规模不大，但是却跟其他大宅一样，拥有一间画廊。在这间小房间的墙壁上，悬挂着狩猎主题的油画，包括一些描绘选侯在田野中的王宫的画作。油画几乎占据了所有可用的墙壁空间，并且按照 18 世纪流行的做法紧挨着排列在一起，房间的其他装饰都是围绕这些油画展开的。画框以及油画之间狭小的墙壁上雕刻着洛可可风格的装饰。

5

▲ **厨房** 这间厨房虽然极小，但是装饰得却一丝不苟。墙壁铺砌着特制的荷兰式饰砖，天花板被绘成蓝色和白色。这间厨房的装饰主题反映出 18 世纪的建筑师和设计师对中国艺术的浓厚兴趣。天花板的装饰颇具东方风韵，饰砖上的图案表现了花卉、花瓶和风景等。不论风格还是色调（白色为底色，映衬着蓝色和黄色），都模仿了中国瓷器上的装饰。

## 细部

阿玛莉娅堡中每个角落的装饰细节都属于洛可可风格，它们盘旋在墙壁和天花板上，缠绕在椅子腿和枝形吊灯的枝丫上，簇生在镜子和画框周围。这种生机勃勃的装饰风格起源于法国，是对沉重严肃的风格的反抗，如凡尔赛宫。装饰的主题大多是植物造型——花朵、叶子、垂挂下来的草木——但是也有一些小天使和瓮形主题。虽然阿玛莉娅堡的建筑结构是对称的，但是其装饰元素却恰恰相反，这种装饰元素的不对称性加上各式檐口和线脚处涌动的曲线，使得整个装饰图案充满流动感。这座建筑的另一大装饰特点是它璀璨的明亮感——对早期装潢家常用的深色的一种反抗。

▲ **镜厅中洛可可风格雕刻和灰墁**

# 蒙蒂塞洛庄园

1769—1809年 ■ 私人住宅 ■ 美国，夏洛茨维尔

## 托马斯·杰斐逊

1769 年，美国的缔造者之一——托马斯·杰斐逊着手设计自己的住宅，并为之选择了新古典主义风格。从某种程度来说，新古典主义风格基于古罗马的古典建筑，被文艺复兴时期的建筑师和作家大加著述，特别是安德烈·帕拉迪奥。从这些前人遗产中吸收学习，杰斐逊在设计中采用了完全对称的结构，与帕拉迪奥在意大利北部建造的那些著名别墅非常相似（见第 124—127 页）。另外，还有一些细部处理模仿了罗马和文艺复兴时期的建筑，如圆柱门廊。

18世纪80年代，杰斐逊居住在法国，他发现很多欧洲城市的大型宅邸设计十分精妙，似乎能够反映自己极感兴趣的启蒙运动的一些复杂思想，他对新古典主义的理解也得到进一步扩展。受到当时在法国风行一时的建筑风格的影响，杰斐逊后来修改了自己的设计，添加了八角形穹隆，创造了一种杂糅了古典和现代元素的混合型新古典主义。后来他还加入了自己独创的元素，比如天窗。最终建成的蒙蒂塞洛庄园（意为“小山”），集大胆创新与古典严谨于一体，影响了大批19世纪北美建造者和建筑师。

**托马斯·杰斐逊**

1743—1826年

托马斯·杰斐逊出生在弗吉尼亚州一个种植园主家庭，曾是一位杰出的律师。他阅读广泛，通晓五种语言，从艺术到科学均有涉猎。18世纪70年代，他成为美国独立革命运动的一位积极领导者和组织者，并且也是美国《独立宣言》的主要起草者。18世纪80年代，在担任驻法美国公使期间，他对建筑的认识大大加深。后来，杰斐逊成为了美国第一任国务卿，1800年成功竞选美国总统，并完成了两个任期。他的主要政绩包括从法国手中购买了路易斯安那州。

# 视觉之旅

▲ **西门廊** 蒙蒂塞洛庄园的东西两侧门廊造型相同，都是由一排白色的多立克圆柱支撑起三角山墙。与古希腊多立克柱式（见第 23 页）不同，这些圆柱柱身上没有凹槽，但是却多了柱础。较早建成的东门廊是用石头砌成的，但是由于缺少能干的石匠，后来建造西门廊圆柱时，杰斐逊选择使用了特制的曲面砖。

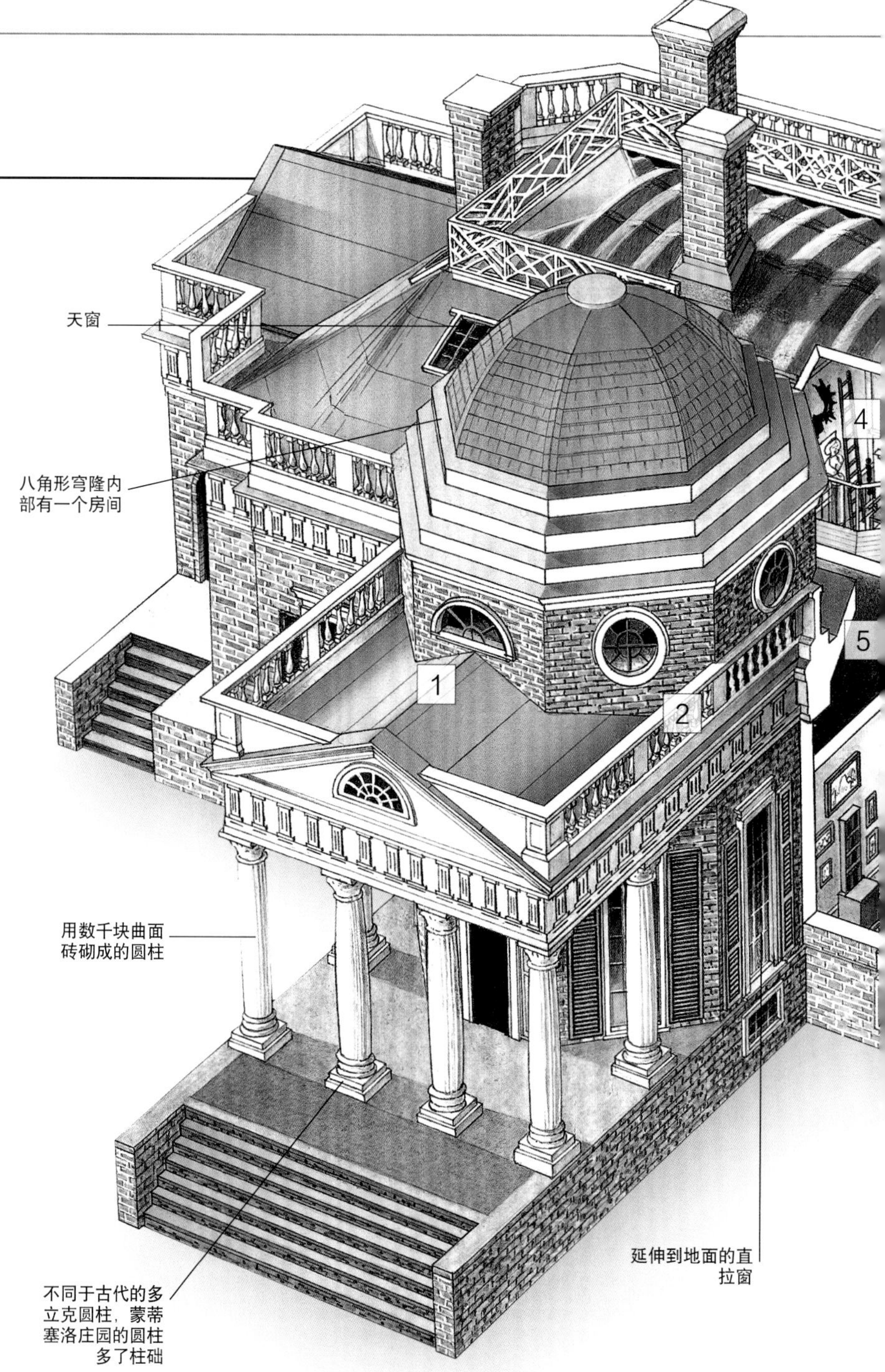

▲ **古典细部** 18、19 世纪的新古典主义建筑师们在进行设计时往往会围绕某种元素展开，如从古希腊和罗马建筑中吸取的圆柱和山墙。他们也会加入一些自己独创的元素，比如这种隐藏起整个屋顶的女儿墙。不同于一些建筑师倾向的实心女儿墙，杰斐逊将女儿墙设计为成排栏杆柱，不仅增加了视觉趣味，而且使得结构看起来更加轻盈。

## 设计

门廊、穹隆以及直拉窗等元素，使得蒙蒂塞洛庄园呈现出简洁的新古典主义风格，但是其素雅的外表下却隐藏着一系列不同寻常的小配件和装置。这些心思巧妙的装置全部由杰斐逊设计，并被整合到整个建筑的构造中。在餐厅与厨房相连的楼梯附近，杰斐逊安装了一扇带架子的旋转服务门，又配上了餐用升降机用来把地窖的红酒运送上来。建筑里设有室内厕所，这在当时并不常见。为了加强保温，部分窗户安装了两套窗框，成为双层玻璃的雏形，而且客厅中还安装了一组可以自动打开的门。另有一些创新设计巧妙地利用了空间，如杰斐逊在床铺上方开凿了一个通过梯子进出的密室。

▲ **罗经盘** 这个罗经盘与屋顶上的风向标相连，方便杰斐逊从室内观测风向。

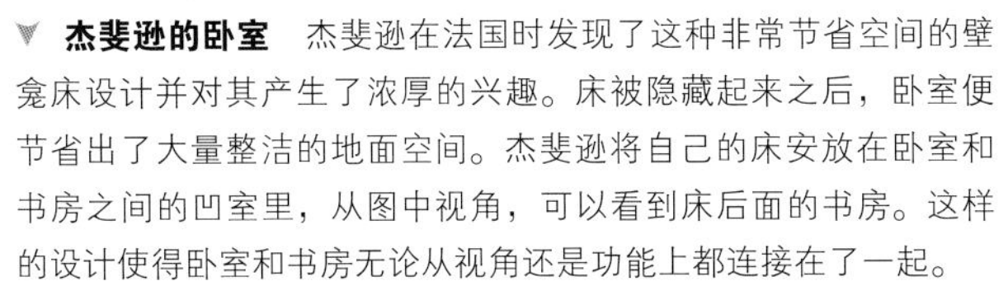

▼ **杰斐逊的卧室** 杰斐逊在法国时发现了这种非常节省空间的壁龛床设计并对其产生了浓厚的兴趣。床被隐藏起来之后，卧室便节省出了大量整洁的地面空间。杰斐逊将自己的床安放在卧室和书房之间的凹室里，从图中视角，可以看到床后面的书房。这样的设计使得卧室和书房无论从视角还是功能上都连接在了一起。

◀ **3个一组的直拉窗** 蒙蒂塞洛庄园的大部分房间，包括会客厅在内，都安装了3个一组的直拉窗，而同期建筑多采用两个一组的直拉窗。3个一组的直拉窗可以延伸到地面，靠下的两扇窗抬升起来后，窗户便变成了门，方便温暖的夏日时进出房间。而如果抬起最底部的窗，同时落下顶部的窗，则更加利于通风。

▲ **门厅** 在这个会客区域，杰斐逊展示了自己最珍贵的收藏，包括地图、美国早期历史有关的图片、英雄半身像，如法国作家伏尔泰半身像。天花板上装饰着老鹰和一组星星（可能代表了1812年天花板安装时的联邦的州数量）。悬挂在房间中央的黄铜油灯可以通过滑轮进行升降。

# 英国国会大厦

约1840—1870年 ■ 政府大楼 ■ 英国，伦敦

## 查尔斯·巴里和奥古斯都·威尔比·诺斯摩尔·普金

原来的英国国会大厦，也被称为威斯敏斯特宫，在一场大火中毁灭殆尽，重建工作很快开始，一时间竞标方案云集。最终，经验丰富的建筑师查尔斯·巴里赢得了设计这座重要建筑的机会。他的竞争成功有部分要归功于他的年轻同事奥古斯都·威尔比·诺斯摩尔·普金绘制的一套令人印象深刻的图纸。普金对这座建筑外部和内部的设计都贡献了很大的力量，并且在长达 30 年的工期中不断改进方案。关于这场竞标，简单来说是采用伊丽莎白风格还是哥特式风格的竞争。巴里和普金的设计属于哥特式风格，但是受到了 15 世纪的英国教堂和都铎王朝时代的国内建筑的影响。他们将绵长的水平沿河立面与林立的垂直小尖塔和角塔相结合，在立面上装设了成排的窗户，同时两座优雅的塔楼——巨大的维多利亚塔和高耸的钟塔（主要由普金设计）很快成为了伦敦最著名的地标。

在这座宏伟的建筑中，建筑师精心设计了几百个房间。贯穿宫殿中部的是呈直线排列的一系列大房间，构成建筑的“脊柱”——上议院和下议院的辩论厅和休息室分布在宽敞的中央大厅两侧。在“脊柱”

端部，紧挨在上议院的是一间巨大的会客厅——皇家画廊。与“脊柱”相连的一条条走廊通向议员们的办公室、会议室以及休息室。在设计时，建筑师们采用了当时最先进的技术，比如，它的通风系统就领先于时代——很多看似只有装饰作用的角塔实际上是通风口。

普金是当时最杰出的哥特复兴式风格设计师，他所设计的装饰细部遍布这座大厦，大到线脚、壁纸、家具，小到门把手、墨水台，这些灵感之作将大厦装点得极其特别。尤其是他所设计的房间内部，构成了建筑中最华丽的部分，充分显示了他的才华。在更衣室和上议院内部，普金将豪华的镀金木制品与深红色的家具饰面结合使用，房间内景显得非常雍容华贵。每次看到这些奢华的内景，人们都不会忘记，虽然巴里是赢得了竞标并且完成了总体规划的设计师，然而正是普金的贡献才使得这座建筑成为英国的象征。

## 查尔斯·巴里和奥古斯都·威尔比·诺斯摩尔·普金

1795—1860年；1821—1852年

查尔斯·巴里是19世纪最多产的建筑师之一。年轻时，他游历各国，不仅去过法国和意大利，甚至踏足过耶路撒冷和大马士革。职业生涯早期，他醉心于古典式和文艺复兴式风格，也设计了一些哥特风格的教堂。但是，他最出名的作品还是一系列世俗建筑——伦敦的俱乐部、市政建筑以及大型郊区别墅。正是凭借这些丰富的经历，他才能胜任国会大厦这样大型的建筑设计。

▲ 查尔斯·巴里

普金是彻头彻尾的哥特风格建筑师。作为一个天主教徒，他痴迷于中世纪，并且坚信中世纪代表了最好的欧洲生活和建筑。天主教教堂被认为是他设计的最优秀的作品，但是他也设计了一些学校、住宅和其他类型建筑。他热爱传统工艺技术，强调含蓄的设计风格，对19世纪晚期的工艺美术运动产生了重要影响。

▲ 奥古斯都·威尔比·诺斯摩尔·普金

# 视觉之旅

1

◀ **钟塔** 这座钟塔由普金设计，与他为斯卡瑞斯布雷克大厅（位于兰开夏郡的一所郊区住宅）设计的钟塔相似，但是更加优雅。著名的大本钟就位于这座钟塔上。钟塔被建在整个建筑的端部，周围没有其他结构遮挡，因此显得极高，而且从各个方向都能欣赏到它的石砌工艺、扶壁和窗户。钟塔顶部的角锥形屋顶被分成两部分，进一步拉长了塔的高度。尖顶饰（屋顶装饰）和其他细部为钟塔增加了一抹充满幻想的色彩。

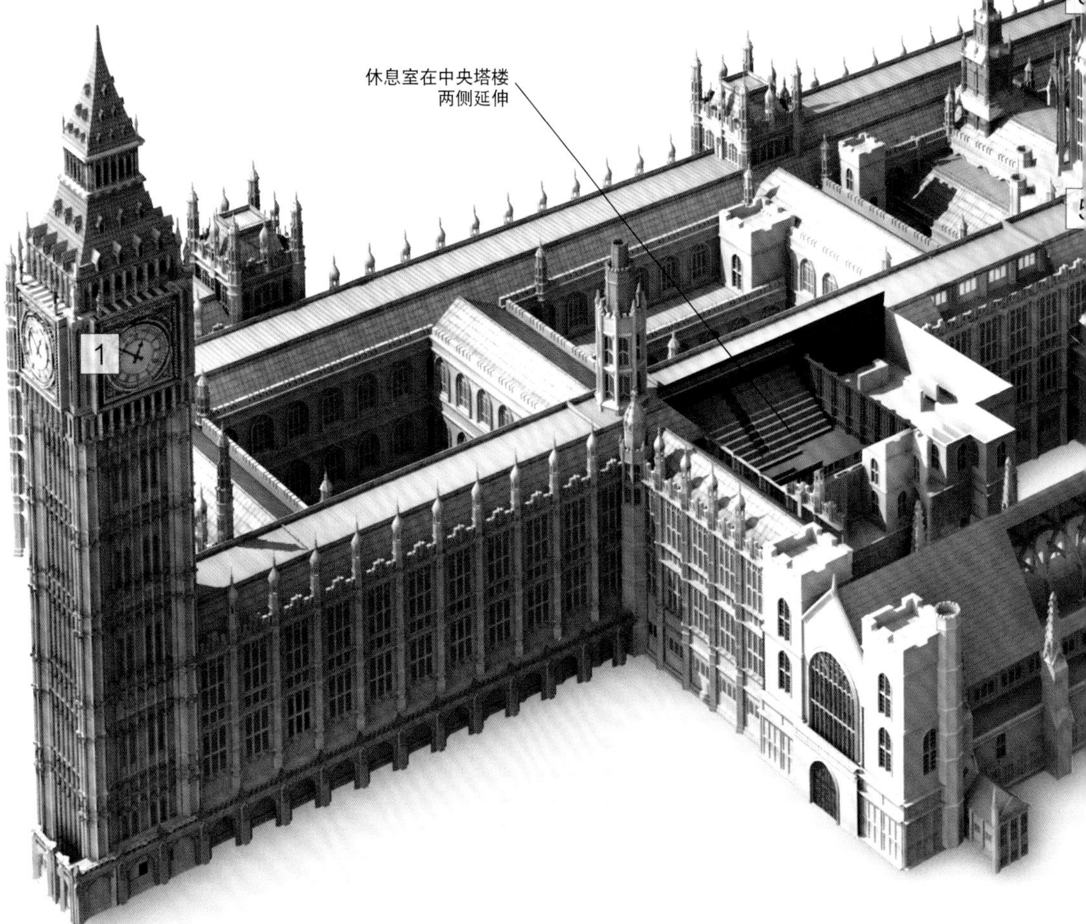

2

◀ **维多利亚塔** 巨大的维多利亚塔屹立在建筑的东南端，塔基部分是举行典礼时的皇家专属通道，上层被辟为国会档案馆。档案馆的结构宏伟，重量巨大，依靠隐藏在装饰精美的石面后方的铁框架支撑。细节丰富的窗户十分高大，属于中世纪后期的垂直哥特式风格，大量雕像被安设在华丽的石质华盖下的壁龛当中。

3

◀ **塔楼和角塔** 几十个小尖顶、尖顶饰和角塔使国会大厦的天际线生动而富于变化。这些塔楼全部由普金设计，装饰性极强，形状各异，有的是葱形（双曲线），有的是雕刻的卷叶饰（弯曲的树叶形状的装饰，排列在尖顶和屋顶的边缘）。这些装饰形式遍布建筑各处，包括塔楼及主立面上，不仅增添了建筑的趣味性和多样性，而且令人联想起中世纪大教堂的雄姿。

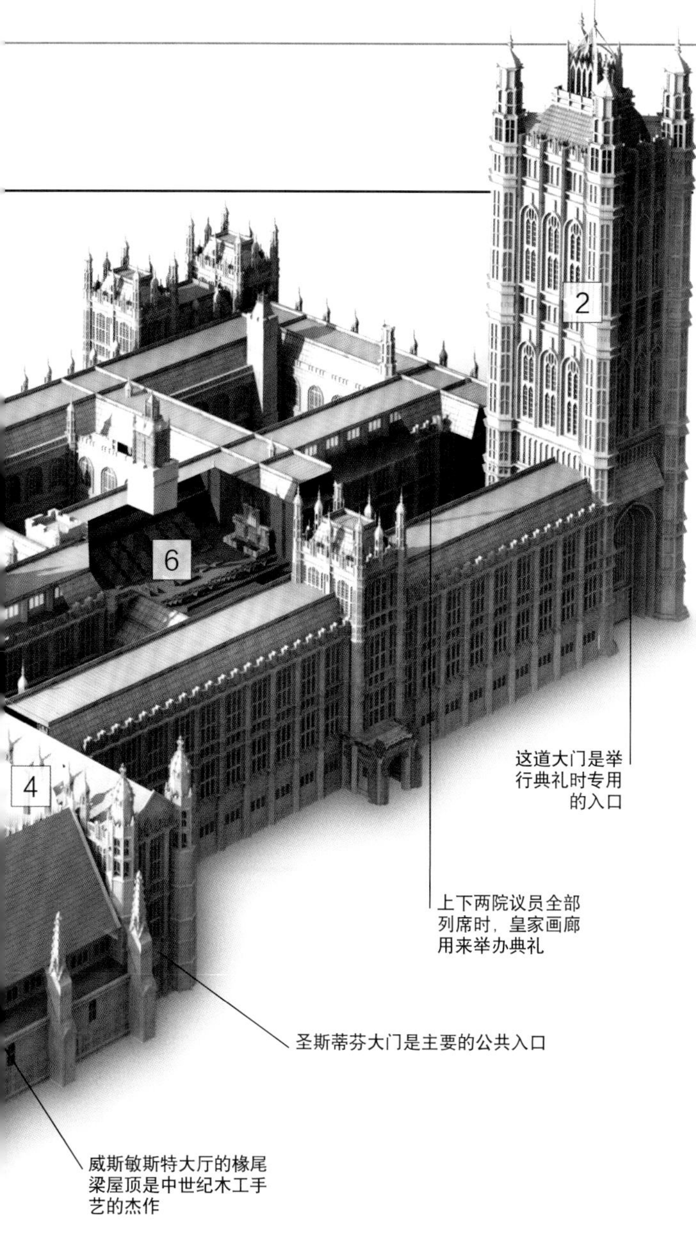

▲ **中央大厅** 中央大厅是一间面积巨大的八角形房间，位于建筑的心脏位置，也就是中央“脊柱”的中间点上，两个辩论厅和休息室分别位于大厅两侧。大厅的挑高空间达到了几层楼的高度，屋顶采用石质拱顶。拱顶的星状图案与中世纪大教堂中的牧师会礼堂拱顶十分相似。

◀ **上议院** 上议院辩论厅层高极高，面积宽敞，布置着豪华的红色皮革座椅和镀金装饰。所幸的是，上议院没有像下议院一样在二战中遭到轰炸的厄运，几乎完好无损地保留了原有的风貌。大厅中的焦点无疑是巨大华盖及其下方的王座，君主在此就座对议会发表演讲。

▼ **圣斯蒂芬厅** 走过英国国会大厦的公共入口，游客可以进入这间与中央大厅相连的宏大的哥特式大厅。这个巨大的集会空间原来是圣斯蒂芬礼拜堂，属于中世纪的威斯敏斯特宫的一部分。大厅的屋顶被建成枝肋拱顶——一种中世纪晚期的石质拱顶，拱肋图案相当复杂，通过一排排彩色玻璃窗采光。

## 扩展

英国国会大厦是以英国皇室原来居住的威斯敏斯特宫为基础兴建的，随着英国民主政府的改革，这座中世纪的宫殿被改造为集会场所。1834 年的大火将这座建筑的大部分付之一炬，只有一间重要房间幸免于难，也就是现在的威斯敏斯特大厅。这间宏伟的大厅长达 73 米，曾是旧宫殿的心脏，见证了大量皇家宴会和国事的大型场面。比起 1097 年最初建成的样子，现在看到的威斯敏斯特大厅已经发生了巨大变化，其气势恢宏的椽尾梁屋顶就是 1393 年时理查德二世命人建造的。屋顶是石匠亨利・耶维尔和木匠休・赫兰德共同完成的，由宽阔的木制拱券和突出的椽尾梁构成，下方用耶维尔建造的石质扶壁支撑。借助这种巧妙的结构，赫兰德实现了无立柱支撑的 20.7 米的大跨度屋顶，着实是当时的建筑奇迹。威斯敏斯特大厅位于现在建筑的南面。

▲ **威斯敏斯特大厅**

# 新天鹅堡

约1869—1881年 ■ 城堡 ■ 德国，巴伐利亚

## 爱德华·里德尔

童话般的新天鹅堡矗立在高耸的峭壁之上，位于巴伐利亚西南部，邻近旧天鹅堡所在的村庄。这座城堡由巴伐利亚王国国王路德维希二世修建于19世纪晚期。当时，国王访问了德国的瓦特堡和法国的皮耶枫堡，大受启发。这两座古堡都被改造为中世纪风格，厚重的城墙、高耸的塔楼和城垛，但是内部却似宫殿般华丽。路德维希痴迷于中世纪历史和理查德·瓦格纳创作的歌剧——激动人心的诸神、英雄和骑士的传说，希望建造一座仿中世纪的城堡，同时内景要重现充满骑士精神的旧时代。皇家建筑师爱德华·里德尔在设计内景时，可能参考了剧场布景设计师克里斯蒂安·扬克的作品，创造了这座充满浪漫情怀的城堡。

里德尔选用的罗曼复兴风格在当时的德国非常流行。很多建筑师认为，圆头拱券、桶形穹隆以及坚实的墙壁在本质上属于德国式建筑的烙印，而与之相对的更加细致的以尖券为特点的哥特复兴风格则更常见于法国建筑。里德尔运用的罗曼复兴风格极富想象力，虽然城堡建筑的典型构件——塔楼、角楼以及与所在山地的有机结合——一个都不少，但是全无真正城堡的防御功能，仅仅是为了重现一座“理想的”城堡的样子。比如，新天鹅堡的塔楼和角楼就只具备视觉效果。

路德维希与里德尔亲密合作，并且影响了城堡的外部及内部设计，比如神话主题的壁画，以及各种装饰细节的精确定位。虽然这座城堡是一个人的想象力的结晶，却满足了许多人对美轮美奂的童话城堡的幻想。

### 路德维希二世

约1845—1886年

1864年，时年18岁的路德维希二世成为巴伐利亚国王。然而年轻的国王并无治世之才，1866年，巴伐利亚即被普鲁士攻占，路德维希不得不听命于他的叔父普鲁士国王威廉一世。此后，这位毫无实权的国王将精力都投入到了创造虚幻世界中，他修建了一些精致典雅的住所，包括海伦基姆泽宫和新天鹅堡。在这里，他能够随心所欲地效仿圣杯传说中的国王和骑士，过着近乎隐士的生活。他的建筑工程耗资巨大，在花光了他个人的庞大私人财产后，他不得不从国外银行贷款。拒绝偿还银行贷款后，银行威胁要没收他的财产。巴伐利亚政府随之宣布国王精神错乱，并将其监禁在贝尔格城堡。在极其神秘的情况下，路德维希二世淹死在城堡周围的施坦贝尔格湖中。

# 视觉之旅

◀ **门楼** 在中世纪城堡中，门楼不仅是城堡入口，还能够抵抗敌人进攻。而新天鹅堡的门楼只是为了创造惊艳的视觉效果，为访客提供充满仪式感的入口，进入城堡内部庭院和豪华套间。所以里德尔在门楼的设计中加入了皇家纹章、小望台（突出的小角塔）和阶梯状山墙等元素，增加了门楼的高度。这些特点令人联想到真正的城堡的军事历史，同时使得建筑的天际线更加有趣生动，访客穿过大门时可以仰望若隐若现的天际线。

▶ **塔楼** 纯粹为了加强视觉效果，建筑师增加了很多元素，这座塔楼就是极好的例证。中世纪城堡常常建造带堞口（外悬结构上的孔洞，目的是向城下敌人投掷弹药）的外悬城垛。新天鹅堡中也建造了这样外悬的城垛，装饰着美丽的石砌雕刻，完全没有防御功能。

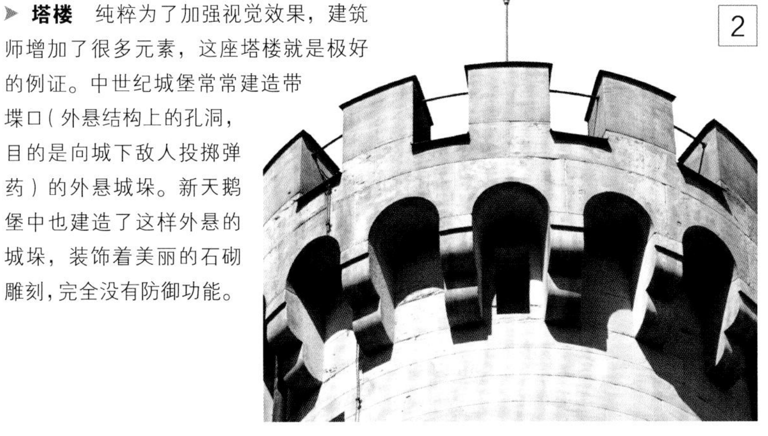


▼ **王座厅** 新天鹅堡的王座厅模仿了慕尼黑一座教堂的内景，大厅的端部建造了一排排拱券以及一间半圆后殿，只是用路德维希的王座取代了教堂原型中主圣坛。墙壁上的绘画主题是耶稣基督、圣徒，以及已经被封为圣徒的国王——提醒访客中世纪的君权神授思想以及受到教会支持的统治权。而这位权力受限的立宪君主却没有得到这样的支持。

▶ **居住区** 城堡居住区（Palas，德语，意为居住区）是一座高耸的建筑，屹立在庭院的一端，包括皇家套房、顶层的大厅以及底层的仆人房。这座城堡的角楼样式受到了法国皮耶枫堡的影响。右侧的较低矮建筑被称为骑士楼，暗示了当年的骑士时代，而实际上这里是新天鹅堡的办公和服务区。

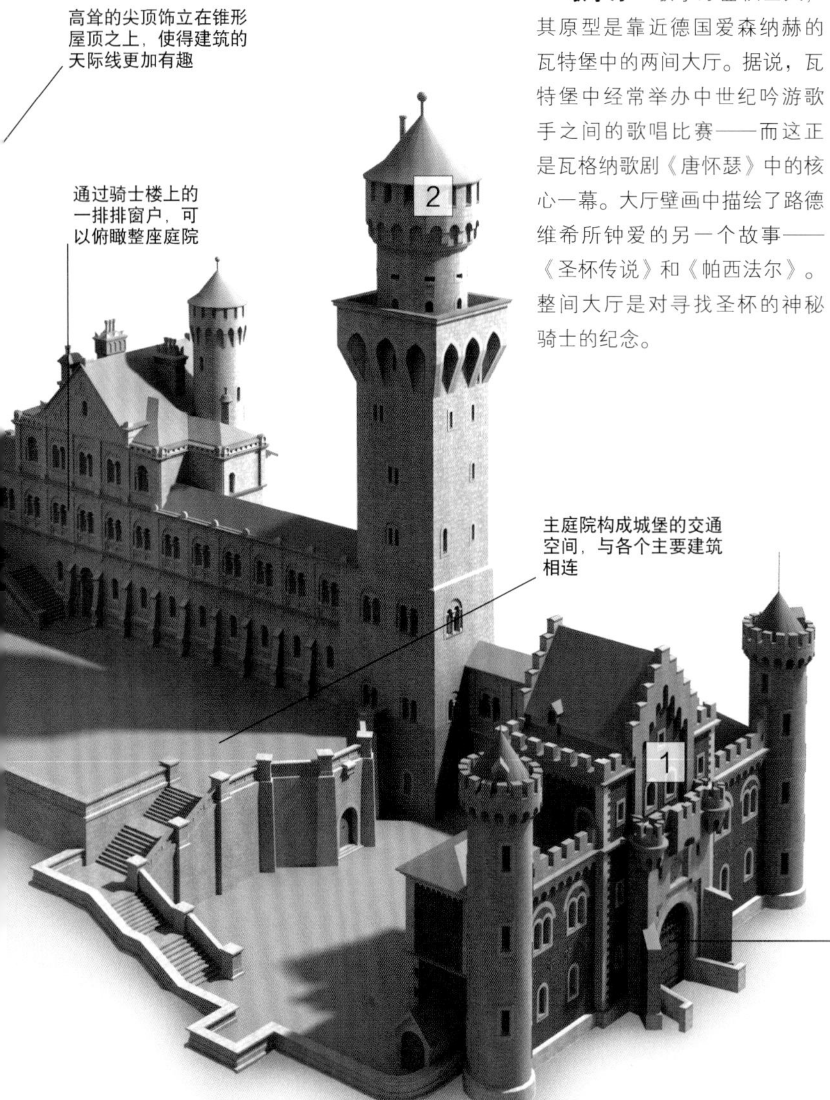


▶ **歌手厅** 歌手厅面积巨大，其原型是靠近德国爱森纳赫的瓦特堡中的两间大厅。据说，瓦特堡中经常举办中世纪吟游歌手之间的歌唱比赛——而这正是瓦格纳歌剧《唐怀瑟》中的核心一幕。大厅壁画中描绘了路德维希所钟爱的另一个故事——《圣杯传说》和《帕西法尔》。整间大厅是对寻找圣杯的神秘骑士的纪念。

## 设计

启发路德维希建造城堡的是作曲家理查德·瓦格纳。瓦格纳所追求的是"整体的艺术作品"，他试图将音乐、语言、服装、布景以及其他各种元素整合在一起，为观众创造震撼性的艺术享受。而路德维希则希望通过建筑创造类似的效果。联合了多位画家、雕刻家、金属制品设计师和其他艺术家，他为自己建造了一座理想中的中世纪城堡，以逃避现实生活中的各种烦恼。瓦格纳歌剧中的众多人物都在城堡中以各种艺术形式得以呈现，但是路德维希最为之倾倒的是帕西法尔的儿子——罗恩格林，一位保护危难者的骑士。罗恩格林乘着天鹅牵引的小船，这一形象是城堡中各种天鹅造型的灵感来源。

▲ **彩色玻璃** 天鹅的形象常常出现在新天鹅堡中，比如这扇彩色玻璃窗。

◀ **皇家卧室** 这间卧室墙壁覆盖着木镶板，床上方的木制华盖属于哥特式风格，雕刻着极具路德维希个人特色的象征，如天鹅、百合花以及巴伐利亚纹章。房间内的陈设精美雅致，如雕花的椅子、配置着银天鹅造型水龙头的脸盆架。墙壁木镶板上方悬挂着一组油画，描绘了中世纪传说中这对命中注定的爱侣崔斯坦和伊索德的故事，而瓦格纳也曾创作了一部伟大的歌剧，名为《崔斯坦和伊索德》。

# 圣家族大教堂

1883年至今 ■ 教堂 ■ 西班牙，巴塞罗那

## 安东尼·高迪

位于巴塞罗那的圣家庭赎罪教堂，简称“圣家堂”，是伟大的加泰罗尼亚建筑师安东尼·高迪的毕生杰作。他花费了40年来设计建造这座教堂，直至生命结束，创造出了极具个人特色的哥特风格和新艺术风格的结合体，在19世纪后期风靡一时。遗憾的是，直到高迪去世，这座旷世巨作仅完工了一小部分。虽然从那以后建造工程一直处于进行中，并且基本还是依照高迪的设计，但是期间因一些重大事件，工程经历了若干次停工，比如1936年至1939年的西班牙内战。同时，由于高迪的设计并没有覆盖到所有细节，因此有些部分不得不重新设计。虽然这座教堂目前还未完工，但丝毫没有影响到它惊世骇俗的气势——一丛丛形状怪异、细长的尖顶，其顶部的尖顶饰多姿多彩；尖形山墙和屋顶混合在一起，散发着另类的气质；哥特风格的窗户；密密麻麻的雕塑作品。这座教堂气势非凡，而风格特立独行，对空间、形式、结构和装饰的把握都充满了创意。

圣家堂的基本结构也是十字形平面，同时主圣坛位于半圆后殿（弯曲的端部）中，这点与很多教堂并无二致，而高迪在这样的基本构造中加入了树形的圆柱、弯曲的拱顶以及划分形式独特的墙壁。人们常常把教堂比作森林，但是对这个比喻来说没有比圣家堂更恰当的诠释了。教堂中的很多细节装饰以植物形态为原型，充满了想象力，如模仿豆荚的小尖塔、墙壁上的蜂巢图案、迂回弯曲的雕刻作品等。

教堂的尖顶纤细高耸，通体镂空雕刻，轮廓独特，气势雄伟，矗立在巴塞罗那市中心，令人过目难忘。尖顶共有18个，集中在一起——分别代表耶稣的12个信徒、4个传教士和圣母玛利亚，以及耶稣本人。教堂的雕刻立面同样令人惊叹。这些立面乍看下属于哥特风格，但是倾斜的圆柱、形状怪异的华盖和雕像使之看起来变形扭曲而栩栩如生。教堂的装饰有浓重的高迪个人色彩。高迪喜爱亮色，虽然教堂的大部分使用的是天然石材，但是尖顶的顶部却铺砌着瓷砖马赛克，这也是高迪在其他世俗建筑作品中常常采用的做法。在教堂内部，起到色彩点缀作用的不仅是彩色玻璃，同时还有悬挂在高耸的穹顶上的彩色灯具，晶莹闪烁。虽然有些批评家认为这种繁复的装饰显得有失品位，而实际上很多装饰细节都是有象征意义的。比如，装饰在耶稣诞生立面顶部的是一棵巨大的柏树雕塑，这种常青树代表着永生。树叶为绿色，树枝上悬挂着白色雪花石膏雕刻的白鸽，象征信徒的灵魂进入天堂。生命之树的顶端装饰着圣三位一体象征。无论是建筑整体还是装饰设计，都是高迪的灵感呈现，充分体现了艺术家本人的虔诚和对个人理念的坚持，而高迪在20世纪和21世纪的追随者也在努力实现高迪的设计理念。

### 安东尼·高迪

1852—1926年

高迪出生在西班牙塔拉戈纳省的雷乌斯，其父是一名铜匠。在赴巴塞罗那学习建筑前，他曾是一名磨坊学徒工。高迪起初对复兴运动及一些艺术评论家的著作极感兴趣，如约翰·拉斯金的作品。但是高迪在专业造诣上突飞猛进时，加泰罗尼亚地区的艺术家们正在努力寻求表达自己的民族特质，他逐渐成为加泰罗尼亚现代主义的代表人物。该主义将过去的摩尔式和哥特式风格与近期一些思潮，如新艺术运动融合在一起，形成了一种独特风格。

高迪的大部分作品主要集中在巴塞罗那。他设计的城市公寓大楼米拉之家和巴特约之家都采用了弯曲的墙壁。从他为自己的赞助人唐·巴西利奥·奎尔设计的豪华私人住宅奎尔宫开始，渐渐发展出自己标志性的造型——抛物线形拱券和线条古怪的屋顶。在这些建筑中，他将新艺术运动的装饰曲线引入建筑形式。奎尔公园也出自高迪之手，这件美不胜收的景观作品位于巴塞罗那的一座山丘上，镶嵌着各种马赛克图案。1882年后，他几乎把全部精力都投入到圣家族大教堂中。该教堂为高迪的天分提供了充分而独特的发挥空间，他的名字将永远与这座教堂紧紧相连。

# 视觉之旅：外部

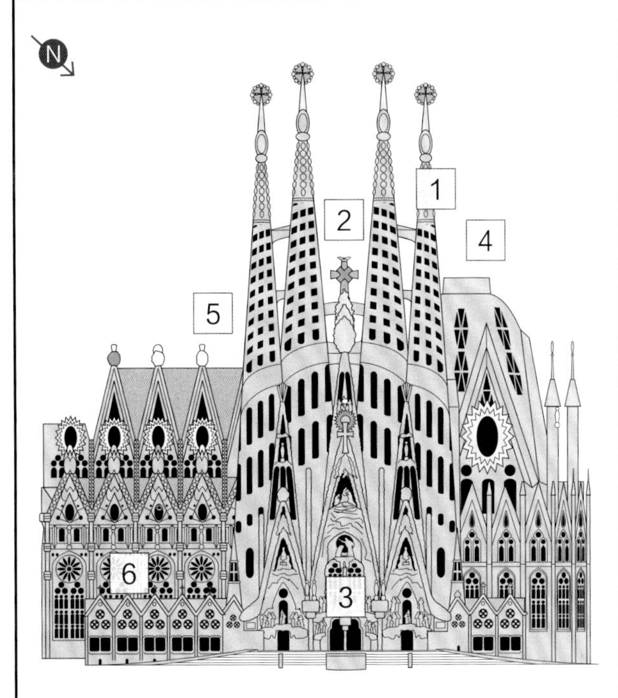


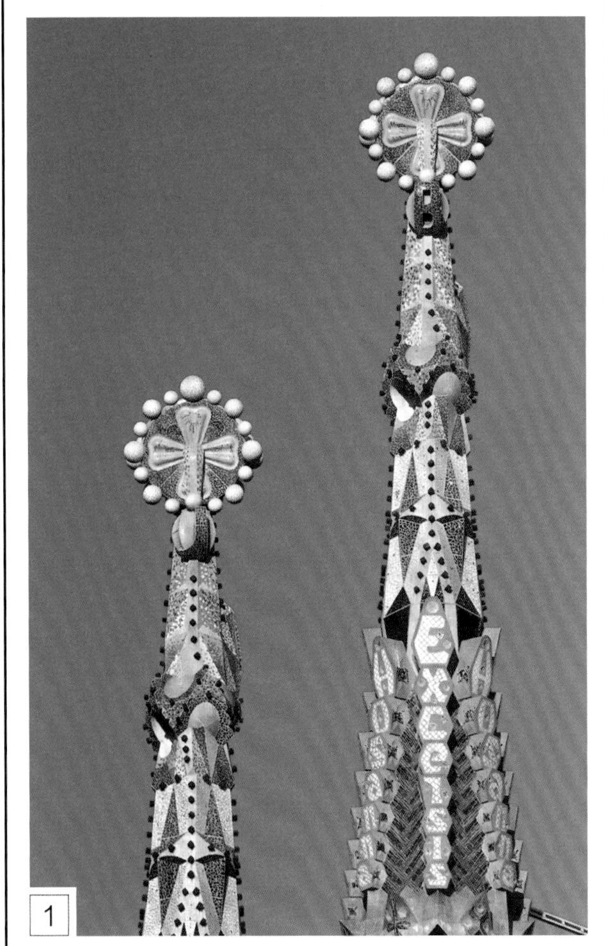


▲ **尖顶饰** 一般教堂外部的天然石材暴露在外，而圣家族大教堂的尖顶外部用色大胆张狂，艳丽的色彩衬托出有象征意义的雕刻图案，如十字军和主教之戒，以及祈祷和赞颂上帝的文字，如“excelsis”（拉丁语，意为高于一切的）。这些尖顶扭曲而多面式的造型能从各个角度反射阳光，使得红色、金色、白色和绿色的色斑更加突出。尖顶饰表面贴满碎瓷砖构成的马赛克图案——高迪尤爱这种手法，比起颜料，瓷砖更耐久、更不易褪色。

▲ **受难立面** 描绘耶稣受难的立面被安排在教堂北侧，也是教堂北门所在。这个巨大立面的顶部挺立着 4 座尖顶，用雕塑装饰，表现了耶稣受难的过程，包括最后的晚餐、被钉十字架和埋葬等场景。这部分完成于 20 世纪晚期，但是总体布局仍基于高迪的设计。宏大而倾斜的天篷起到保护入口的作用，其外悬的屋顶由一系列角度怪异的圆柱支撑。这些圆柱的形态与巨型骨头或树枝相似。为了支撑这些雕塑，高迪设计了一组石质平台，仿佛从墙壁中生长出来一样。1989 年，加泰罗尼亚雕塑家何塞普·玛利亚·苏比拉克开始着手创作装饰这些平台的雕塑。

3

▲ **诞生立面**　诞生立面位于教堂南侧，是最早完成的一个立面。虽然没有完成最初设计的彩绘，但是仍然按照高迪的设计在三重大门上方装饰了旋涡状的雕塑。这些雕塑描绘了耶稣诞生及其童年生活，还包括一组组正在唱歌和吹喇叭的天使造型。立面形态相当复杂，表面被大量装饰细节覆盖，如十字架、念珠、植物、鸟禽、动物，甚至约瑟的作坊中的木匠工具。

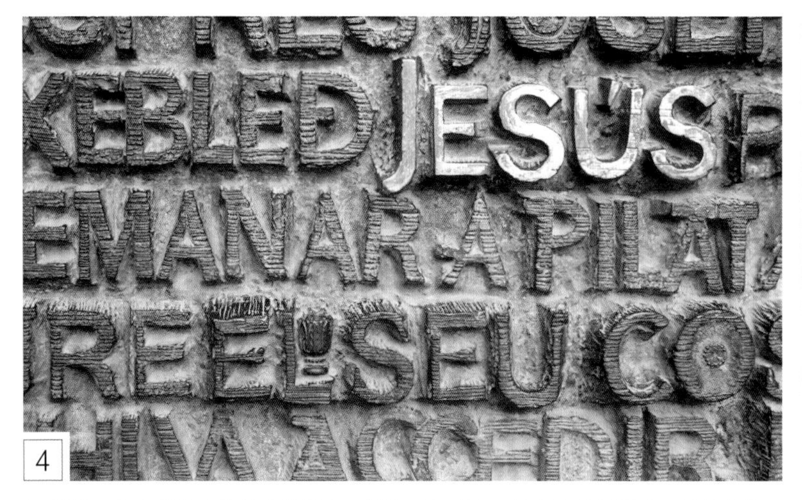


4

▲ **刻字**　在圣家族大教堂的墙壁上，经常可以看到一些宗教字句雕刻，足以看出上帝圣言和《圣经》对基督徒的重要意义。有些刻字采用了高迪改进过的流动、有机的新艺术风格，其他的则是最近完成的，比如受难立面中青铜大门（双子门，开启时其形态如同一本书）上的刻字。在雕塑家苏比拉克的作品中，有些字句出自福音书，用大写字母刻成，排布十分紧密。门上的绝大部分刻字相当粗糙，表面被大量横向条纹割裂。而一些重要词语或短句则被精心打磨抛光，尤其显眼，如耶稣的名字（见上图）。

5

▲ **受难雕像**　雕塑家何塞普·玛利亚·苏比拉克为圣家族大教堂设计完成了大量大胆创新、引人注目的雕塑作品，距离高迪投身到教堂的建设已经超过 100 年。苏比拉克的雕像几乎都采用立体造型，雕像头部有棱有角，四肢也有丰富的层次，比如我们在图中看到的尼哥底母正在为基督涂抹膏油。这些雕像与当初高迪的设想完全不同，也曾广受争议，但是很多参观者都认为这些作品极具震撼力。

6

◀ **中殿**　高迪将传统的哥特风格进行简化，强调雕塑质感，如这里的玫瑰窗。从这扇中殿窗上，完全看不到复杂的中世纪风格花饰窗格，取而代之的是 12 个简朴的、光滑的开口以及中央的小圆孔。这样简单的背景能够更好地衬托出更加复杂的石砌工艺。

## 结构

目前，圣家族大教堂仍然在建设当中。高迪在世时，很多人认为要完成如此复杂的工程需要花费几个世纪，但是现在已经可以预期教堂将在 21 世纪 20 年代后期完成。右侧图纸显示了教堂最终完工后的样貌。为了完成 18 个尖顶和中殿入口所在的荣耀立面，建筑师和工匠们不得不依靠各方力量。高迪的部分原始图纸已经不复存在，因此建筑师们只能借助计算机建模恢复高迪设计的不同寻常的形态及细节。所幸的是，高迪时代制造的一些模型流传至今，帮助建造者完成了教堂屋顶和其他不完整部分。

# 视觉之旅：内部

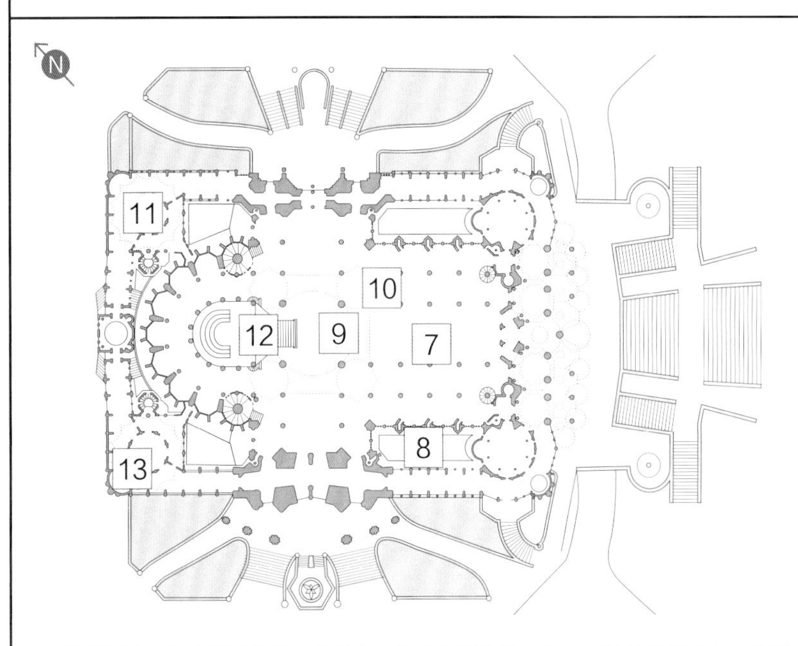


▼ **中殿圆柱** 高迪设计的柱子在整个建筑史上堪称独一无二。随着柱子升高，其形状也发生了变化——柱子底部装饰着凹槽，到高处则是光滑的表面，同时多边形横截面演变成圆形。柱子顶部像树木一般分出枝丫，形成一簇簇纤细的分支，支撑着拱顶的不同部位。在教堂中殿，由于柱子数目众多，林立交错的支柱和斜线如森林般壮观，分叉处的多层面柱头造型奇特，有的膨胀凸起，有的打成“绳结”。

▲ **十字** 教堂十字位于整座建筑的心脏位置。中殿和圣殿构成教堂的主要南北轴线，与东西向的十字翼殿相交形成十字。教堂中殿构成十字右臂，两侧分别建造了两组侧廊，而位于左臂的圣殿和十字翼殿的两侧仅建造了一组侧廊，因此十字右臂比左臂更长更宽。这些空间顶部都覆盖着拱顶结构，而高耸挺拔的圆柱将游客的目光聚焦到了石质拱顶光影交错的图案上。教堂内部空间宏大，2010 年时曾同时容纳 6500 人参加开光典礼。

▲ **彩色玻璃窗** 1999 年起，艺术家琼・维拉 – 格劳按照高迪规划的总图，开始设计建造圣家族大教堂的彩色玻璃窗。维拉 – 格劳运用色彩浓郁的玻璃拼出抽象的图案，光线透过玻璃，被染成彩色，在室内弥漫。这些玻璃的制造者是何塞普・玛利亚・博涅特的作坊，他们从为教堂地下室安装玻璃开始，就一直为大教堂供应玻璃。

◀ **拱顶细部** 圆柱在顶部分成若干枝丫，支撑着拱顶中的一系列凹形隔间，每个隔间中央都挖出了一个圆形孔洞用来安装灯具。虽然受到了中世纪大教堂的石质拱顶的部分影响，但是这些隔间的设计却非常特别。与中世纪拱顶结构中的线型拱肋不同，各个隔间连接处的边缘被设计为锯齿状，创造出一系列光芒四射的亮光。拱顶的曲线从上方反射光线，照亮了整个教堂内部。这些拱顶的造型令人不禁联想到大树的树冠，对大自然的模仿正是高迪的巨大灵感来源。

▲ **高侧廊层** 高侧廊层围绕着教堂内部，通过附在墙面上的螺旋形楼梯可以到达，有时用来容纳唱诗班。高侧廊层非常狭窄，外部石砌工艺呈现出波浪状，而底面的雕刻则是扇贝形，与上方树叶似的拱顶非常和谐。

▲ **半圆后殿** 半圆后殿位于教堂东端（礼拜仪式意义上的），是整座建筑中最接近中世纪大教堂的部分。与哥特式大教堂中的半圆后殿相同，这个空间造型为曲线形，放射状排布的一系列高窗和 7 个小礼拜堂的半圆形造型也属于典型的哥特式风格。此处具备强烈的哥特风格主要有两个原因：一是在高迪着手这个项目之前哥特复兴风格的地下室已经建成，所以高迪不得不延续地下室的线条；二是这间半圆后殿是最开始建设的地上部分，而此时高迪还没有形成自己独特的风格。

▲ **塔楼** 这些锥形的塔楼是高迪的杰作，无论内部还是外部都令人印象深刻。在塔楼内墙上砌成了一条条狭长的垂直突出石条（类似于传统建筑中的壁柱），将人们的目光吸引到高处，进一步突出了塔楼惊人的高度。

# 塔塞尔公馆

约1893—1894年 ■ 洋房 ■ 比利时，布鲁塞尔

## 维克多·奥塔

19世纪末期，一股新的设计风潮渐渐兴起，这种风格以极富表现力的装潢为特征，拒绝一切旧式风格（如哥特式）的复兴，被称为新艺术运动。比利时建筑师维克多·奥塔是第一位伟大的新艺术运动风格建筑师。塔塞尔公馆是他为一位富有的客人设计的洋房，不仅集中体现了新艺术运动的特征，而且显示了建筑师对内部空间充满想象力的掌控和处理能力。

奢华的装饰是这座建筑最引人瞩目的特征：弯曲的栏杆和圆柱，模仿植物图案的墙面和地面装饰。而这些装饰却没有流于表面。奥塔不仅极为大胆地使用了铁等建筑材料，而且还加入了令人惊叹的天窗和中央楼梯井等元素。

### 维克多·奥塔

1861—1947年

结束了在布鲁塞尔的学习后，维克多·奥塔跟随利奥波德国王二世的御用建筑师阿方斯·巴拉·特设计建造皇家温室。19世纪80年代，他开创了自己的事业，并且成功设计了各种新艺术运动风格的商铺和洋房，声名远播。然而，随着一战后不断恶化的经济萧条，人们渐渐无力承担奢华的新艺术运动风格装潢。于是奥塔简化了自己的风格，设计了布鲁塞尔中央车站这样具有现代式、逻辑化的建筑。

▶ **外部铁艺** 建筑的临街面上装设了巨大的弓形窗，窗户支柱纤细，玻璃从天花板贯穿到地面，为室内提供了充沛的光线。窗户前方的铁质栏杆造型蜿蜒曲折，模仿了植物的茎秆和卷须，属于典型的新艺术运动风格。

◀ **楼梯** 楼梯在建筑中央盘旋而上，在前后之间创造出了极佳的公共空间。每个表面都装饰着复杂的曲线——尤其是华丽的金属圆柱顶部，极具表现力。此处的空间处理手法也富有创新性，鲜有直线，几乎全部采用形状怪异的曲线，引得参观者的视线掠过窗户、圆柱、栏杆等，聚焦到楼梯。

◀ **门把手** 当为富有而且具有设计意识的客人设计房屋时，比如这座建筑的主人埃米尔·塔塞尔，奥塔倾向于亲自设计所有固定装置设备，如果可能的话，连家具设计也会一手包办。即使门把手这样的小物件也是他亲手设计的。图中的门把手采用了盘绕的有机形态，不仅具有装饰美感，而且手感极佳。

▲ **彩色玻璃** 这些图案精美的镶板显示出了奥塔对抽象装饰的驾驭能力。设计感强烈的图案基于鞭子一样的曲线——这种线性形式属于典型的新艺术运动风格。线条首先向单一方向弯曲，然后突然急剧向后转折到相反方向，类似鞭子的绳索部分。

## 设计

奥塔设计的洋房一般占地面积狭窄，而且退到街面较后位置，这样局促的位置使得位于中间的房间缺乏外部开窗空间。设计塔塞尔公馆时，奥塔将建筑分成三个部分，成功解决了这一问题。绝大部分房间分布在建筑前部和后部，自然光线可以通过朝向街面或建筑后方的窗户进入内部。连接建筑前后两部分的是一个中央区域，包括了楼梯部分，因为加盖了玻璃屋顶，所以日光能够透过透明的穹隆进入三个主楼层。奥塔设计的另一座洋房，范·艾特菲尔德公馆也采用了类似的采光井。

▲ **范·艾特菲尔德公馆** 图中的楼梯通过玻璃穹隆采光，支撑穹隆的是纤细的柱子，边缘部分采用曲线图案装饰。

# 巴黎大皇宫

1897—1900年 ■ 美术馆和博物馆 ■ 法国，巴黎

## 查尔斯·吉罗

巴黎大皇宫占地面积72000平方米，围墙长度约1公里，是幸存下来的最大的世界博览会时代的19世纪展览馆。为了能在1900年举办的巴黎万国博览会期间使用，这座建筑仅用3年时间就落成完工了，主结构用铁和玻璃搭建，配合雄伟的石材立面，具备宏大的新古典主义美术风格特征，在当时极受位于巴黎的法国美术学院推崇。而大皇宫的外部装饰和弯曲的内部铁艺制品则呈现出另一种风格，即新艺术运动风格。建筑师将这种风格与极具冲击力的新古典主义风格石材元素并置，处理手法大胆而富有创意。

当时共有4位建筑师联手创作，查尔斯·吉罗起到整体协调作用；亨利·德格朗负责中殿；艾伯特·托马斯负责西翼；艾伯特·卢伟负责两翼之间的连接部分。他们设计的金属和玻璃结构重量较轻，而这座建筑规模非常宏大，石材立面质量极大，为工程建设造成了难题。由于工地现场的泥土不够牢固，工人们不得不钻下3400根橡木桩以支持地基。这项工程完成后，绵长的、对称的上层结构随之建造起来，其中的主要空间是一间长达200米的巨大中殿。中殿屋顶是钢和玻璃搭建的桶形拱顶，其玻璃穹隆高达45米，令人惊叹。

尽管中殿构成了主要展览厅，但是由十字翼殿带来的额外空间却着实创造出了巨洞一般的内部。这座建筑主要用来陈列艺术品，但是也能够容纳更大型的展览，如摩托车展览和早期飞行器展览。典雅的金属结构，大气的立面，一座座石雕和青铜雕塑，使之历经百年仍然是令人屏息的地标式建筑。

### 查尔斯·吉罗

1851—1932年

查尔斯·吉罗出生在卢瓦尔河畔的科恩，就读于位于巴黎著名的法国美术学院。在美院里，吉罗学习到了极受推崇的新古典主义时尚风格。1880年，他参加了为年轻的艺术家、建筑师和音乐家举办的罗马比赛并且获得一等奖。在罗马逗留期间，他住在美第奇别墅，还研究了罗马建筑。返回巴黎后，完成了大量建筑项目，包括路易·巴斯德墓；舒丹公馆（为一位法国音乐出版商建造）；隆尚赛马场看台。在大皇宫的建设中，他起到了关键性的监管作用，同时独立完成了相邻的小皇宫的设计。比利时国王利奥波德二世特别欣赏大皇宫并委任吉罗设计位于布鲁塞尔的50周年纪念公园和城外的刚果皇宫（现在是中非皇家博物馆）。

# 视觉之旅

1

◀ **玻璃穹隆** 玻璃穹隆是整座建筑中最具吸引力的部分，连接了中殿和十字翼殿之间的接合部分，类似大教堂的十字结构。与传统的石穹隆相比，玻璃穹隆质量更轻，所以玻璃窗格的同心环能够保持恰当的位置，几乎不会妨碍到巨大的梁或者桁架。穹隆中央处挺立着一个尖顶饰，距离地面约45米，顶点处竖立着一根旗杆。虽然与整幢建筑相比，这个尖顶饰显得微小，但是当象征这座建筑的巨大旗帜迎风飘扬时，它仍是宽广的屋顶的焦点。

包裹着金属锌的部分方便人们登上玻璃屋顶

▼ **走道** 走道和设备楼梯遍布整个屋顶，便于维修人员登上这个金属和玻璃制成的巨大屋顶进行清洁和基本的修理工作。一条通道围绕在中殿屋顶边缘，即玻璃桶形拱顶底部。在这些边缘处，大部分屋顶用金属锌包裹，而不是玻璃。

2

3

▲ **门廊** 气势雄伟的古典圆柱挺立在巨大的柱础之上，几乎伸展到了建筑外墙顶部。配合着大胆的檐口设计和巨型雕塑，这个建筑立面显得富丽堂皇。承担这部分设计的是亨利・德格朗，他是忠实的美术风格追随者。门廊的雕塑具有隐喻意义，包括象征和平、启迪以及保护艺术的密涅瓦（罗马神话中的智慧女神）。

▶ **中殿内部** 均匀间隔的金属拱券连接着双子横梁，支撑着中殿天顶，使其能够承受最大量的透明玻璃。充沛的自然光透过屋顶灌注到屋内，使得室内陈设能够获得最佳的展览效果。大皇宫刚刚启用时，电灯还只是新奇的事物，而展览馆一般只能用自然光线照明。

4

## 扩展

从1851年的伦敦万国博览会开始，兴起了一股在巨大的玻璃建筑中举办展览会的潮流。举办这一盛会的建筑是工程师约瑟夫·帕克斯顿的杰作。约瑟夫过去是一位园艺师，曾经设计过很多温室，对处理玻璃和金属建材充满信心。由于玻璃建筑能够最大限度地利用自然光，同时便于建造，因此是极受欢迎的展览场馆。人们可以在工厂里将各个部件预先制作好，然后在工程现场进行组装。

▲ **水晶宫，伦敦** 1851年的博览会大获成功，乃至这座建筑被拆解开来并移动到其他场所重新搭建起来。

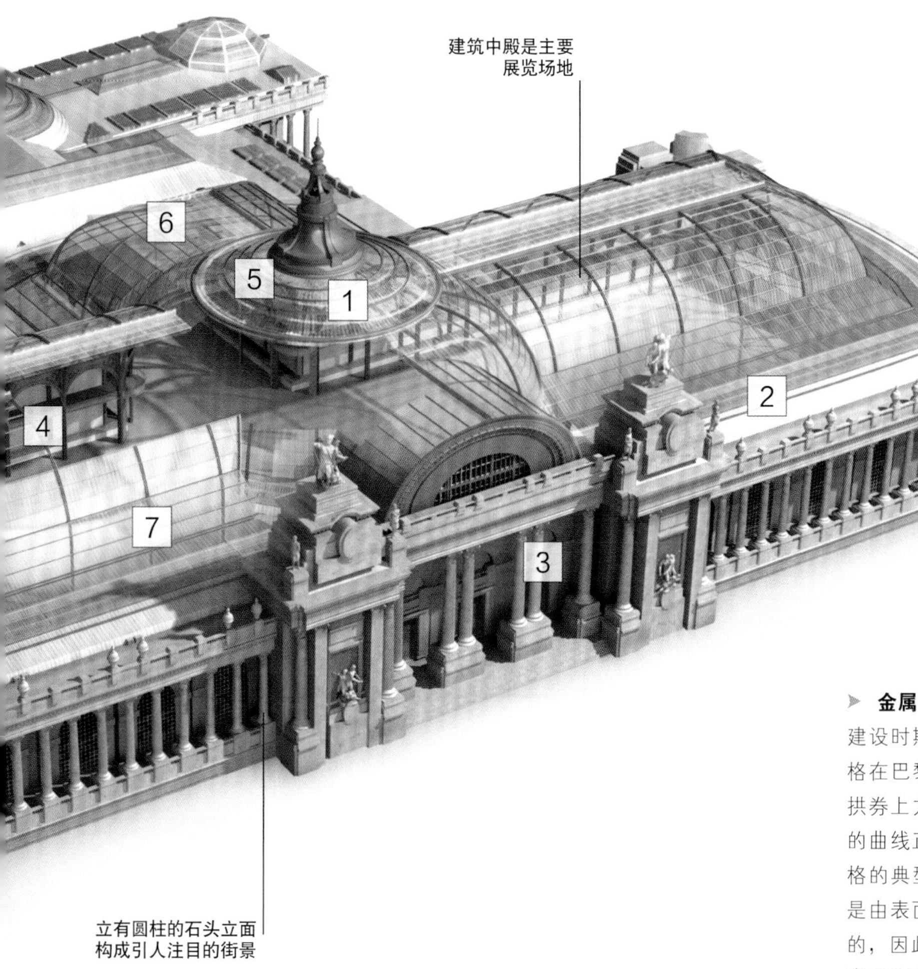


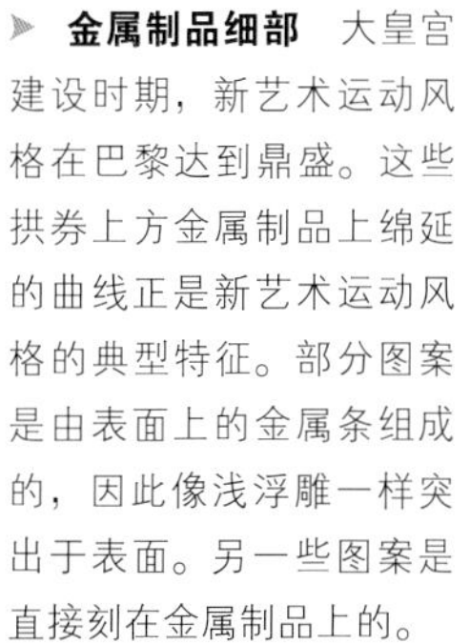

► **金属制品细部** 大皇宫建设时期，新艺术运动风格在巴黎达到鼎盛。这些拱券上方金属制品上绵延的曲线正是新艺术运动风格的典型特征。部分图案是由表面上的金属条组成的，因此像浅浮雕一样突出于表面。另一些图案是直接刻在金属制品上的。

◄ **穹隆内部** 巨大的钢铁支架用数以千计的铆钉固定，从地面直伸到檐处，并且在檐口处一分为二。分出来的分支结构继续向上延伸并形成穹隆的结构拱肋。这些金属部件体积巨大，承载着玻璃的重量，甚至还建造了阳台。然而大部分支架采用的却是网格状结构，整体看起来显得轻盈无比。

▲ **豪华楼梯** 连绵曲折的楼梯是美术风格建筑的显著特色，也是刻意创造的视觉焦点。除了与上层建筑相连的功能，楼梯上还装设了平台，方便上流社会的访客欣赏建筑并且与下方的朋友们交流。华丽的新艺术运动风格扶手栏杆为富人访客炫耀华服提供了便利，功能谄媚。

# 1900年至今

# 克莱斯勒大厦

1928—1930年 ■ 办公楼 ■ 美国，纽约市

## 威廉·范艾伦

克莱斯勒大厦由克莱斯勒汽车公司委托建造，作为公司总部大厦。在建造之时，克莱斯勒大厦是世界上最高的建筑，同时也是有史以来最耀眼的摩天大楼之一。大厦共77层，高达319米，规模宏大。大厦的地基巨大而坚固，越往高处主塔越窄，直至到达顶点处形成造型独特的尖顶。其实大厦的细部甚至比其整体设计更加醒目——在大厦著名的尖顶上，堆叠着一系列夸张的装饰，充分显示了建筑师威廉·范艾伦的野心，这座建筑一经落成必然会立刻成为全世界的焦点。

### 装饰艺术风格

克莱斯勒大厦被认为是典型的装饰艺术风格建筑。装饰艺术得名于1925年的巴黎装饰艺术和现代工业国际展览，并迅速在欧洲和北美流行起来，广泛用于建筑和家装设计。装饰艺术以运用明艳的色彩、大胆的几何图案装饰、现代表面材料（从炫目的新型金属合金到多彩色塑料）以及从古埃及艺术中借鉴的装饰主题为特色。这些元素受到建筑师关注，而一些专为炫耀、引人注目的建筑也特别乐意采用装饰艺术风格，如电影院、大酒店和摩天大楼。

范艾伦在设计克莱斯勒大厦时运用了大量装饰艺术细节。在建筑外部，他模仿了克莱斯勒公司生产的汽车轮毂和引擎盖装饰物作为装饰主题，并加以改造以适应其建筑风格。在建筑内部，丰富的木镶嵌和金属装饰品使得大厦的大堂和电梯跻身为曼哈顿地区最令人难忘的场所之一。范艾伦原本打算加盖一座穹隆，进一步增加玻璃用量，但是他很快就改变了计划。大厦建设过程中，纽约的曼哈顿银行大厦落成，高度是282.5米——恰恰比克莱斯勒大厦的计划高度高出了不足1米，于是，范艾伦决定建造尖顶代替穹隆。尖顶被预先制作好，分为4个部分，1929年10月23日，尖顶被安装到位，大厦高度立时增加了37米。这座尖顶为锥形结构，由逐渐缩小的一条条曲线堆叠而成，同时被视作是神来之笔。尖顶包裹着金属外饰面，独特的三角形窗户在夜里如同信号灯一样闪耀，尖顶造型类似于一系列旭日形装饰——另一种常见的装饰艺术主题。

添加了尖顶后的克莱斯勒大厦不仅是当时世界上最高的摩天大楼，而且也成为第一个达到305米的人造结构。天气晴朗时，如果参观者登上位于71层的双倍高度观景台，就能够欣赏到超过161公里的美景。仅凭惊人的高度，克莱斯勒大厦就足以闻名于世，然而不仅如此，这座建筑还兼具现代感和效益，在当时属于世界领导水平。大厦可以容纳1万人办公，装设了32部高速电梯和最先进的真空清洁系统。在公共区域中，圆柱用镜面包裹，还摆放着装饰艺术风格的铝制家具。从里到外，克莱斯勒大厦都沿袭了完全的、典型的装饰艺术风格。

**威廉·范艾伦**

1883—1954年

威廉·范艾伦生于纽约布鲁克林，曾在附近的普瑞特学院的夜校学习。后来他为纽约市的几位建筑师工作，参与了城市中的一些项目设计。1908年，范艾伦赢得了去巴黎学习的奖学金，并进入了法国美术学院。学成归国后，他与H. 克雷格·西弗兰斯合伙成立公司，并承揽了数个高层办公楼项目。后来二人争吵反目，并分开独立经营。单飞后的范艾伦开始投入到克莱斯勒大厦的设计建造中，结果发现自己正在与西弗兰斯竞争建造世界上最高的摩天大楼，最终赢得“比赛”的是范艾伦。然而项目完工后，范艾伦却与自己的客户沃尔特·克莱斯勒产生分歧。范艾伦并没有与克莱斯勒签署过合同，当他要求对方支付6%的工程款项作为自己的设计费时，遭到了拒绝。范艾伦将克莱斯勒告上法庭并赢了这场官司。但是克莱斯勒是极有影响力的人物，范艾伦如此高调地与之发生冲突后，发现自己很难再接到生意，特别是在经济大萧条的环境下。范艾伦的绝大部分房地产都留给了独立建筑机构，现在都用他的名字命名。

# 视觉之旅

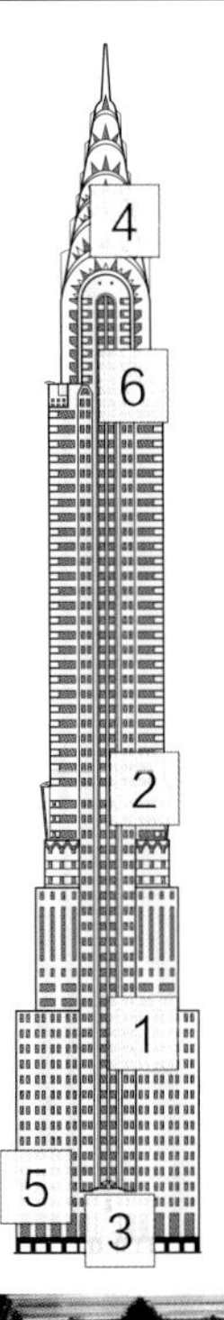


▼ **缩进** 站在大厦正门仰望，首先映入眼帘的是对称的窗户和精心排列的一系列块状结构。中间靠上的一些楼层向内缩进（凹处），也就是第一层缩进使得高楼看起来更加高耸挺拔，更具视觉冲击力。两侧的楼层越往高处越窄，形成第二层缩进，这样阳光就能照到42街和莱克星顿大街上临街的房屋。

▲ **装饰物** 这座大厦的装饰细节非常独特，如图中可以看到的风格化的翅膀造型，其灵感来自克莱斯勒汽车的散热器盖。另一个关键元素是多次出现在墙壁上的一系列圆环，模仿了克莱斯勒汽车的轮毂。这些装饰元素不仅成功宣传了克莱斯勒汽车，而且也使得大厦的墙壁突破了现代主义建筑或更早期严肃的古典主义建筑中一片白墙的沉闷感。

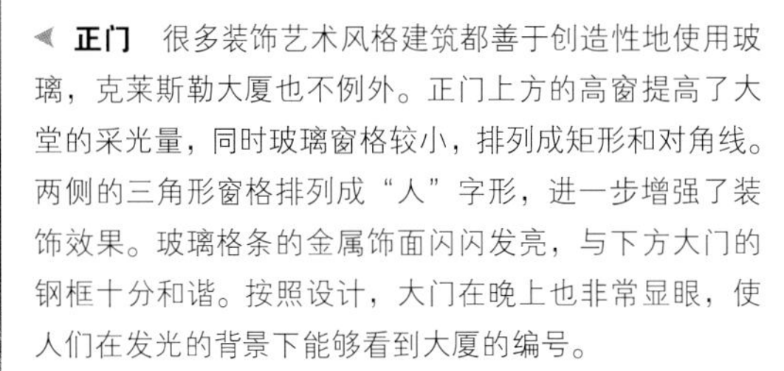

◀ **正门** 很多装饰艺术风格建筑都善于创造性地使用玻璃，克莱斯勒大厦也不例外。正门上方的高窗提高了大堂的采光量，同时玻璃窗格较小，排列成矩形和对角线。两侧的三角形窗格排列成“人”字形，进一步增强了装饰效果。玻璃格条的金属饰面闪闪发亮，与下方大门的钢框十分和谐。按照设计，大门在晚上也非常显眼，使人们在发光的背景下能够看到大厦的编号。

◀ **尖顶细部** 这座闪闪发光的尖顶原本只是后期为增加建筑高度而添加的部分，却迅速成为这座大厦最著名的部分。极具特色的新月形结构一层层堆叠，闪烁着光芒，其表面包裹的是尼罗斯塔不锈钢，混合着一定比例的镍和铬，使之更耐风雨，更加坚固、明亮。范艾伦对尖顶的低维护费用特性非常满意，而且保证了建筑顶部在之后的几十年都能保持耀眼的光芒。

▼ **怪兽形滴水嘴** 若干个滴水嘴采用巨大的鹰首造型，包裹着尼罗斯塔不锈钢（与尖顶一样的外饰面材料），探出在建筑的转角处。这些滴水嘴属于装饰艺术风格的流线型设计，作用与哥特式大教堂中的怪兽形滴水嘴（见第 75 页）相同。范艾伦的设计基于克莱斯勒公司 1929 年生产的普利茅斯汽车上的鸟形引擎盖装饰品。在鹰首颈部安装着泛光灯，用来在夜间照亮建筑。

▲ **电梯门** 大堂是整个建筑中最豪华的区域，墙壁包裹着红色摩洛哥大理石，使得每个进入大厦的人都为之惊叹。在电梯门上镶嵌着珍贵的木料，如日本白蜡树和亚洲胡桃木。镶嵌片构成弯曲的卷轴形图案，顶部的扇形设计可能受到了埃及莲花装饰主题的影响。部分电梯从底楼到顶楼仅需 1 分钟时间。

## 扩展

最早的摩天大楼——钢架支撑的高层建筑——出现在 19 世纪 80 年代的芝加哥。20 世纪伊始，摩天大楼开始在其他美国城市流行起来，特别是纽约。业主和开发商认为摩天大楼有两大优势：一是能够在寸土寸金的市中心塞满更多办公室；二是大楼本身也有极好的宣传作用。地标式的纽约摩天大楼包括哥特风格的伍尔沃斯大厦（1913 年，241 米）和帝国大厦（1931 年，443 米）。

▲ **帝国大厦，纽约** 在帝国大厦建成后的几十年间，这座著名建筑一直保持着世界最高建筑的盛名。

# 萨伏伊别墅

1929—1931年 ■ 住宅 ■ 法国，普瓦西

## 勒·柯布西埃

白色的墙壁、巨大的窗户和开敞式的起居室，萨伏伊别墅也许称得上建筑大师勒·柯布西埃的标志性作品。萨伏伊别墅位于巴黎郊区，承接这个项目时，柯布西埃已经是著名的现代主义风格的先锋设计师，现代主义作为一种建筑风格，主张建筑形式应该由建筑功能来决定。现代主义建筑对混凝土和玻璃等建材的运用方式非常具有创新性。在柯布西埃 1932 年的著作《走向新建筑》中，他列出了 5 条现代主义建筑应该遵循的原则：借助底层架空立柱（细柱）将建筑物抬离地面；有一个不受结构影响的“自由立面”；开放式楼层平面；通过条形长窗为室内采光；建造屋顶花园以弥补地面空间不足。萨伏伊别墅中，细长的白色底层架空立柱支撑起建筑的重量，使建筑获得了开放的底层空间。由于不受结构因素限制，别墅的立面拥有干净、简洁的线条。生活起居区位于底层架空立柱之上的第

一层，别墅入口和服务区设在底层中央区块。

在别墅内部，柯布西埃同样摆脱了承重墙结构体系，一系列通风极佳的空间如行云流水般连接在一起。长长的条形窗不仅令室内阳光充沛，而且打开了朝向各个方向的视野，屋顶花园补齐了地面绿地的缺失。柯布西埃运用坡道、分隔墙和大窗等元素使得建筑内部和屋顶花园实现了无缝接合，创造出了优雅的极简抽象派结构，建筑内部空间也同样明亮、优美。萨伏伊别墅广受赞誉，被认为是最优秀的现代主义建筑杰作。

**勒·柯布西埃**

1887—1965年

勒·柯布西埃原名夏尔·埃都阿德·让纳埃，出生在瑞士小镇拉·香德方，并在当地求学。他也曾在维也纳学习，并与两位建筑大师共同工作——善用混凝土的先锋建筑师奥古斯特·佩雷特和德国现代主义大师彼得·贝伦斯。第一次世界大战后，勒·柯布西埃与他的表兄皮埃尔·让纳埃创立了工作室并不断推出完美的现代主义建筑作品，这些建筑无一例外地实现了功能主义和独特的、优雅的结合，他们的工作室也大放异彩。“房屋是居住的机器”，这是柯布西埃提出的名言。20世纪30年代，柯布西埃着力在城市规划领域探索，1935年出版了著作《阳光城》。第二次世界大战后，他建造了若干大型城市区块，称之为“居住单元”，其中包括公寓、商店和其他设施。与此同时，柯布西埃还负责印度城市昌迪加尔的规划设计工作，并设计了坐落在法国的一些小型混凝土雕塑式建筑，如朗香教堂。勒·柯布西埃是20世纪最伟大的建筑师之一，他的建筑作品大胆创新，同时也留下了大量的著作。

# 视觉之旅

◀ **底层架空立柱** 别墅的一层及其上方露台是主人的起居生活场所，通过朴素的、未加装饰的底层架空立柱抬升起来，在由此产生的底层空间中，修建了包括门厅、楼梯和坡道、工人房和车库在内的中央区块。主屋下方的已铺设路面的区域宽度恰好可以容纳主人的汽车行驶，即一辆 1927 年产的雪铁龙汽车，极受勒·柯布西埃喜爱。

▼ **正面** 巨大的条形窗环绕着建筑各个立面，为几间主要房间提供了无遮挡的良好视野。窗户上方的墙体看起来似乎没有承重作用，全因为底层架空立柱承担了大部分建筑重量。由于墙体质轻，而且免除了承重限制，勒·柯布西埃能够更加自由地关注墙体外观。

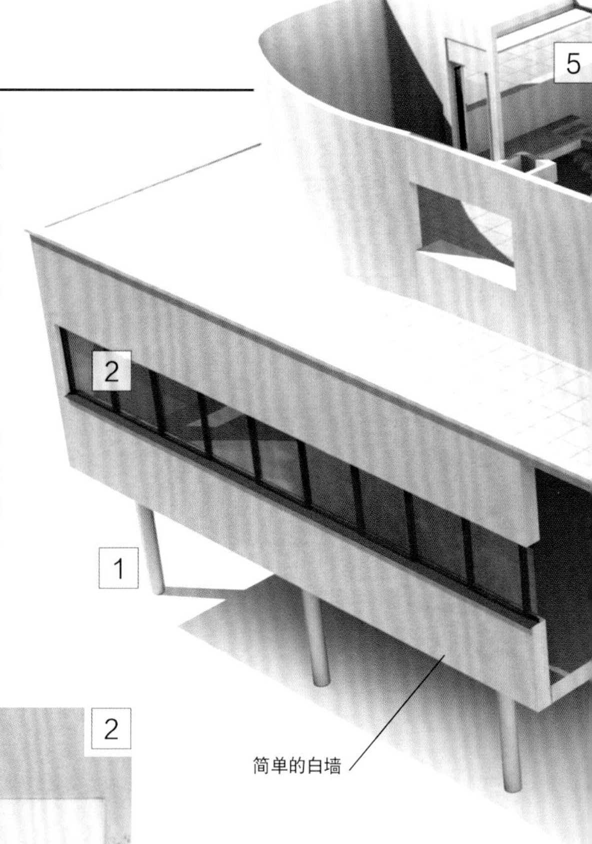

▼ **起居空间** 主起居室的墙壁、地板和天花板全部是白色或浅色，整个空间看起来非常整洁明亮。竖立在起居室和屋顶花园之间的是通高的玻璃墙和可以滑动的玻璃屏风，实现了空间的无缝接合。这种布置充分体现出了勒·柯布西埃的开放式楼层平面思想。由于墙体无须承重，因此可以自由选择非承重材料，如玻璃，还可以纯粹从审美角度考虑而将墙体布置在任意位置。

▶ **通向屋顶的坡道** 连接别墅主要楼层的除了楼梯之外，还有一些坡度平缓的坡道，如图中这条连接到别墅顶部的屋顶花园和阳光露台的坡道，贯穿别墅并且创造出了意趣盎然的视野。与上坡尽头相连的是勒·柯布西埃极力强调的空间——屋顶花园，人们可以在此充分享受温暖的阳光。

## 结构

勒·柯布西埃痴迷于研究钢筋混凝土结构的可能性。1914 年至 1915 年，他与堪称现代混凝土建筑先驱的法国大师奥古斯特·佩雷特合作，设计了名为“Dom-ino”（这个名字实际上是两个词的组合，一是 Domus，拉丁语，意为房屋；二是 Dominos，多米诺游戏）的住宅建筑。按照设计，将会用混凝土板制成楼板、用混凝土柱支撑，从而不再需要横梁。柱子立在楼板边缘，这样的位置使得有可能在柱子附近建造轻质的、不承重的墙体。勒·柯布西埃希望 Dom-ino 能够成为一战后大众化住宅的一种低造价形式。尽管这个项目未能建成，但是启发了勒·柯布西埃设计萨伏伊别墅这样的住宅。

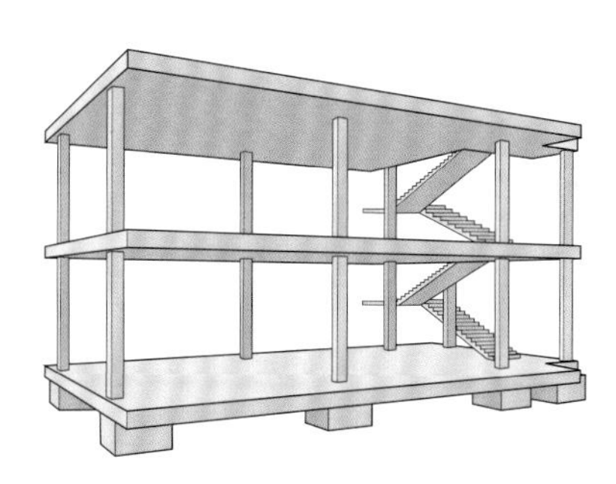

▲ **住宅设计** 住宅的框架由混凝土平板和底层架空立柱构成，与萨伏伊别墅类似。

▶ **楼梯** 内部楼梯呈现出颇具韵律感的曲线形态，与构成空间的大量直线和直角形成有趣的对比。黑色的楼梯栏杆和支柱更加突出了白色的曲线，正如黑色的门框和窗框与白墙形成对比，这种强烈的对比是贯穿了整个别墅设计的主题。直线与曲线、黑与白之间的相互影响，加之随时间变化的自然光线，使得别墅内景充满雕塑感。

▲ **浴室** 这间浴室位于主卧附近，端部装设了门帘，需要私密空间时可以拉合起来，或直接敞开，如上图所见。浴缸铺砌的是蓝色瓷砖，高起的、倾斜的座位如同墙壁一样立在浴缸一端。这一独特的设计可能是受到了土耳其浴缸的影响，勒·柯布西埃在地中海地区采风时曾到当地一位青年家中拜访。

## 扩展

现代主义建筑风格发展于 20 世纪早期，勒·柯布西埃是欧洲现代主义建筑师的杰出代表。德国建筑师路德维希·密斯·凡德罗和沃尔特·格罗皮乌斯的作品也属于现代主义风格。

现代主义建筑师坚持“形式追随功能”的理念，运用钢铁、玻璃和混凝土等工业材料。他们将原来被认为丑陋的结构元素大加展示，并尽量减少装饰。现代主义建筑师更倾向于设计明亮、整洁的内部空间和平屋顶，而不是传统的坡屋顶。虽然这些特征有时会使建筑略嫌刻板，但是优秀的现代主义建筑却拥有优美的形式以及与功能的完美契合，因此时至今日仍然能看到现代主义风格在建筑设计中的影响。

▲ **巴塞罗那馆** 巴塞罗那馆是路德维希·密斯·凡德罗为 1929 年巴塞罗那国际博览会设计的作品，整座建筑用石板和玻璃墙建成，优雅美丽。

# 流水别墅

1936—1939年 ■ 住宅 ■ 美国，宾夕法尼亚州

## 弗兰克·劳埃德·赖特

20世纪，美国建筑师弗兰克·劳埃德·赖特曾屡创佳作，其中最著名的当属他为一位富裕的百货公司老板埃德加·考夫曼设计的流水别墅。在宾夕法尼亚州匹兹堡东南郊区的密林中，流水别墅坐落在岩架之上，正下方就是一座瀑布，宽阔的玻璃、突出的阳台都极具视觉冲击力。石墙和混凝土阳台似乎是从林地中生长出来一般，整个建筑仿佛漂浮在山溪之上，独特的建筑与基地的结合堪称完美。

这样的结构是否足够稳固？无论是考夫曼还是承建商都没有信心。因此，整个建造过程中充斥着赖特和他的客户及承建商的争吵声。悬臂式的（突出的）阳台是整个设计中最具挑战的元素，建造者们不得不加建了钢架用来强化结构。但是这样做的后果是阳台看起来比赖特原本的设计更重，而且可能造成轻微的下沉。

而呈现在人们面前的成品却壮观得令人屏息。石头铺地的起居室十分宽敞，足够容纳日常起居活动。在房间一侧，赖特挨着原有的一块巨石建造了一个石质壁炉，这个位置在瀑布边缘，恰巧就是考夫曼一家过去经常野餐的地方。透过起居室和卧室的宽大的窗户望出去，四周林木葱葱，令人心旷神怡。阳台面积宽敞，共有5个，两个与起居室相连，两个与卧室相连，还有一个连接着顶层的画廊，主人可以邀请亲朋好友到阳台欣赏户外美景。建筑内外空间的连接技巧相当娴熟，而建筑本身似乎也与瀑布和林地融为一体，这也许就是赖特口中的“有机建筑”的终极范例吧。

### 弗兰克·劳埃德·赖特

1967—1959年

出生在威斯康星州的弗兰克·劳埃德·赖特是工程师出身，曾供职于多个建筑事务所，帮助过包括路易·沙利文在内的一些著名建筑师设计了早期的摩天大楼，后来自立门户。赖特的事务所位于芝加哥，通过为富豪客户设计面积巨大而低矮的住宅而渐渐声名鹊起，包括他为自己设计的住宅：威斯康星州的塔里埃森和亚利桑那州的西塔里埃森。后来，赖特还设计了一些大型建筑，如东京的帝国大酒店和1936年位于威斯康星州拉辛市的庄臣总部行政楼，后者以其创造性的内部圆柱而著称。20世纪30年代，赖特完成了一系列造价较低的住宅，扩大了自己的客户群。二战后，赖特仍然创新不断，设计了纽约的古根海姆博物馆，奇特的螺旋形斜坡道令人印象深刻。这些美妙绝伦的建筑令赖特留名建筑史，并被誉为20世纪最有影响力的建筑师之一。

# 视觉之旅：外部

▲ **托盘状阳台** 流水别墅的阳台是悬臂式的（突出于肉眼可见的支承点之外），用坚固的混凝土制成，看起来仿佛漂浮在瀑布上方。实际上，强化混凝土梁和钢架被牢牢固定在建筑下方的岩床上，用来平衡这些阳台。由于建筑的主阳台延伸到核心结构外的较远处，因此看起来尤其巨大。

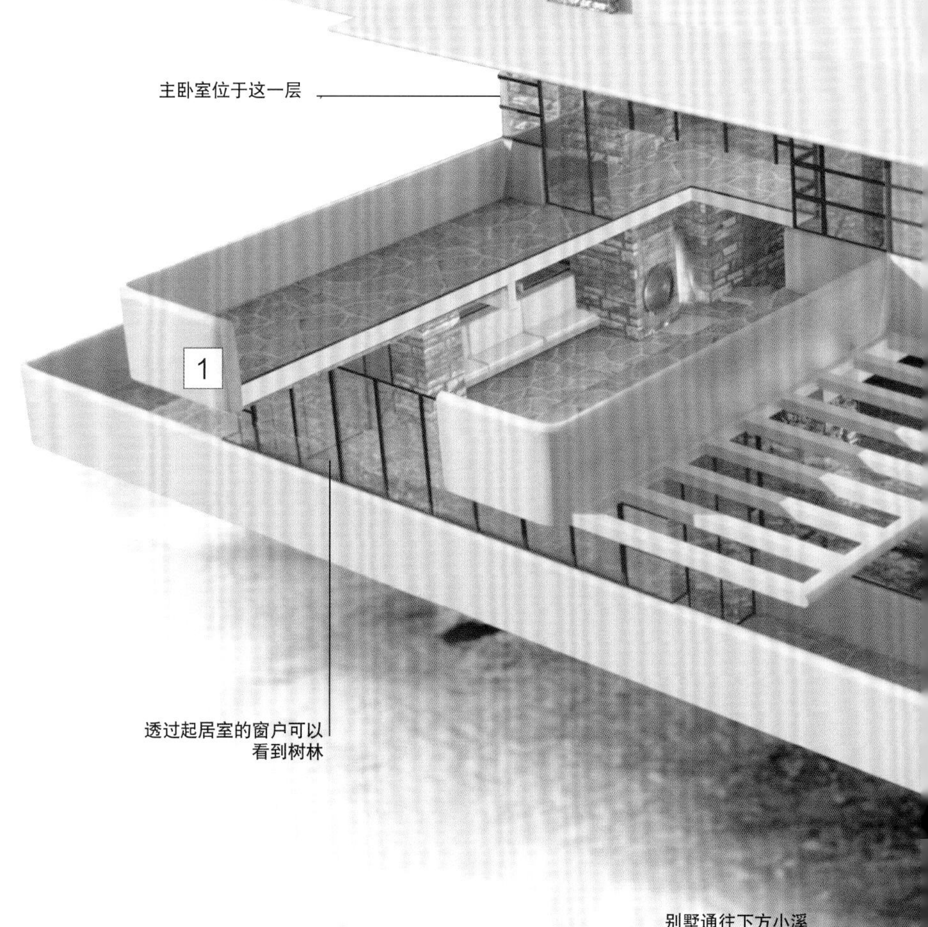


► **外部阶梯** 依附在外部的石阶将建筑与附近的客房和小溪连接在一起。砌成石阶的材料包括天然石材，连同建筑本身所使用的石头都是来自别墅周围一家由赖特重开的小型采石场，所以地基岩石能够与地基之上构成建筑核心的砖石和其他石制品完美融合在一起。

◄ **玻璃和钢** 在流水别墅中几乎找不到传统的窗框。玻璃窗格用水平的红色金属条固定，在墙壁延伸并直接与石块间的缝隙进行密封（不透水）。赖特喜欢脆性材料（如玻璃）与粗糙的岩石直接对接的冲突感，创造出不同寻常的材质对比。不设边缘的窗框也能够将房间的进光量最大化。

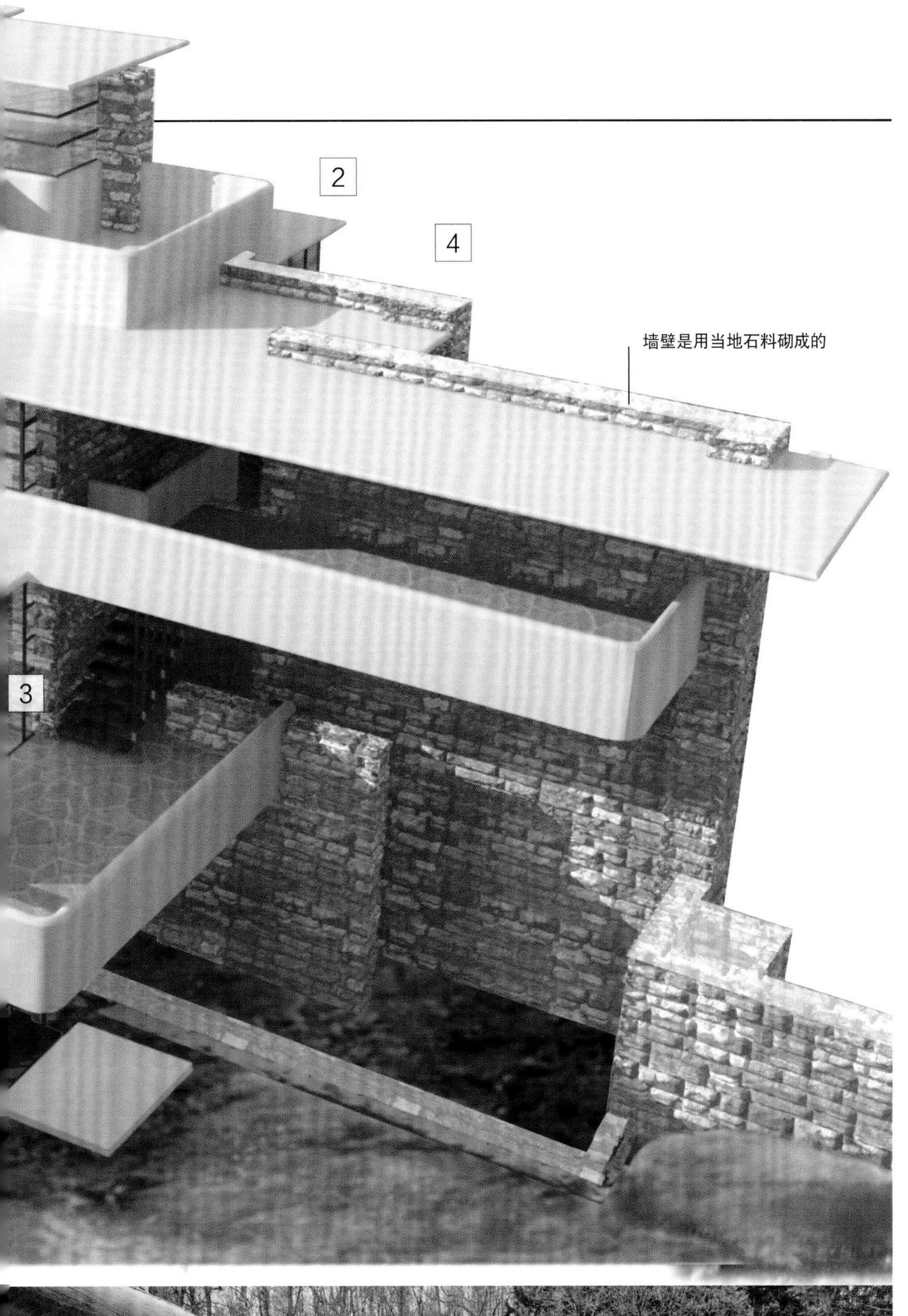

## 设计

据说，有一天考夫曼致电赖特，称自己会在当天晚些时候造访他的建筑事务所。当时，赖特还没有在他的客户的新居——流水别墅的图纸上画下一笔。而就在之后的几小时之内，赖特就如约完成了设计图纸。虽然草图的完成速度有如神助，而实际上从准备阶段到后期施工阶段的图纸已经在赖特心中酝酿已久。最后，赖特绘制了下面这幅著名的流水别墅图。受到自己所喜爱的日本制图法影响，一直以来，赖特都热衷于为自己的作品绘制雅致的透视图。在下方图片中，是用较低的视角欣赏流水别墅，可以看到一个个阳台从陡峭的瀑布上方伸展出来。

▲ **流水别墅** 赖特绘制的这幅透视图采用的是从瀑布下方仰视建筑的角度，因此放大了阳台的尺寸和悬臂结构。

## 扩展

20 世纪早期，赖特在美国中西部为他的富豪客户设计了一系列住宅。受到一望无际、开阔平坦的大草原景色的启发，赖特设计的这些住宅特点是面积巨大、低矮，一般带有宽大的外伸屋顶，窗户呈水平条带状，被称为“草原式住宅”。这些建筑往往以一个壁炉为中心，布局为十字形，并且常常出现一些新奇的细节，如嵌入式家具。在一座典型的草原式住宅中，一般采用天然建材，特别是纯木材，会客厅面积巨大，占据主导地位，而且配备门廊和露台，模糊了内外空间的界限。凭借草原式住宅的成功，赖特被誉为 20 世纪顶尖建筑大师之一，他重新定义了美国居住建筑。

▲ **罗宾别墅** 罗宾别墅位于芝加哥，完成于 1910 年，是赖特设计的草原式住宅，也是引人注目的现代主义建筑先驱。

◀ **客房** 流水别墅建成两年后，赖特按照相同的规格，使用相似的材料在主建筑旁边建造了供考夫曼家族仆人居住的客房和简易车库，通过一条曲折的小路与之相连。在主建筑中，水是十分重要的元素。设计客房时，赖特同样运用了水元素，建造了一个用泉水灌满的游泳池，满溢的泉水流向小河。

# 视觉之旅：内部

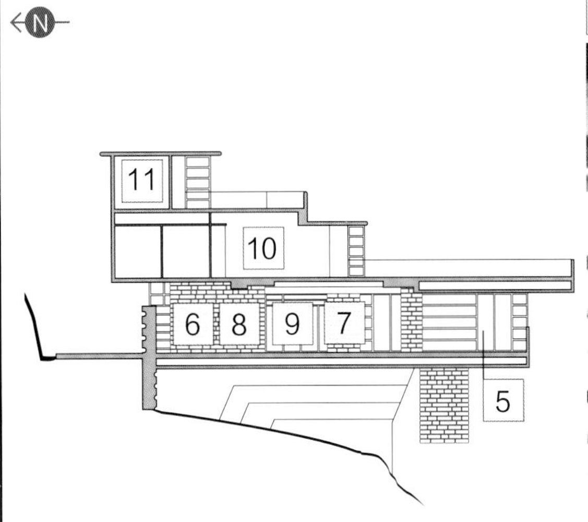


▶ **起居室** 起居室面积巨大，阳光充沛。如果打开房间南面的开阔的条形窗，下方瀑布的水声便会跃入房中。天然石面地面和外露的石墙与户外的岩石十分和谐，天花板则是简单的纯白色。宽敞的房间足够容纳几组座椅——一组在窗边，另外一组靠近壁炉（图中靠右位置），还有一组构成“音乐凹室”。

▼ **餐厅** 餐厅位于宽敞的起居室的一端。在餐桌上方，竖立着一根石柱，石柱上探出一组红色木架，弯曲的边缘令人想起20世纪30年代十分流行的装饰艺术风格。大量天然建材的使用确立了整个内部空间的基调，特别是粗面石块砌成的墙壁和通向上层的石阶。

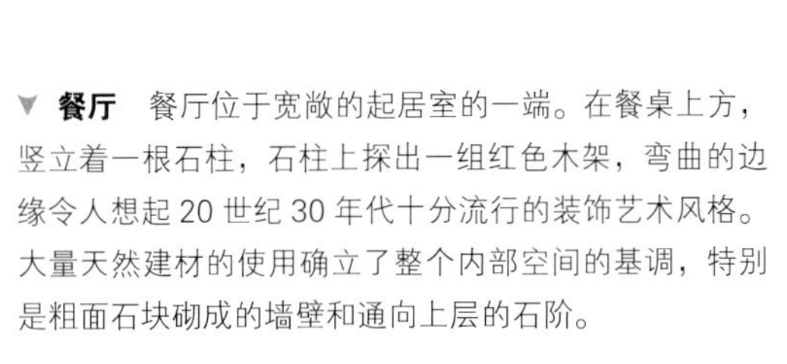

◀ **壁炉和水壶** 赖特向来对壁炉十分看重，总是把壁炉设计为住宅中重要的生活中心，给人带来温暖、光亮以及慰藉。流水别墅的壁炉被建造在一块天然巨石上，上方悬挂着一个巨型球形水壶，用来冲泡热饮。不用的时候，可以把水壶推到一侧，这样考夫曼一家能够享受到完全的火焰的温暖。

▶ **石雕工艺细部** 虽然建筑内部石块表面处理相当粗糙，而实际上每块石头的造型都是经过工匠精心设计的。很多石块狭窄细长，被整齐地砌成水平条状，这些水平线条与建筑的整个格局形成小规模的呼应——别墅中各个房间都是宽敞而低矮的。赖特的作品基本都是围绕着变化多样的横向主题。

▲ **玻璃装设** 这个细节图显示的是装设了玻璃的“舱口”，通过这里向下走，便可以到达建筑下方的小溪。每一条醒目的红色玻璃都延续了贯穿整个建筑的横向主题。在转角处，两面玻璃接合在一起，不设窗框，“消融”了建筑转角，使得人们可以不受阻碍地欣赏四周森林美景。

▶ **埃德加·考夫曼的卧室** 这间卧室属于别墅中面积较小的房间，透过窗户，郁郁葱葱的树林就展现在眼前，显示出赖特对空间和材质效果的娴熟掌握。房间内外具有极强的延续感，特别是玻璃与石墙的交接，以及外部砖石和内部石雕工艺的完美结合。房间的玻璃格条在石质地板投下醒目的光影图案。

▲ **埃德加·考夫曼的办公桌** 赖特亲自设计了很多嵌入式家具，包括图中这张办公桌，上方的书架也是直接嵌入石墙中的。在办公桌一端，赖特挖出了一个四分之一圆形的缺口，这样的话，附近的竖铰链窗就可以向房间内开启。

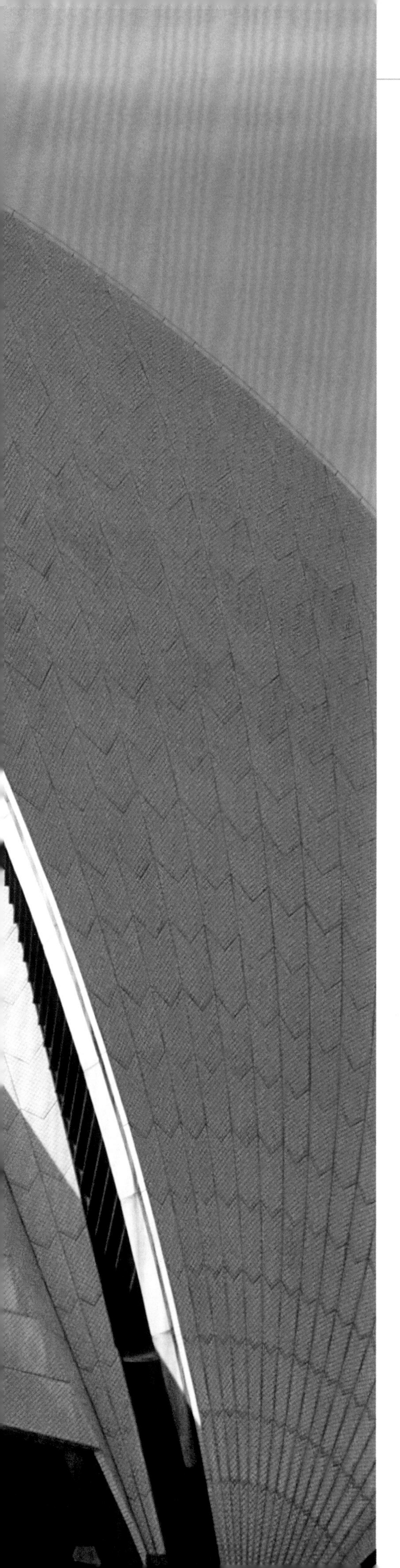

# 悉尼歌剧院

1957—1973年 ■ 歌剧院 ■ 澳大利亚，悉尼

## 约恩·乌松

1956年，澳大利亚新南威尔士政府宣布为悉尼歌剧院的设计进行全球招标。歌剧院选址定在悉尼贝尼朗岬角，这里不仅面对着浩瀚的海洋，而且还能看到著名的海港桥。投标的建筑师众多，而中标者是当时名不见经传的丹麦建筑师约恩·乌松。

在乌松的设计中，一组组雕塑般的白色屋顶贴近地面，依次排列，仿佛迎风张开的快艇的风帆，正准备向远处的大海出发。毫无疑问，这些覆盖着两个主要大厅的造型独特的屋顶为乌松赢得竞标加分不少，但是也存在一个重大问题：乌松的设计只考虑了投标，没有得到结构工程师的帮助，对屋顶的准确形状也没有给出足够的信息。

结果，歌剧院的建设从工程开始就麻烦不断，各种技术难题接踵而至，而且关于建筑设计、预算等方面的争论从未停止。1959年开工时，屋顶的设计方案仍然悬而未决。乌松与奥雅纳工程顾问公司的结构工程师共同努力，最终决定将屋顶处理为一个球体的不同剖面。当混凝土结构最终渐渐成型时，乌松却辞职了，原因是工程转为公共工程部管理，并在管理权方面产生了一些政治纠纷。

乌松离开后，建筑内部被修改为更实际的布局。虽然建筑过程困难重重，但是完工后的悉尼歌剧院最终呈现在人们面前时，精彩绝伦，令人赞叹，如今更是世界级的表演艺术中心。波浪般的屋顶轮廓线不仅是战后建筑的著名标志，而且也是现代化的、充满活力的悉尼市的象征。

### 约恩·乌松

1918—2008年

约恩·乌松出生在丹麦的哥本哈根。事业初期，他为著名瑞典建筑师贡纳尔·阿斯普朗德工作，还曾与极有影响力的芬兰现代主义大师阿尔瓦·阿尔托共同工作了一年。后来，乌松创办了自己的工作室。他在丹麦设计了大量住宅，直至1957年赢得了悉尼竞标。悉尼歌剧院是乌松最著名的作品，但是却因工程复杂、巨额成本超支（可以说是由政客人为确定的低预算引起的）问题争议不断，导致罕有高端客户再委托项目给他。悉尼项目之后，乌松返回欧洲，并设计了令人难忘的哥本哈根的鲍斯韦教堂和科威特的国民议会大楼。在这些作品中，乌松显示出运用混凝土创造雕塑般建筑的天赋。

# 视觉之旅

▲ **外部台阶** 歌剧院的入口十分壮观，位于一段花岗岩阶梯上方，并穿过一道与休息厅相连的外部矮墙。因此，外部台阶高出地面而且服务厅隐藏在台阶下方。

透过玻璃墙，海港美景一览无余

较大的礼堂原本被规划为歌剧舞台，现在被用作音乐厅

歌剧院

服务厅隐藏在音乐厅和休息厅下方

▼ **屋顶瓷砖** “V”形托架上覆盖着上千片白色瓷砖，有些表面上釉，有些是无光处理，两者强烈的对比创造出醒目的光影图案，铺展在雕塑般的屋顶上。

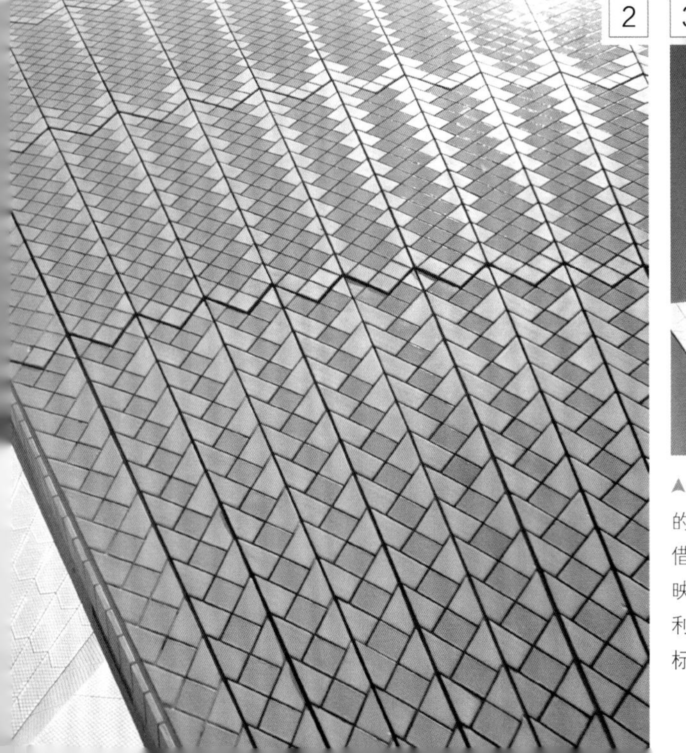

▲ **屋顶外壳** 屋顶的形状受到了帆船风帆的启发——乌松曾是一位机敏的水手。凭借屋顶独特的轮廓——弓形线条在蓝天的映衬下无比优美——悉尼歌剧院成为澳大利亚最容易辨认的建筑，也被赋予了国家标志的地位。

▲ **入口** 参观者穿过一道高耸的玻璃“墙”后，进入歌剧院，展现在面前的是宏伟的双子音乐厅休息室。竖向的钢铁直棂将大片玻璃和窗户直接固定在屋顶的预制混凝土结构上。

1

这个小型结构是歌剧院的餐厅，屋顶是贝壳形

7

▲ **音乐厅内部** 面向舞台的一排排座椅总共可容纳约2700名观众，大厅远处的管风琴原本计划用于歌剧演出。挑高的拱形天花板覆盖着胶合板镶板，座椅靠背则包裹了简洁、优雅的白色桦木饰面。

## 结构

由于乌松的原始投标设计缺乏细节上的考虑，而且招标说明本身也不够具体，因此乌松赢得竞标后又多次修改了设计方案。乌松和工程师们为了完成歌剧院的几何形屋顶，先后尝试了椭圆形、抛物线形等各种造型，最后决定采用球体的截面。另外，从屋顶到地面的衔接也是一个巨大的挑战，乌松在两者之间建起了巨大的玻璃墙，将它称为玻璃“窗帘”。礼堂的内部设计也被乌松修改了若干次，但是最终呈现在人们面前的是乌松辞职后接替他的团队工作的成果。

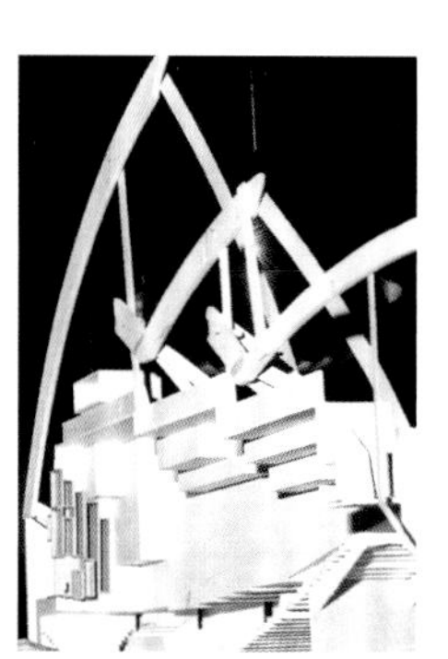

▲ **工作模型** 为了更好地完成设计，如玻璃“窗帘”（左图）和屋顶的结构肋（右图），乌松和工程师团队用硬纸板和木料制作了大量模型。

5

▲ **玻璃屏** 巨大的向上延伸的玻璃天篷遮盖着建筑北端的休息厅和吧台。每扇玻璃屏都由3层夹层玻璃构成，用金属条固定。据说，乌松的设计灵感来自鸟的翅膀。

6

▲ **挂毯** 1993年，乌松受邀指导歌剧院内部的翻新工程。2004年，接待大厅——现在被叫做“乌松大厅”——完工，一条由乌松设计的宽达14米挂毯的全幅大型挂毯悬挂在厅内墙壁上，正对着海港美景，极其壮观。

## 扩展

20世纪早期，很多建筑师意识到了混凝土具备极强的可塑性。一些曲线和其他不规则建筑形状，如果用砖或石是很难实现的，但是用混凝土建成则相对容易许多。20世纪20年代和30年代，表现主义建筑师已经开始利用混凝土的延展性，二战结束后，混凝土被雕刻成各种圆形形状。

除了弯曲的墙体，钢筋混凝土还能被用来建造薄壳状结构，如位于纽约的环球航空中心。这座建筑的设计师是芬兰人埃罗·沙里宁，他也是负责悉尼歌剧院招标的评委之一。约恩·乌松创造的混凝土壳状结构极具表现力，无愧为一代建筑大师。

▲ **环球航空中心，纽约，1962年** 埃罗·沙里宁设计的伸展的翼状屋顶构成显著的飞行象征。这座混凝土建筑的内部也充满了流动感。

# 巴西利亚大教堂

完工于1970年 ■ 大教堂 ■ 巴西，巴西利亚

## 奥斯卡·尼迈耶

20世纪50年代，巴西在国家的中部从一砖一瓦开始建造新首都——巴西利亚。新城的首席规划师是卢西奥·科斯塔，首席建筑师是奥斯卡·尼迈耶，他不仅负责设计了大量政府建筑，而且修建了城市中心的大教堂。尼迈耶擅长使用混凝土实现气势恢宏的雕塑造型，巴西利亚大教堂就是这类杰作。

大教堂以16根完全一致的混凝土圆柱为基础，每根圆柱重达90吨，呈流动的双曲线形态，从地面延伸到建筑顶部。圆柱向上升起，在约三分之二处集中在一起，然后向上并向外延伸，形成皇冠状的屋顶，上方还有一个简单的十字架。

圆柱之间的空间几乎全部装设了玻璃，从外部看来，混凝土材质与中性玻璃的对比非常显眼，创造出现代建筑史上最具戏剧性的形式之一。由于建筑外部玻璃面积巨大，室内光线十分充沛。挺拔的圆柱将人们的目光引向上方，而蓝色、绿色和棕色等彩色玻璃形成螺旋形图案，在教堂内部一端的主圣坛处聚合，二者形成强烈的视觉对比效果。室内面积巨大，能够同时容纳4000名信徒。

这座令人敬畏的大教堂充满象征主义意义，高耸的圆柱指向天空，暗指通向天堂，而内部则是基督教之光的三维化象征。但是这座建筑也存在一些实际问题。如通风不足，音响效果也有缺陷——这些问题正在处理中。尽管如此，这座教堂仍不失为一个令人叹为观止的设计，并且帮助他获得了极具权威的普利兹克奖（1988年），在颁奖词中，他的建筑被称赞为浓缩了“祖国巴西的感性意象的颜色和光线”。

**奥斯卡·尼迈耶**

生于1907年

百岁老人奥斯卡·尼迈耶生于里约热内卢，获得建筑师资格后，为巴西建筑师和规划师西奥·科斯塔工作。与科斯塔合作，他设计了巴西教育和公共健康部的新总部大楼（勒·柯布西埃担任项目顾问）。后来，尼迈耶独立完成了一些项目，如贝洛奥里藏特的阿西西圣方济教堂，并渐渐形成善用曲线造型的风格。20世纪40年代后期，他参与了纽约的新联合国总部设计项目，确立了自己的世界著名建筑师地位。进入50年代，他开始投身到巴西利亚的建设中。因为尼迈耶是一位坚定的共产党员，20世纪60年代他被驱逐出巴西，后来辗转欧洲和北非工作，80年代重返巴西。2007年，100岁高龄的尼迈耶仍然活跃在各种建筑和雕塑项目中，他是现代建筑师中职业生涯最长的一位。

# 视觉之旅

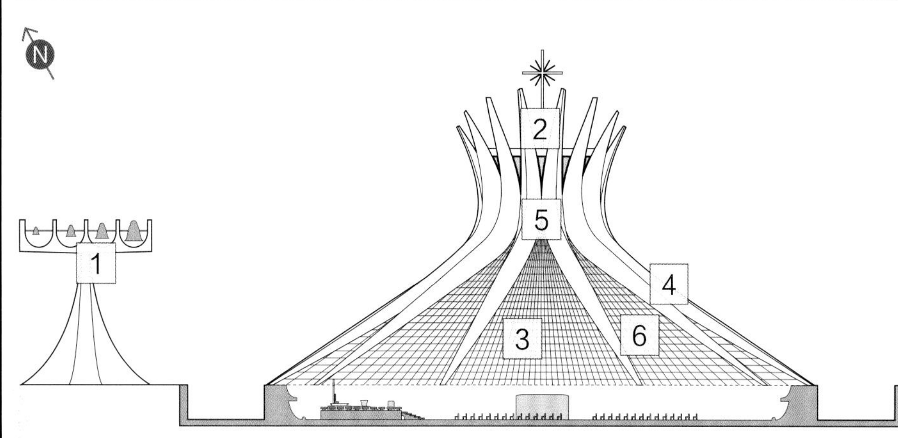


▶ **钟楼** 一些欧洲的中世纪和文艺复兴教堂中钟楼是分离式的，巴西利亚大教堂也是如此，其钟楼是一座距离主建筑几米开外的独立结构。钟楼主结构与大教堂本身造型相似，也是单独的锥形混凝土结构，越高处越细，直到顶端集中成一点。顶端支撑着一条水平横梁，分为4个部分，装设着西班牙捐赠的鸣钟。

▲ **大教堂屋顶** 支撑建筑的16根混凝土柱子在顶点处合拢并向外延伸，并且托起一块混凝土圆盘，构成房顶的中央部分。放射状的柱子尖端像是一顶非写实的皇冠，有时也被比作伸开的手指，试图向上触到天堂。

▶ **内部** 建筑内部只有一个宽阔的空间，直径约70米，高75米。混凝土柱是这座建筑的突出建筑特点，虽然柱子的体积和重量都十分庞大，但是由于它们从下到上逐渐变细的结构，显得十分轻巧精致。透过混凝土之间的大面积透明玻璃，站在教堂内部的参观者可以仰视外部柱子向上的曲线造型。

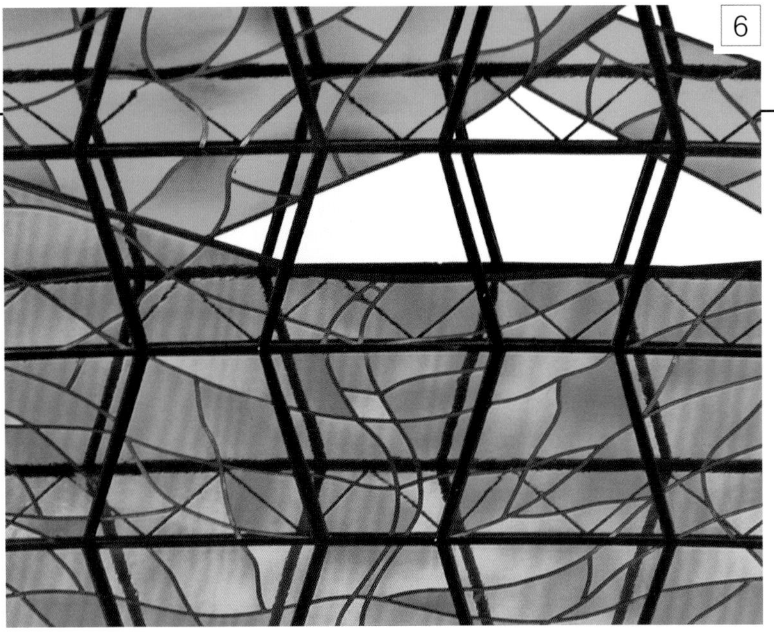

◀ **彩色玻璃** 尼迈耶用彩色玻璃填充混凝土柱子之间细长的三角形部分，是大教堂的主要元素。这些玻璃由法裔巴西艺术家玛芮安妮·佩勒蒂设计，她曾与尼迈耶多次合作。不规则的玻璃片与深色玻璃格条构成的几何形状形成强烈的对比。

▼ **天使** 悬挂在钢索上的一组天使雕塑飞翔在中央天花板圆盘下方，最大的一个长达 4.25 米，但是由于悬浮在空旷的半空中，看起来似乎更小一些。这些天使是雕塑家阿尔弗雷多·塞奇亚蒂和但丁·克罗齐的作品，安装于 1970 年。

◀ **主圣坛** 这座简洁的白色圣坛是由教皇保罗六世捐赠的。教堂建设时，正值教堂改革礼拜仪式，所以主圣坛的摆放方式也变得更加“民主”，使得牧师和礼拜者距离更近。虽然新的安置方式在巴西利亚大教堂这样的圆形空间中似乎略见成效，但是神职人员认为传统的布局，也就是将圣坛摆放在教堂一端或边缘，更能方便牧师与礼拜者在整个集会活动中的交流。

## 扩展

巴西利亚的规划开始于 1956 年，到 1960 年，正式成为巴西的新首都。尼迈耶对这座城市的贡献巨大，他设计了大部分主要建筑，包括巴西国会大厦、总统府、众议院大厦、司法宫和国家大剧院。这些建筑大量使用了混凝土和玻璃，属于现代主义风格。尼迈耶的很多建筑都具有雕塑般的美感，表现出建筑师对混凝土的钟爱，他用混凝土建成各种曲线，有些与之前的现代主义建筑大相径庭。比如，国会大厦中就能看到两个曲线结构，即参议院的穹隆和众议院的餐厅，而穿插在其中的办公楼则更加传统。总统府和最高法院是四四方方的，但是其中的柱子却是曲线形态，而且越往高处越细。国家博物馆的穹隆采用的是白色混凝土材质。尼迈耶称得上是巴西利亚伟大的建筑雕刻家。

▲ **巴西国会大厦** 巴西国会大厦堪称尼迈耶最著名的作品之一，建筑的穹隆和碟形曲线相互平衡、互补，两个立法机构的作用也理应如此。

PORTE
BOON

# 蓬皮杜中心

1971—1977年 ■ 艺术中心 ■ 法国，巴黎

## 理查德·罗杰斯　伦佐·皮亚诺

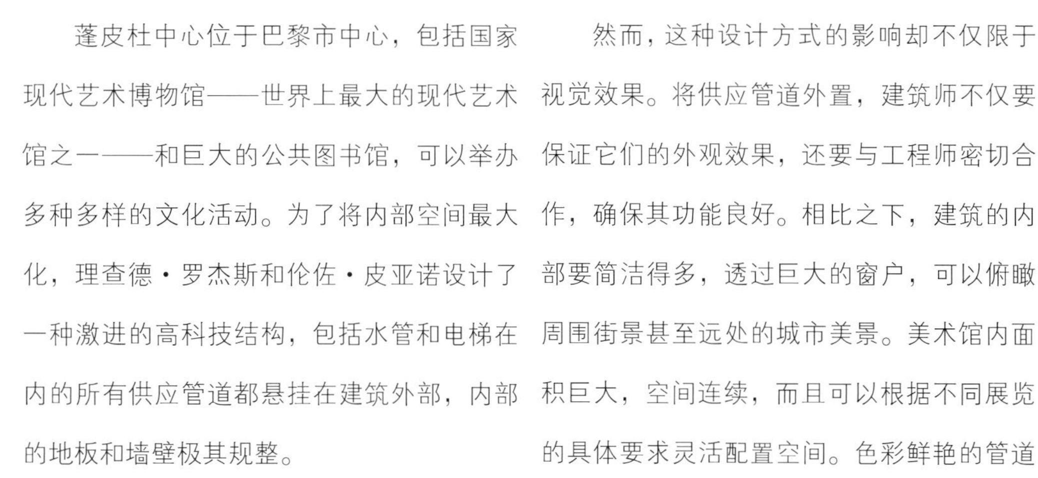

蓬皮杜中心位于巴黎市中心，包括国家现代艺术博物馆——世界上最大的现代艺术馆之一——和巨大的公共图书馆，可以举办多种多样的文化活动。为了将内部空间最大化，理查德·罗杰斯和伦佐·皮亚诺设计了一种激进的高科技结构，包括水管和电梯在内的所有供应管道都悬挂在建筑外部，内部的地板和墙壁极其规整。

整座建筑从内而外都极具视觉冲击力。与一般的大型艺术馆不同，蓬皮杜中心没有宏伟壮观、干净无瑕的外立面，反而更像巨大的机器或工厂，垂直、水平和斜向的钢支柱构成外部结构网格，装饰着五颜六色的管道和箱体。建筑的背立面挂满了各种供应管道，而正面钢网格则更加整齐，分段上升的电梯外包裹着光滑的管道，方便参观者欣赏下方熙熙攘攘的广场景色。

然而，这种设计方式的影响却不仅限于视觉效果。将供应管道外置，建筑师不仅要保证它们的外观效果，还要与工程师密切合作，确保其功能良好。相比之下，建筑的内部要简洁得多，透过巨大的窗户，可以俯瞰周围街景甚至远处的城市美景。美术馆内面积巨大，空间连续，而且可以根据不同展览的具体要求灵活配置空间。色彩鲜艳的管道网络在天花板上延续，创造出与建筑外部的强烈视觉连接效果。蓬皮杜中心是巴黎最受欢迎的景点之一，从内到外都充满活力。

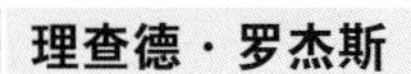

### 理查德·罗杰斯

生于1933年

理查德·罗杰斯生于意大利，曾在伦敦和耶鲁大学学习。在耶鲁大学时，他与诺曼·福斯特相识。福斯特、罗杰斯和他们各自的妻子苏·布伦威尔和温迪·奇斯曼组成四人小组事务所，着手设计高科技结构。1967 年，罗杰斯离开了这个事务所并与意大利建筑师伦佐·皮亚诺合作完成了蓬皮杜中心，这座建筑的成功令两人蜚名国际。在随后的职业生涯中，罗杰斯的作品遍布全球，包括大量高层建筑，如位于斯特拉斯堡的欧洲人权法庭和纽约世贸大厦的部分重建工作。目前，他的罗杰斯建筑事务所已参与了若干地标式建筑项目，包括马德里的巴拉哈斯机场和波尔多法庭。罗杰斯曾获得普利兹克奖，不仅在城市化领域著述颇丰，而且在欧洲城市规划方面也具有影响力。

# 视觉之旅

▲ **外部管道** 建筑的后墙是各种供应管道最为集中的部分，沿着建筑钢构架的内外延伸。这些管道通过颜色分类：绿色是水管；蓝色是气候控制系统管道；黄色是电气设备；红色的是交通运输设备。虽然部分管道后来换了颜色，但是这些形态曲折的管道仍然为城市风景添加了一道亮丽的色彩。

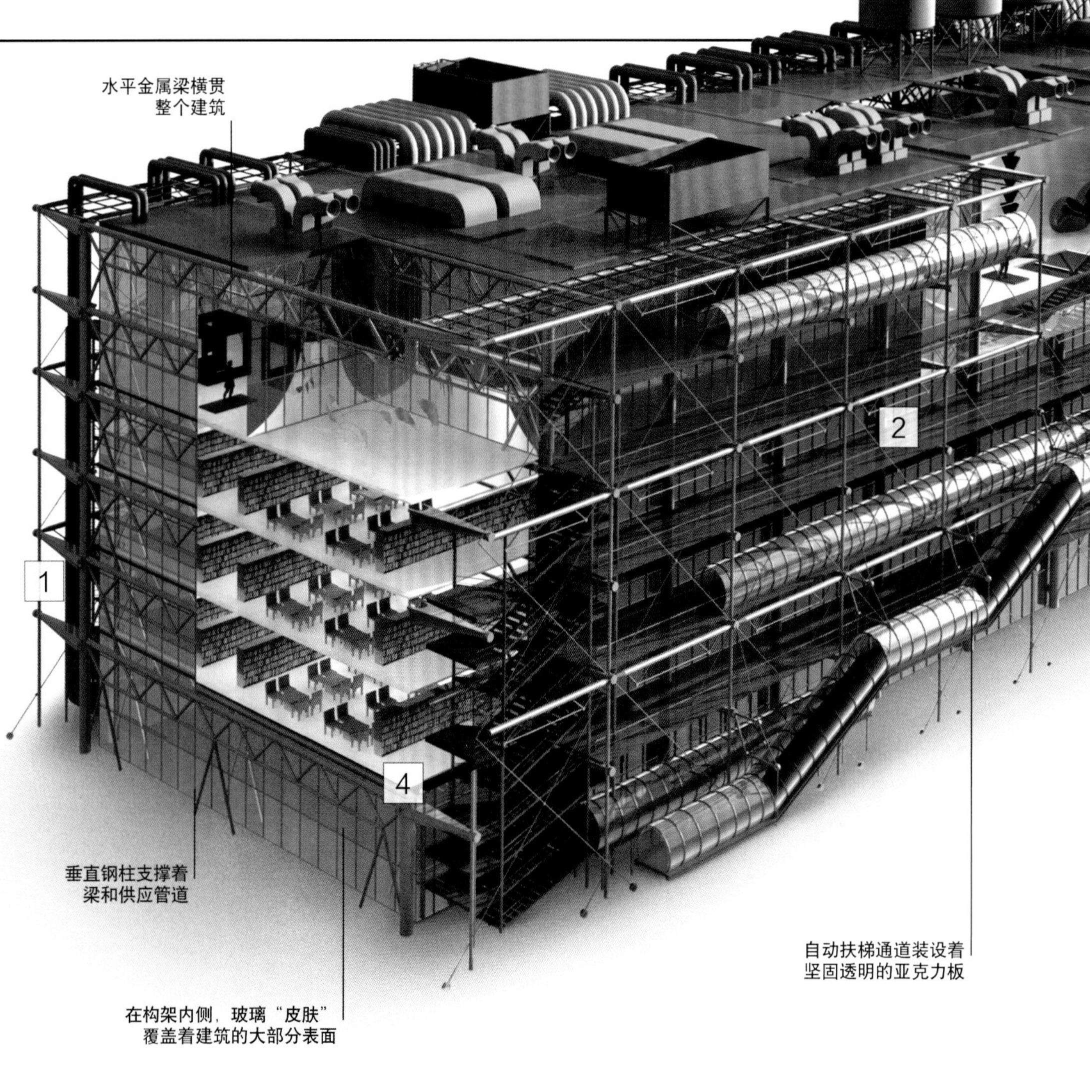

▲ **外部框架** 钢柱向上延伸，贯穿整个建筑，支撑着横梁和斜撑木网络，还有部分钢柱与疏散楼梯整合在一起。整个体系表面看来像脚手架一样简单，而实际上对框架的结构要求要严格得多。这座建筑之所以能够取得成功，与技艺高超的工程师团队的努力是分不开的。

▲ **自动扶梯通道** 一条细长的透明通道突出于主立面钢构架之外，构成强烈的视觉效果，是蓬皮杜中心最引人注目的特色之一。封闭在其中的电梯极其平缓地向上延伸，并且在每层楼间停靠。每段楼梯底部的管道上升部分的红色外饰面清晰可见。

▶ **内部空间** 面积巨大的窗户沿立面依次排开，挑高的展览区非常宽敞明亮，光线充沛。同外部处理一样，建筑内部的大部分结构也是暴露在外的。白色的横梁与天花板上的斜梁相连，构成建筑的主要结构梁，支撑着上层楼板，而且穿过玻璃墙与外部立柱连接。蓝色的管道网络属于建筑的气候控制体系。

### 扩展

罗杰斯和皮亚诺在设计蓬皮杜中心时所采用的高科技手法成型于20世纪70年代，由罗杰斯和诺曼·福斯特为代表的一批建筑师引领，他们对科技、材料和结构非常痴迷，希望在设计时将这些元素以直白的方式表现出来。于是，他们建造的高技派建筑往往将结构暴露在外——一般是质量较轻，由于钢材的适应性强和易组装等优点，有时也会选用钢构架。高技派建筑的另一个关键方面是外部饰面，如图中看到的罗杰斯设计的劳埃德大厦，建筑表面极端光滑洁净——玻璃和抛光钢材是最受欢迎的材料。

▲ **劳埃德大厦，英国，伦敦，1978—1984 年**

◀ **结构框架** 如何将结构部件悬挂在立柱上，成为困扰工程师们的难题之一。他们设计出被称为“格巴雷特梁”的一种短小的横向铸件，中间部分膨胀，与立柱相连。格巴雷特梁右端连接是支撑屋顶和楼板的主结构梁之一，左端连接的是支撑自动扶梯的梁和杆。

▲ **通道内部** 自动扶梯的通道由透明的亚克力板构成，与普通内部自动扶梯和升降设备不同，置身其中的游客可以体验到奇妙的视觉感受。在通道一侧，可以近距离观察建筑本身；而在另一侧则可以欣赏到邻居的广场和街景。行进到高处，甚至可以将整个巴黎的屋顶和教堂尖顶的景色收入眼底。这条透明的通道反射出天空变幻的色彩，使得整座建筑更加美丽。

# 加拿大国家美术馆

1988年 ■ 美术馆 ■ 加拿大，渥太华

## 摩西·赛弗迪

加拿大国家美术馆的设计手法与大多数美术馆截然不同。这座建筑不仅要求容纳国家级的艺术收藏、图书和档案，而且也需要为一些特殊活动提供高档次的设施。为了达到这一设计要求，赛弗迪选用了花岗岩和玻璃等建材，几何图形般的线条硬朗洗练，水晶造型的展览馆闪闪发光，容纳着一系列宽敞的陈列室，为绘画和雕塑等艺术作品创造了最佳的展览条件。转角处的展览馆中内部空间巨大，光线充足，而且各间陈列室、社交集会场所和与之相连的各条走廊也都十分明亮。

雄伟的国家美术馆与周围环境完美地融合在一起，不仅临近渥太华河，而且可以欣赏到哥特式国会大厦的美景。美术馆的玻璃天窗屋顶与国会山的塔楼相映成趣，而且大胆的大教堂般的规模也令建筑更加壮观。

### 摩西·赛弗迪

生于1938年

摩西·赛弗迪生于海法市（当时属于巴勒斯坦），15 岁时移居加拿大并在麦吉尔大学攻读建筑学。赛弗迪的成名作是他为 1967 年蒙特利尔世界博览会而设计的“栖息地 67”，一个以三维预制单元为基础的住宅开发区。这个开拓性的项目实际上是基于赛弗迪学生时代的一件作品，该项目使其在北美地区名声大噪。在漫长的职业生涯中，赛弗迪的作品主要集中在加拿大，包括渥太华市政厅、温哥华图书馆广场，以及大量博物馆和大学综合体。他的作品以精巧的几何图形和创新的玻璃和光线运用而著称。

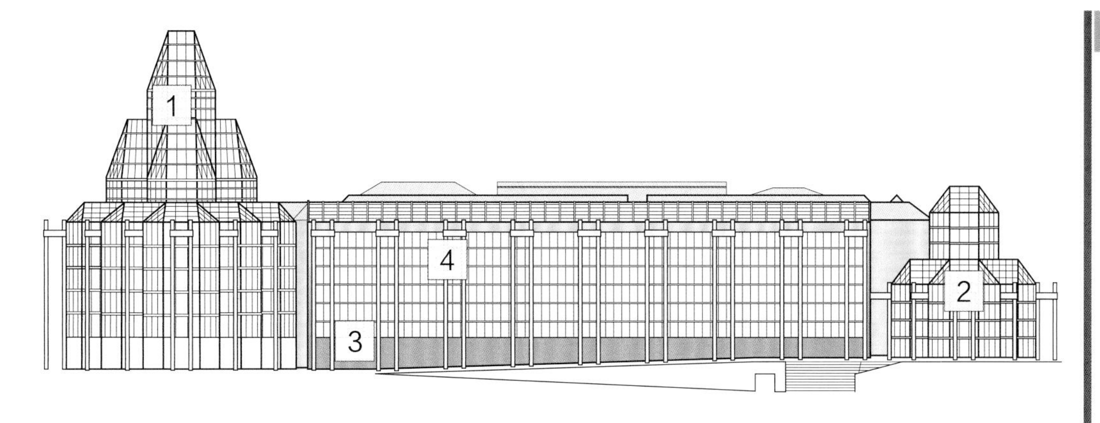

◀ **玻璃天窗** 美术馆一般是内向型结构，从简单的外墙中无法判断内部的精彩。但是赛弗迪采用了完全不同的设计手法，他大量使用玻璃并且建造了地标式的大厅，其玻璃屋顶远远高出花岗岩和玻璃建造的围墙。这间宽敞的大厅不仅是美术馆的入口，而且也是进行特殊活动的场所。华灯初上的晚上，这个多边形的玻璃屋顶如灯塔般光彩夺目。

**扩展**

摩西·赛弗迪设计的"栖息地 67"为将郊区住宅的私密性和公共绿地引入高密度的、价格实惠的城市公寓提供了一种思路。在赛弗迪的天才设计中，他将 354 个立方体式的预制单元堆叠并连接在一起，貌似随意的连接方式实际上创造出了高度组织性的 148 个不同大小的独立公寓。每座住宅都有自己私密的阳台，并且通过走道和公共广场相互连接。

这个综合体位于蒙特利尔老港口附近的花园中，是当地的醒目地标。按照赛弗迪的原计划，项目的规模要比现在大得多，即便如此，现有的"栖息地 67"已经足够令人赞叹。

▲ **栖息地 67** 积木式的结构和优美的景观使得这个综合体的整体效果更加柔和，不像很多其他 20 世纪 60 年代住宅方案一样巨大、平庸和严肃。

▲ **入口展览馆** 美术馆的入口位于建筑的一角，气势磅礴，屋顶和部分墙壁用玻璃制成，吸引着各地游客。水晶般的屋顶呈现出复杂的几何图案，十分引人注目，而玻璃墙的运用不仅模糊了建筑内部和外部的界线，而且使得室内光线更加充沛。

▲ **室内柱廊** 从入口进入后，游客们需走过这条狭长的高耸的通道。不断上升的花岗岩柱子和玻璃坡屋顶营造出大教堂中殿一般的氛围。同时地面有轻微的坡度，游客们走过这条渐渐上升的坡道并到达远端的大厅，其间不由得会产生一种期待感。

▲ **展览空间** 建筑师对光线的纯熟运用是这座建筑的一大特色。通过建造天窗和镜面竖井，赛弗迪将自然光线引入室内。在部分房间中还修建了极富特色的曲面天花板。天花板被漆成白色，将光线反射到绘画作品上，便于游客欣赏每个细节。

# 古根海姆博物馆

1997年 ■ 博物馆 ■ 西班牙，毕尔巴鄂

## 弗兰克·盖里

位于毕尔巴鄂的古根海姆博物馆是近几十年来最著名的建筑之一，其波浪形的造型，闪闪发光的表面令人印象深刻。建筑的设计者是大师弗兰克·盖里，他的工作室位于美国加利福尼亚州。在他的坚持下，该博物馆被建在城市中破旧的港口区域，而非原计划的市区地带。受到闪着微光的鱼鳞片的启发，他创造出一种全新的建筑形式，即混合使用笔直的包石材的墙壁和弯曲的钛金属外饰面的钢构架。表面看来，这些结构体似乎是被随意堆砌的，甚至摇摇欲坠，令人目眩。这样惊人的结构是盖里无边无际的想象力和他的团队对计算机辅助设计技术娴熟运用的结晶。这些大胆的圆形结构体反射着太阳的光芒，而结构之间的缝隙和褶皱则投下迷人的阴影，创造出饶有兴味的效果。

建筑的内部设计也极为精彩。通高的中庭与 3 间形状独特的画廊

相连——一间是梯形、一间是“L”形、另一间是狭长的船形。上层的画廊则更加中规中矩。由此，各式空间的完美结合成为古根海姆多种多样的现代艺术藏品的绝佳展览场所。

由于古根海姆博物馆的造型如同一系列碎片的组合，同时其非线性几何图案形成强烈的视觉冲击力，有些设计评论家将其列为解构主义建筑的典范。解构主义作为一种建筑风格流行于 20 世纪 80 年代后期。然而盖里却不认可这种归类，并反驳称自己的建筑自成一体，是想象力的产物。古根海姆博物馆原本希望每年可以吸引 50 万人次参观，这本已是一个雄心勃勃的目标，而实际上达到了原计划的两倍，人流非常可观。毕尔巴鄂市从博物馆的赢利中获利颇丰，并用这些收入重建了海港区，这是城市改造的成功，也是一座建筑的成功。

**弗兰克·盖里**

生于1929年

弗兰克·盖里出生在加拿大多伦多，在赴南加州学习建筑之前，他曾尝试过很多不同职业。他的第一个出名的设计作品不是建筑，而是用硬纸板制作的一组家具。凭借在美国圣塔莫妮卡为自己设计的住宅，盖里在建筑界闯出了名声。在这件作品中，他结合使用了波纹金属、钢丝网围栏、外露的框架和其他各种材料，建筑整体非常抓人眼球，也有人感到十分困惑。这所住宅不仅给盖里带来了知名度，也使他获得了大量佣金，于是他开始着手进行大胆革新的新形式实验，并常常有大规模作品问世。盖里创造出了大量地标性建筑，如德国魏尔的维特拉设计博物馆；位于加州威尼斯海岸的“Chiat/Day Building”，其外形酷似双筒望远镜；位于美国明尼阿波利斯市的弗雷德里克·魏斯曼艺术博物馆，采用了与古根海姆博物馆相似的多层面闪光立面。在长达 50 余年的职业生涯中，盖里不断突破着建筑的界限，创造出了一个又一个革命性的建筑造型和形式。

# 视觉之旅

▼ **水景园和天篷** 古根海姆博物馆特意选址在毕尔巴鄂的码头附近，为了使整个建筑更加亲水，盖里在紧挨着博物馆外墙的位置设计了一座水景园，同时将天篷外延到水面之上，使得建筑与周围水景更加和谐。波光粼粼的水面倒映出博物馆复杂的表面，进一步提升了钛金属外饰面的闪光效果。

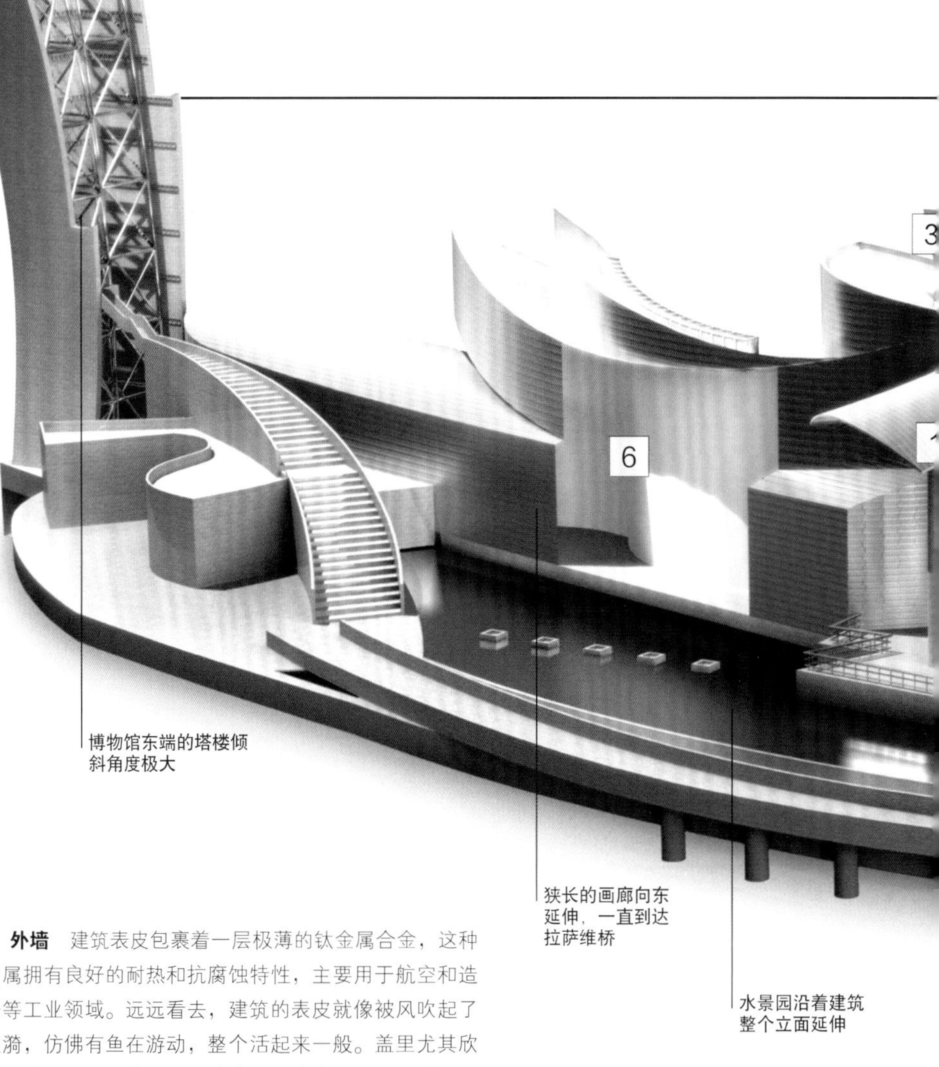


▼ **外墙** 建筑表皮包裹着一层极薄的钛金属合金，这种金属拥有良好的耐热和抗腐蚀特性，主要用于航空和造船等工业领域。远远看去，建筑的表皮就像被风吹起了涟漪，仿佛有鱼在游动，整个活起来一般。盖里尤其欣赏钛金属的反光效果——在建筑的表皮上，可以看到天空的颜色由蓝变灰，还有日升日落的绚丽光彩。

▲ **外饰面和窗户** 将截然不同的材料和特点鲜明的几何形状巧妙并置是古根海姆博物馆的一大艺术特色。在整个建筑造型中，流动的曲线占据主导地位。图片中，曲线经过一扇窗户时先上扬后下沉，而窗户的直线框架也形成了奇特的角度。人们在游览时总是能不断发现惊喜，比如明亮的建筑表皮与深沉神秘的阴影的奇妙交错，每一条曲线都吸引着人们不断探索的好奇心。

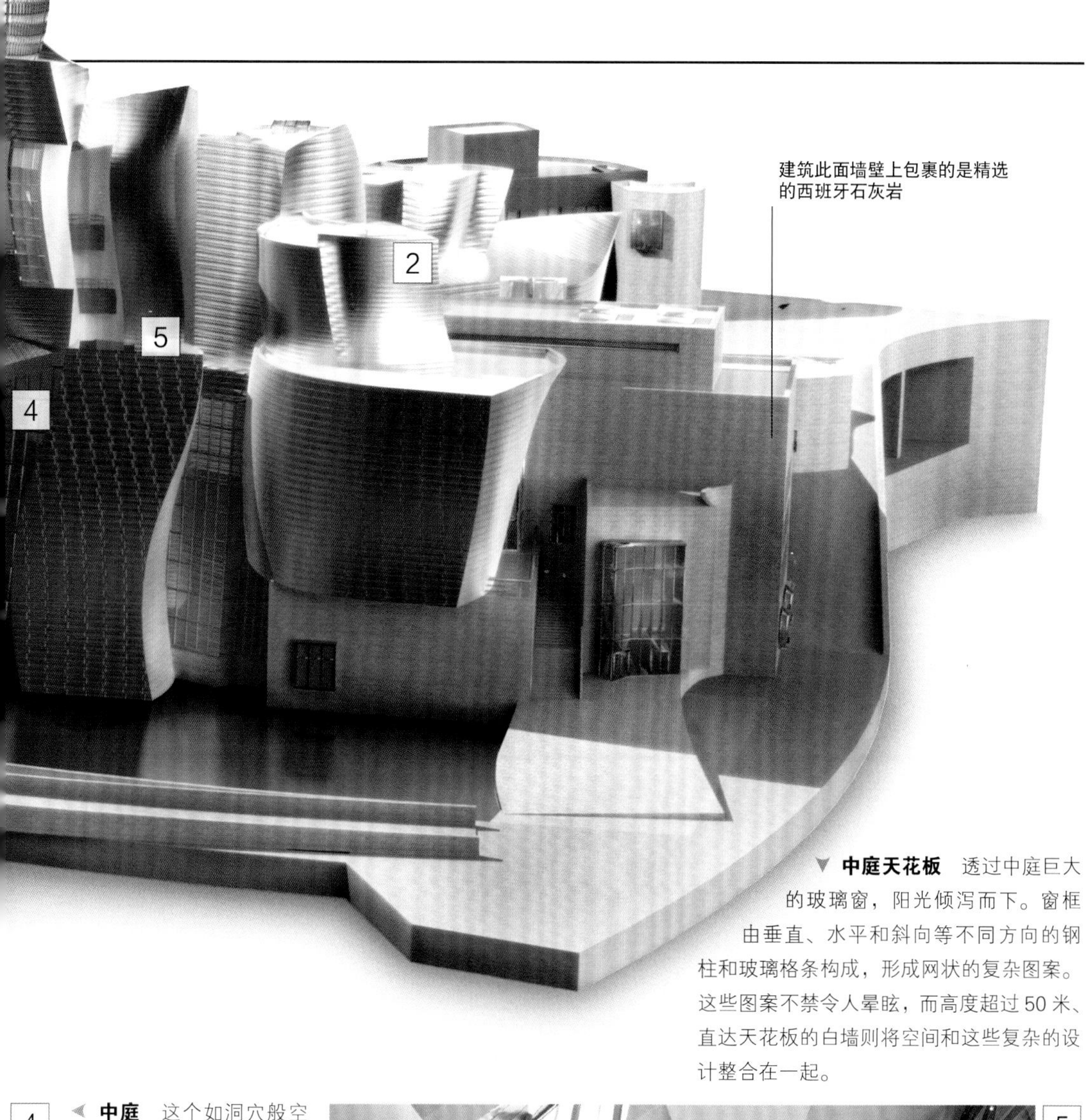


▼ **中庭天花板** 透过中庭巨大的玻璃窗，阳光倾泻而下。窗框由垂直、水平和斜向等不同方向的钢柱和玻璃格条构成，形成网状的复杂图案。这些图案不禁令人晕眩，而高度超过50米、直达天花板的白墙则将空间和这些复杂的设计整合在一起。

**扩展**

将运动感注入建筑是盖里钟爱的设计手法，位于捷克共和国首都布拉格的尼德兰大厦就是这样的杰作。这座建筑被人昵称为"跳舞的房子"或者"金吉和弗雷德大厦"，因为它的造型就像正在跳舞的弗雷德·阿斯泰尔（圆形角楼）和金吉·罗杰斯（左侧尖端较细的玻璃建筑）。右侧立面上的窗户与附近19世纪公寓楼的窗户相呼应，但是却并不整齐，看起来仿佛正在运动。

▲ **跳舞的房子** 曲线造型的建筑仿佛正在跳舞，并且一路舞动到附近的伏尔塔瓦河。

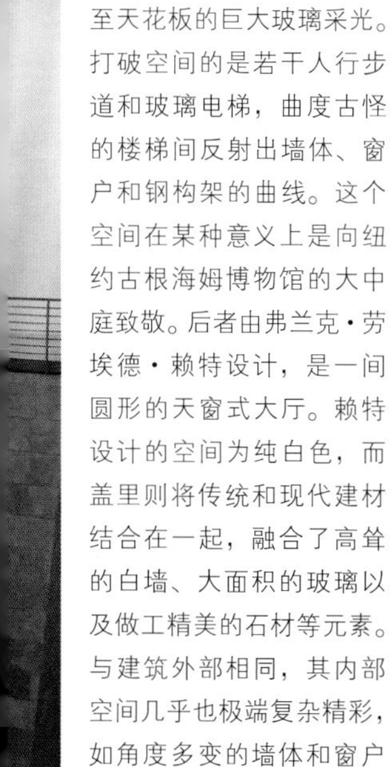


◀ **中庭** 这个如洞穴般空旷的空间通过由地面贯穿至天花板的巨大玻璃采光。打破空间的是若干人行步道和玻璃电梯，曲度古怪的楼梯间反射出墙体、窗户和钢构架的曲线。这个空间在某种意义上是向纽约古根海姆博物馆的大中庭致敬。后者由弗兰克·劳埃德·赖特设计，是一间圆形的天窗式大厅。赖特设计的空间为纯白色，而盖里则将传统和现代建材结合在一起，融合了高耸的白墙、大面积的玻璃以及做工精美的石材等元素。与建筑外部相同，其内部空间几乎也极端复杂精彩，如角度多变的墙体和窗户布局。

▲ **展览空间** 博物馆中一共有大约20间画廊，其中最大、也最惊人的1间位于底层，长约130米、宽约30米，从中庭一直延伸到附近的桥梁。虽然建筑本身的设计十分大胆惊人，但是并没有分散人们对展品的注意力，从窗户中甚至能瞥见毕尔巴鄂的城市景色，使得展品与环境相结合而显得更加完整。

# 让－马里·吉巴乌文化中心

1991—1998年 ■ 博物馆 ■ 努美阿，新喀里多尼亚，南太平洋

## 伦佐·皮亚诺

在新喀里多尼亚主岛——大陆地岛上的密林中，屹立着十座由竖直的弧形木板建成的高大壳状结构，这片引人注目的综合体就是让－马里·吉巴乌文化中心，这里集中展示了当地土著卡纳克人的文化，并以卡纳克独立运动领袖让－马里·吉巴乌（1989年被暗杀）命名。

意大利建筑师伦佐·皮亚诺赢得竞标后，获得了设计这座文化中心的机会，他创造的这些结构常被称为棚屋，即法语 cases。皮亚诺将当地建筑传统与现代材料和技术融合在一起，建造出与苍翠繁茂的环境完美融合的壳状棚屋，反映了独特的卡纳克文化。同时，这些结构坚固无比，足以承受南太平洋地区的恶劣气候，特别是常常造访该岛的猛烈热带飓风。通过与当地人民大量交流，皮亚诺深入了解了他们的民族文化，受到启发并设计出了与建筑选址极其契合的三组荚状结构，这些结构沿着一道草木丛生的山脊一字排开，每一组荚状结构都有与后方建筑相连的房间，具备特殊功能，而且其中一座荚状结构尤其高大突出，令人联想起卡纳克首领的大屋。

第一组结构中包括展览厅与礼堂；第二组包括多媒体图书馆和会议场地；第三组为创新艺术家提供了工作室，还有供儿童学习卡纳克艺术的教育中心。所有活动空间都经过精心设计，明亮、舒适，令人愉悦。每个“豆荚”上都安装了可调节的木制百叶窗，能够过滤气流和光线，利于建筑内空气流通，保持室内凉爽。

### 伦佐·皮亚诺

生于1937年

伦佐·皮亚诺出生在意大利的热那亚，在米兰学习建筑，后来加入了美国建筑大师路易·康的团队。1971年，皮亚诺与英国建筑师理查德·罗杰斯合作，最出名的作品是巴黎的蓬皮杜中心（见第216—219页）。除此之外，他们还共同设计了其他若干创意建筑，如意大利科摩的意大利家具公司B&B的总部大楼。1981年，皮亚诺独立创业，成立了“伦佐·皮亚诺建筑工作室”，在巴黎、纽约和家乡热那亚都设立了办公室。皮亚诺的作品涉猎范围极广，从地标性的博物馆、美术馆到大型城市高楼，如伦敦的碎片大厦，以及巨型交通设施，包括日本的关西国际机场。皮亚诺向来勇于尝试新技术，同时十分注重建筑与周遭环境的结合。

# 视觉之旅

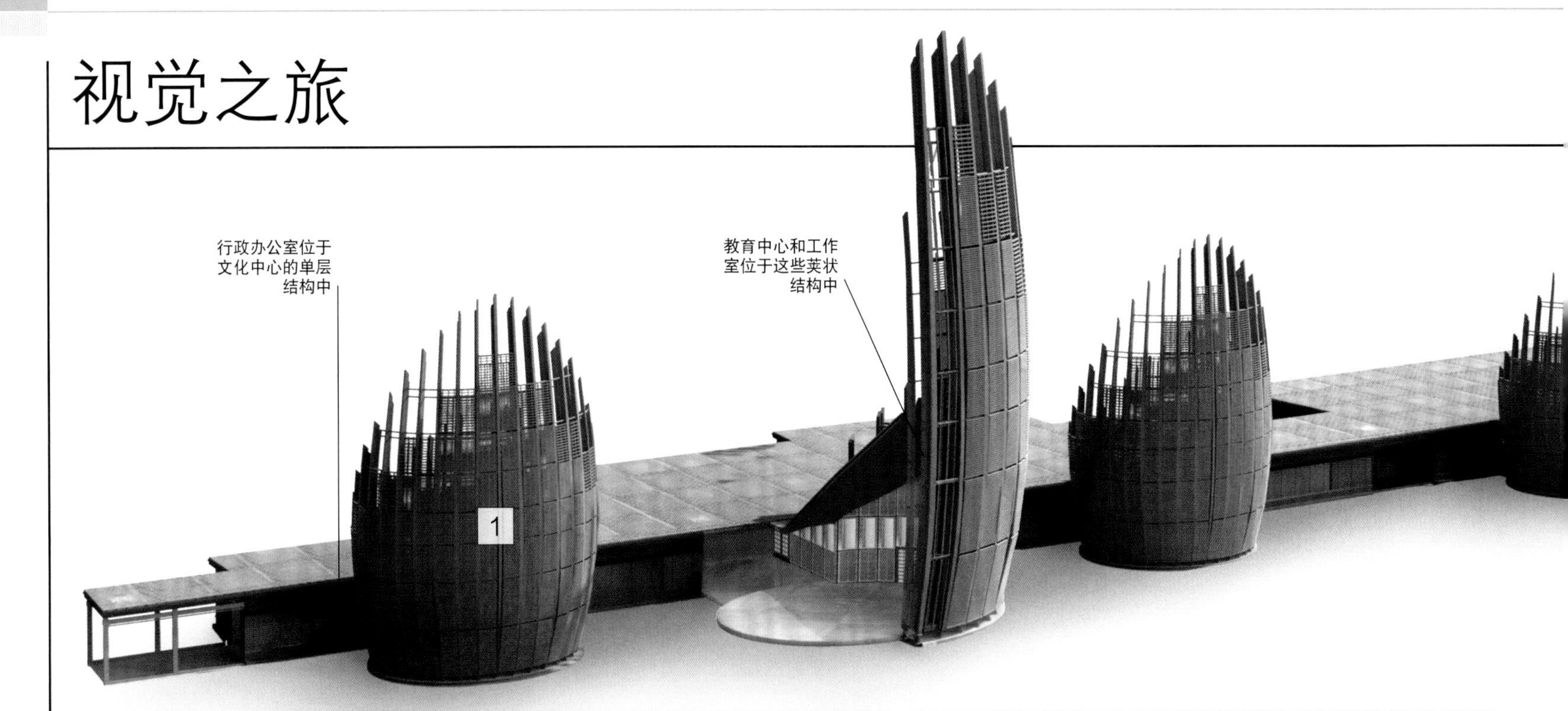

▲ **贝壳后方** 在高耸而弯曲的贝壳后方，各间办公室、礼堂和其他房间——铺展开来，尽管其中少量房间为侧边敞开式，但是文化中心的这个部分还是属于相当传统的结构，均为平屋顶、单层结构，部分房间甚至建在地下，以尽量减少视觉冲击力。从某些角度观看，甚至完全看不见这些低层建筑，扑面而来的都是高大的“贝壳”和郁郁葱葱的树木。这些绿树生长在建筑周围，有些甚至深入到了开放式的建筑侧面，使得整座文化中心与所处周边环境完全整合在一起。

◀ **豆荚** 每个豆荚状结构的外墙都主要是由横向拉伸的木制百叶窗构成，支撑着一条条百叶的是垂直的绿柄桑木肋。这些木肋平行并立，高出百叶窗，使得建筑轮廓呈现出独特的羽毛形状。竖向木肋间的间距完全相同，但是百叶窗之间的空间却由于其高度不同而有所差异。部分百叶窗是可调节的，通过调整木条间的缝隙距离能够控制建筑内外的空气流通。

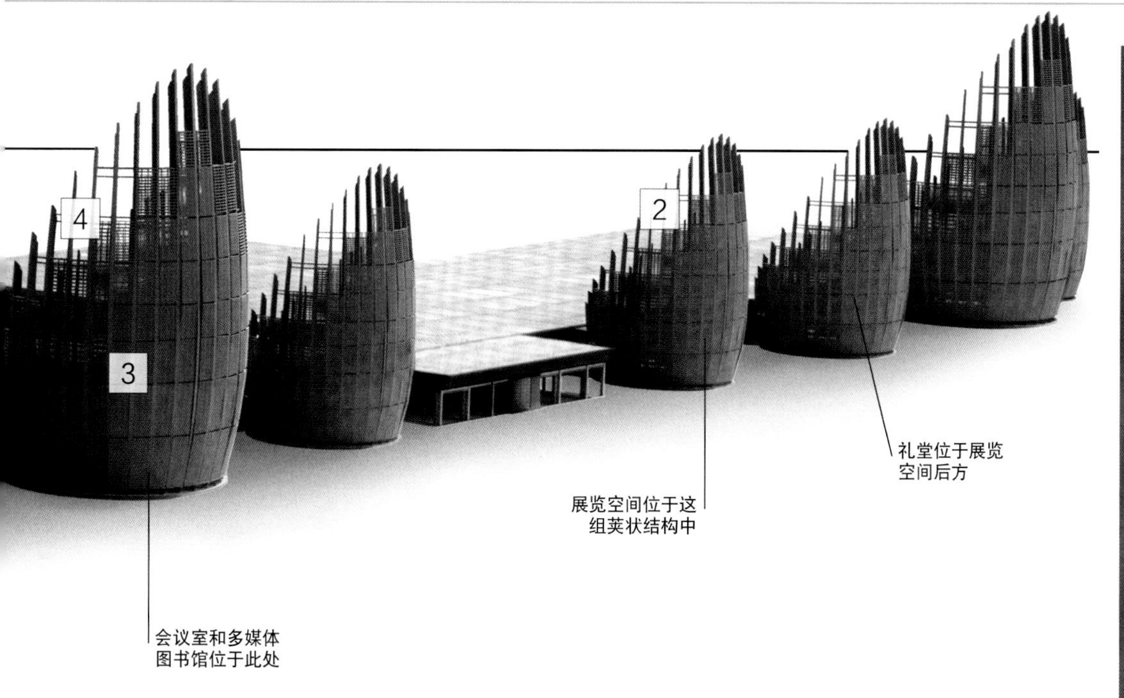

▲ **图书馆** 展览空间、教育中心和多媒体图书馆（上图）都位于巨大的荚状结构里。图书馆是关于卡纳克民族和文化的资料中心，整个空间高耸、壮观，屋顶倾斜而下，另外还有特制的弯曲书桌，围绕着整个图书馆，并且与外部“贝壳”平行。“贝壳”上镶嵌着一系列标准化部件——底部的储物架及其上方的玻璃和木镶板。嵌入的天井与荚状结构相连，覆盖着穿孔铝板屋顶，帮助图书馆内部采光和通风。

▲ **气候控制** 可调节的百叶窗排列在荚状结构的弯曲表面上，在正常气候条件下是开启的，主导信风可以直接穿过百叶——可以根据风力大小调整百叶角度。气流被导入房间和展览区域后，有利于保持令人舒适的凉爽气候，但是这些空间中也安装了空气调节系统，在酷热条件下可以降温。

## 扩展

卡纳克人的传统棚屋是圆形的，屋顶用茅草搭建。其中最高的叫做“大屋”，供地位高的族人居住。大屋的锥形屋顶极高，而且装饰着雕刻的尖顶饰。在一个传统村落中，大屋只有一间，而其他的棚屋规模都更小。虽然说文化中心的荚状结构不能算是严格的翻版传统卡纳克建筑，但是无论在风格还是造型方面都模仿了“卡纳克村”的设置。在让－马里·吉巴乌文化中心的每一组荚状结构中，都包括一个高屋顶结构，同时还有两个或三个小型结构。

▲ **传统的卡纳克大屋**

## 结构

高耸、垂直的壳状结构木肋用非洲绿柄桑制成。选择这种木材是因为其耐用性和抗白蚁功能。这种木材还能被分层处理，即把木材切割成多个薄层后再黏合在一起，使之更加坚固。

绿柄桑褪色成银灰色，与加盖在木肋上的镀锌钢组件（用于防渗水）颜色相似，这些组件将木肋混凝土地基相连，也出现在荚状结构后方的低层建筑中。借助水平的镀锌钢管件，这些绿柄桑木肋被连接在一起，并且使用钢支架使得荚状结构在强风中也能保持稳固。木肋间隔均匀，皮亚诺还设计了一系列部件来填充木肋间空间，包括百叶窗、固定窗、木镶板和储物部件。

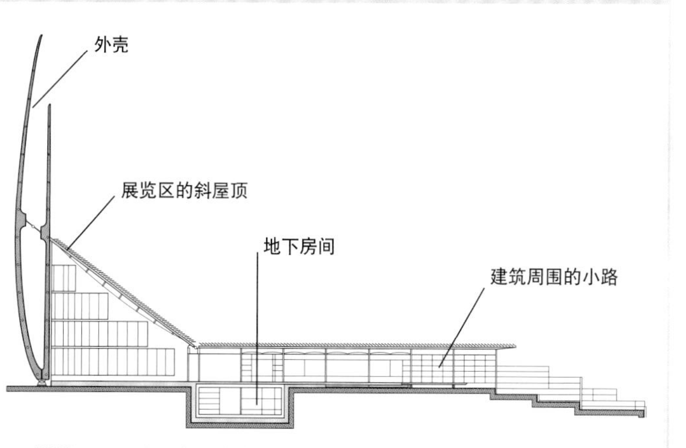


▲ **横截面** 通过观察这个建筑横截面图，不难发现荚状结构及其后方的建筑高度差异非常巨大，但是每个部分都能与周边树木相融合。

# 金茂大厦

1998年 ■ 商业开发 ■ 中国，上海

## 阿德里安·史密斯

进入20世纪90年代后，上海以惊人的速度发展起来。随着中国经济的成长，大量新建筑在上海拔地而起，商店、银行、办公大楼、酒店鳞次栉比。原来的农田如今已是一片新貌，得到了横向、纵向上的大规模发展。在雨后春笋般的新建摩天大楼当中拔得头筹的无疑是第一高楼金茂大厦，高度达到了420.5米。

金茂大厦的设计团队庞大，领导者是来自美国SOM建筑师事务所的阿德里安·史密斯。SOM曾负责设计大量世界级大型高层办公大楼。这样的设计团队决定了金茂大厦是一座钢、混凝土、玻璃建造的高科技结构，同时又不失中国传统特色。首先，“金茂”的意思是“黄金的、繁茂的”。而且，大厦的建造比例也有吉祥的寓意，如在中国文化中代表吉祥好运的数字“8”多次出现在大厦的尺寸和统计数字中。大厦共88层，分为16个区段，高和宽的比例为8:1。在大厦的核心位置，有一个八角形混凝土芯，大厦中有两组结构柱，每组有8根。竣工典礼的日期是1998年8月28日，而实际上到1999年才完全完工。

大厦功能多样，用户众多。与主楼相连的裙房中包括会议室和宴会室，以及购物商场。主楼中约有50层是办公区，从53层至87层属于五星级上海君悦大酒店，这是世界上最高的酒店之一，共555个房间。乘坐直达电梯，可以到达酒店上方的第88层，这里被辟为巨大的、封闭的观景台，整个上海的美景尽收眼底，美不胜收。

**阿德里安·史密斯**

生于1944年

早在1967年，阿德里安·史密斯就加入了SOM建筑师事务所。公司成立于1936年，一直处于摩天大楼设计领域的领先地位，曾设计出大量世界最著名的钢和玻璃结构建筑，包括芝加哥的约翰·汉考克中心（1969年）和西尔斯大厦（1973年）。在SOM工作期间，史密斯设计的办公楼遍布美国、英国和中国，并屡获大奖。他的商业开发作品往往备受关注，如芝加哥的川普国际大酒店和大厦以及伦敦金融城开发。位于迪拜的超高摩天大楼哈利法塔是史密斯最著名的作品之一，其锥形设计极其独特，2010年启用后，成为世界上最高的建筑。2006年，史密斯离开SOM并创立了自己的事务所——阿德里安·史密斯＋戈登·吉尔建筑设计事务所，继续设计声名远播的高楼大厦。

# 视觉之旅：外部

▶ **街面视角** 站在街面上观赏金茂大厦，可以看到一系列大片金属和玻璃构成建筑表面，在边缘处缩进，固定在略微突出的中心垂直“脊柱”上。一条条颜色较深的水平条带将表面分割成段，每根条带都略有倾斜角度，使得建筑轮廓整体看来如同一座朴素的中国古塔，这样的设计正是建筑师将中国传统元素融合到现代建筑中的一种尝试。

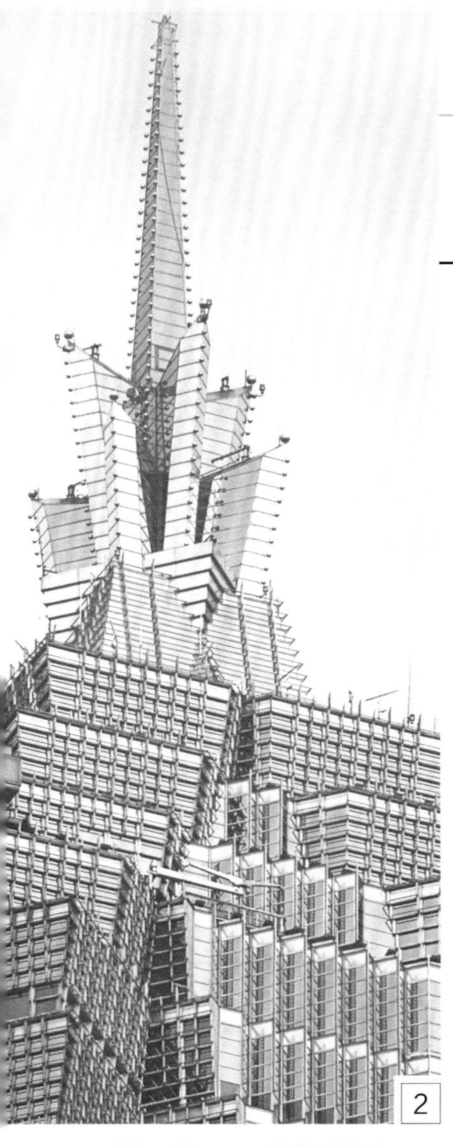

◀ **锯齿状皇冠** 越到高处，大厦的设计越复杂，到顶端处形状发生一系列巨大变化，十分吸引眼球。从图中可以看到，这四层楼的外墙向外倾斜，每一层都比下方一层略小。在这四层楼上方是观景台，更高处是参差不齐的鳞片结构组合而成的皇冠，顶端装饰着锥形尖顶饰。白天，皇冠呈灰色，晚间则灯火通明，成为闪闪发光的上海地标。

▲ **入口** 通过底层的一系列大门，可以进入建筑内部。相对于大厦的盛名，这些入口显得出奇地朴素低调，但是透过大门上方的近似圆形的窗户，游客能够瞥见大堂内部的景色，不禁期待接下来的旅程。

## 扩展

第二次世界大战后的数十年间，摩天大楼的高度不断突破极限。大部分大厦都是玻璃和钢建成的方盒形状或其变体，通常是钢构架支撑的扁平面矩形结构。但是近 20 年来，由于计算机辅助设计技术和新建筑材料的不断革新，已经出现了很多不同形状的摩天大楼。微微弯曲的墙体，越到高处形状越扭曲的塔楼，用管道或碎片建造基础、或膨胀或锥化的形态都已不是天方夜谭。一些国际公司正走在这样的新奇设计的前沿，如 SOM、福斯特建筑师事务所（伦敦"小黄瓜"大厦）和 KPF 建筑师事务所（上海环球金融中心）。

▲ **哈利法塔,迪拜** 高 830 米，SOM。

▲ **上海环球金融中心** 高 487 米。

▲ **管道** 大厦的金属元件由铝合金和各种钢材制造，如不锈钢。这些不锈钢管道也属于结构的一部分，用来支撑大厦底部的通往各个办公室的玻璃顶拱廊。

▲ **外饰** 从近处观察建筑外部可以看到外墙呈现出一系列缩退形阶梯（台阶状凹陷）。这样处理有诸多好处：一来，打破了立面的单调，增加了趣味，使得建筑的形状随着高度增加而改变；二来，窗户也能朝向多个方向，意味着白天随着太阳移动，能够有更多自然光线进入建筑内部。

# 视觉之旅：内部

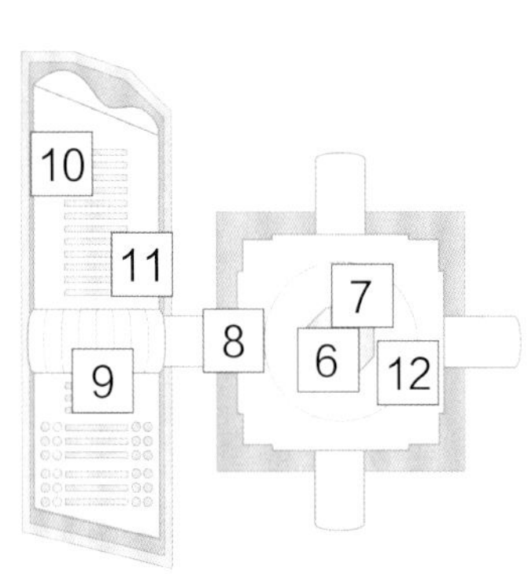

► **仰视中庭** 进驻金茂大厦上部53层至87层的是君悦大酒店，其核心位置修建了一间巨穴似的中庭，一系列走廊环绕四周。这个气势宏大的空间高约115米、直径27米，是世界上最高的中庭之一。相邻楼层间的楼梯被设计为螺旋形，并且略微突出于走廊之外。

▼ **俯视中庭** 从观景台俯视中庭，可以发现设计师对中庭走廊和凸形墙面的处理方法并不相同。中庭走廊被设计为一圈圈光暗交替的圆环，而凸形墙面则更加光滑，并且呈现出矩形网格形状。沐浴在走廊发出的亮光之中，墙面更显得金碧辉煌，与大厦的名称“金茂”相互呼应。

► **电梯大堂** 延续了中庭贵气逼人的风格，电梯大堂同样无比豪华，亮色和深色材料拼出对比强烈的地板和天花板图案，电梯也被装饰为金色，使得内景更加富丽堂皇。

◀ **裙房内部** 这座六层建筑位于主塔一侧，是君悦大酒店的会议厅和宴会厅，还包括一间音乐厅及若干商铺和餐厅。钢架构支撑的裙房中庭面积巨大，顶部有天窗，几层自动扶梯装设在一端。悬浮的玻璃楼板是一大建筑特色，使得光线可以穿透各个楼层。

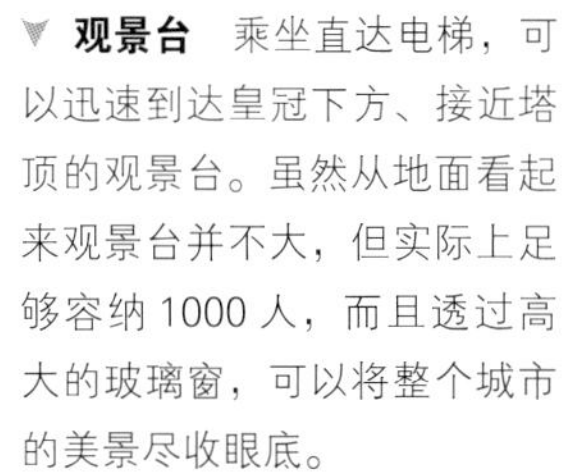

▼ **观景台** 乘坐直达电梯，可以迅速到达皇冠下方、接近塔顶的观景台。虽然从地面看起来观景台并不大，但实际上足够容纳 1000 人，而且透过高大的玻璃窗，可以将整个城市的美景尽收眼底。

◀ **螺旋楼梯** 裙房内装设了楼梯和自动扶梯。在很多类似建筑中，楼梯都是被隐藏在角落或者门后，而此处的楼梯由于十分精美，本身已成为裙房的一大装饰物。平行的钢扶手和梯级踏板构成优雅的楼梯，围绕着两根结构柱盘旋而上。

▶ **框架结构** 虽然低矮的裙房与一旁的超级摩天大楼在各个方面都完全不同，但是却有一点共同之处，即暴露在外的结构柱和管道。不论在主楼还是裙房中，这些钢结构框架都极具视觉冲击力。

# 西雅图中央图书馆

2004年 ■ 图书馆 ■ 美国，西雅图

## 雷姆·库哈斯

详细分析过图书馆建筑的基本需求之后，雷姆·库哈斯决定采用一种颠覆性的建筑形式来满足这些功能。西雅图中央图书馆有趣的多面玻璃表面成为一道亮丽的城市风景线。虽然造型夸张，但是图书馆的内部空间却相当实用。宽敞的城市起居室和作为图书馆信息中心的混合交互区位于图书馆底层，上方是设计新颖的螺旋书库——一个个书架沿着坡道螺旋上升，这样的话即使有新增的书籍也不必把书卷在楼层之间搬上搬下。库哈斯将图案对比强烈的地毯和玻璃墙结合在一起，这种大胆的装饰组合改写了图书馆设计的常规套路。

### 雷姆·库哈斯

生于1944年

荷兰建筑师雷姆·库哈斯出生于1944年，曾在伦敦学习建筑。1975年，他在纽约创办了大都会建筑师事务所（OMA）。他的作品多为大型公共建筑，如海牙的荷兰舞蹈剧院、鹿特丹的康索现代艺术中心和北京的中国中央电视台总部大楼。目前，库哈斯执教于哈佛大学，他的关于城市化的著作对广大建筑师和设计师产生了重要影响。

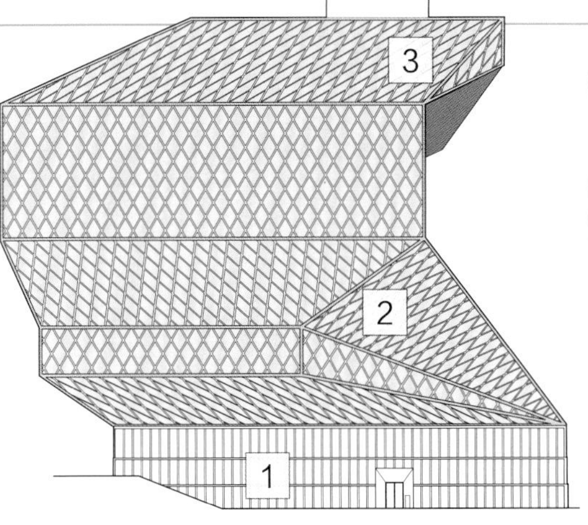


▶ **外部人行道** 图书馆的人行道沿着建筑一侧延伸，道路两旁分别连接着封闭了建筑大部分的金属网格和可以看到城市起居室的一系列窗户。窗玻璃上映出对面的菱形网格，使得线条图案更加复杂，加上绿色植物与地毯设计的和谐统一，从而在建筑内部和外部形成了一种视觉联系。

## 设计

西雅图中央图书馆的建筑形态相当惊人，乍一看去可能会被认为是建筑师随意堆叠的一组形状，而实际上是经过深思熟虑后的出于实用目的的杰作。库哈斯将这座建筑设想为一系列盒子的组合（包括办公室和各个房间），并将这些元素由下而上堆叠起来，而后调整其各自位置。比如，将一个元素移动到一侧后，避免了混合交互区遭到阳光直射，而移动另一个元素则扩大了阅览室的视野。库哈斯在建筑主立面上装配了菱形图案玻璃，提升了建筑的多层次效果。

▲ **玻璃装配** 玻璃装配面积巨大，且叠加了3层，实现了能源节约，减少了冬季的热量流失，同时避免夏季室内温度过高。

▲ **城市起居室** 城市起居室位于图书馆一层，面积宽敞，用途多样，其中布置着书架、书桌和集会区域。透过一面巨大的倾斜的玻璃墙，阳光倾泻而下，室内十分明亮。地毯上的树叶图案非常醒目，铺展在地面上。螺旋书库的高度相当于几层楼高，其入口位于城市起居室后方。

▼ **阅览室** 这间供阅览和学习区位于图书馆顶层。一般图书馆阅览室的场景往往是色彩单调的桌椅排列得整整齐齐，气氛阴郁严肃。而这间阅览室中却布置着舒服的座椅、巨大的玻璃屋顶、令人目眩的紫色图案地毯，处处呈现出让人耳目一新的气息。

## 扩展

OMA以及其他著名公司一直在尝试设计各种惊世骇俗的建筑。创造这些颠覆性的建筑形态并不单纯为了追求效果，也是为了解决某种特定的设计难题。为了达成目标，建筑师们借助计算机辅助设计工具，并大量运用新型建筑技术。不断问世的惊人建筑已成为其所在城市的特色地标，如扭曲的塔楼、带有角度奇特的不规则开窗的立方体、夸张的外悬结构、几乎看不到支撑构件的巨大结构。这些建筑打破了传统建筑局限，为人们创造了全新的都市体验。

▲ **迪洋美术馆，美国，旧金山** 2005年，瑞士建筑师赫尔佐格和德梅隆设计了这座美术馆，大胆的楔形塔楼外装饰着穿孔的波纹铜板。

# 苏菲亚王后艺术宫

2005年 ■ 歌剧院 ■ 西班牙，瓦伦西亚

## 圣地亚哥·卡拉特拉瓦

在激动人心的瓦伦西亚科学艺术城中，有一座外饰马赛克的巨大钢筋混凝土歌剧院，即苏菲亚王后艺术宫。这座建筑以非凡的、直冲云霄的白色屋顶而著称，看起来仿佛是一跃而起的海洋生物的巨型雕像。整座建筑高达 75 米，是世界上最高的歌剧院，其中包括四间礼堂——两间面积较大（一间主要用于歌剧演出，另一间用途多样）和两间面积较小的演出空间。透过歌剧院的窗户，视线穿过倾斜而下的屋顶上的缝隙，收入眼底的是环绕四周的观赏湖、生机勃勃的花园，以及科学艺术城中其他同样优美无比的建筑。

### 圣地亚哥·卡拉特拉瓦

生于1951年

圣地亚哥·卡拉特拉瓦生于瓦伦西亚，先研习建筑，后移居瑞士学习土木工程。成为一名结构工程师后，卡拉特拉瓦设计了各种桥梁和火车站，这些项目无一例外地兼具创新性和优雅度，并为他打响了知名度。卡拉特拉瓦不仅是一位工程师，他还是一名雕塑家和建筑师。他曾设计大量备受瞩目的公共建筑，如博物馆、体育中心和文化中心等，大多数都是极具雕塑感的作品。

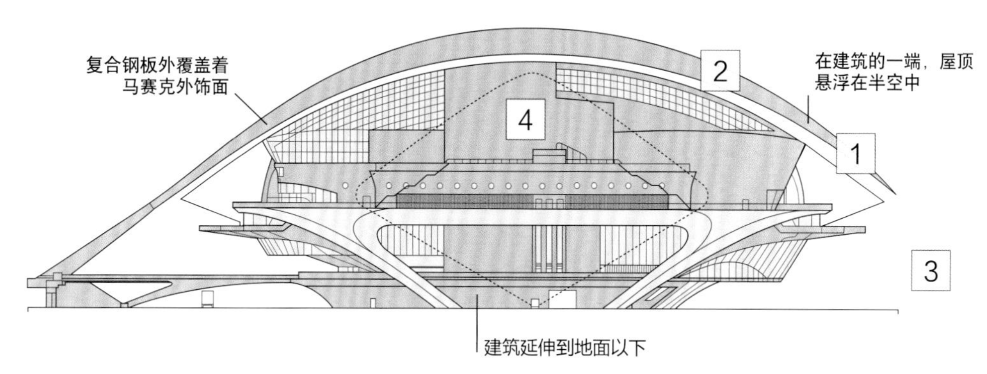


▶ **薄壳屋顶** 歌剧院顶部覆盖着两片巨大的、对称的剖开式薄壳屋顶，像拱券一样跨过整个建筑，并且在基座处几乎看不到支撑结构。薄壳屋顶表面看来轻薄易碎，而实际上是由重达约3000吨的复合钢板建成。穿过屋顶上的无数道缝隙，自然光线可以透进建筑内部。

▲ **马赛克外饰面** 卡拉特拉瓦使用了"trencadís"这种马赛克的传统形式来装饰屋顶表面，闪耀着白色的微光。"trencadís"是由瓷砖碎片制成的，是早期西班牙建筑师常用的材料，如安东尼·高迪。整个薄壳屋顶看起来像悬浮在半空中，足见建筑师的大胆创意。

▶ **锥形亭子** 对于紧挨着歌剧院的附属建筑物的设计，卡拉特拉瓦也丝毫没有放松，在他的精心设计下，这些建筑物总是通过出乎意料的几何形状令人惊喜不断。图中的锥形屋顶覆盖着艺术中心附近的一个停车场入口，同后方的主建筑屋顶一样，也用闪闪发光的白色马赛克装饰外表面。

▼ **主厅** 主厅是歌剧院中最大的一间礼堂，可以容纳1800名观众，主要在此演出歌剧，偶尔有交响乐和戏剧表演。主厅中楼座的夸张曲线、高耸的天花板线条以及闪着微光的白色表面材料，都与建筑外部特征惊人的相似。

## 设计

卡拉特拉瓦的桥梁设计作品与普通的索拉桥不同。一般来说，钢索是从立在桥中央的笔直的桥塔两侧延伸到桥面下方，而卡拉特拉瓦不仅将桥塔放置在桥的一侧，而且使之倾斜，并且钢索只在桥塔一侧拉伸，整个桥的结构看起来如同一台竖琴。桥塔中灌注了水泥，使之抵消掉桥面的重量。

卡拉特拉瓦在桥梁设计上的创新层出不穷，比如系拱桥和可以通过旋转方便船只通过的吊桥。这些桥梁雕塑般的形态，闪闪发光的白色表面，总是能成为当地的地标式景观，并且被其他工程师和建筑师纷纷效仿。

▲ **阿拉米罗桥，西班牙，塞维利亚** 这座桥完工于1992年，跨距200米。支撑桥梁的只有一座与地面成58度的悬臂式桥塔和13根钢索。

## 环境

1957年，瓦伦西亚市遭遇了毁灭性的洪涝灾害。为了预防悲剧再次发生，流经城市中心的图利亚河被改道，而原来的河床被建成一座巨大的公园，后来此处又被选定为瓦伦西亚科学艺术城的建造地。1996年，在卡拉特拉瓦的领导下，建设工程开始了。在这片综合设施中，有部分建筑是卡拉特拉瓦亲自设计的，比如带有Imax电影和数字投影设备的L'Hemisfèric天文馆以及可以进行互动的科学馆。"L'Oceanogràfic则是欧洲最大的水族馆，由另一位西班牙建筑师菲利克斯·坎德拉设计。这些建筑都与艺术宫相似，采用了大胆前卫的曲线几何形态。

▲ **天文馆** 这座天文馆中包括一片面积达900平方米的凹形巨幕。建筑的穹隆为半球形，站在一侧观赏，像极了一只人眼。

# MAXXI博物馆

2010年 ■ 博物馆 ■ 意大利，罗马

## 扎哈·哈迪德

华丽的意大利21世纪视觉艺术国家博物馆是着眼于未来的展览空间，旨在推崇文化创新。为了配合机构本身的风格，扎哈·哈迪德设计了颠覆性的创新建筑——MAXXI。

面对棘手的“L”形地块，哈迪德提出了曲线组合概念。一系列曲折蜿蜒的线条沿着地块不断延伸，从一端跨越到另一端。有些线条被建成墙壁，将空间围合起来。不仅如此，围合而成的空间形成一组组有关联的“套房”，几乎每一组都自成一体，包含陈列室以及其他空间，可以同时举行多个独立展览。其他线条被建成贯穿并联通各个套房的楼梯、走道和桥梁。从外部观察，这座革命性的建筑不断弯曲、下沉、上升，构成一组波浪起伏、轮廓柔美的形态，令人不禁驻足观赏。透过巨大的窗户，可以瞥见建筑内景，同时建筑外部也与环境完美相容。同时，建筑的内部空间也营造出相似的、柔和的弯曲度，与过道和桥梁体系相映成趣。这些过道和桥梁有的紧贴着内部空间边缘，有的跨过空隙而形成充满活力的新线条。

严格的配色为MAXXI创造出了生动的动态效果。建筑外部主要使用白色，在弯曲的墙壁之间形成了灵动的光影效果。晚间，灯光亮起之后，特别是从地面层射出的部分灯光，整个建筑呈现出强烈的明暗对比。在建筑内部，通过白墙与楼梯和走道的黑色线条的对比，也实现了相似的视觉效果。整座建筑气势恢宏，严谨而不中庸，精彩而不艳俗。

**扎哈·哈迪德**

生于1950年

英籍建筑师扎哈·哈迪德出生在伊拉克，到伦敦学习建筑之前曾经在贝鲁特获得数学学位。早期，哈迪德供职于雷姆·库哈斯（库哈斯曾是哈迪德在伦敦建筑联盟学习时的老师之一）创立的大都会建筑师事务所。1980年，哈迪德在伦敦创建了自己的事务所，她的作品广受赞誉并屡获大奖，其外表往往夸张大胆，内部和外部空间的利用标新立异。但是从某种程度来说，由于这些建筑的形态过于特别，使得其难以甚至不可能建成，因此哈迪德的事业发展很慢。然而，一些小规模项目反而为她带来了大合同，比如从罗森塔当代艺术中心到广州歌剧院。2004年，哈迪德成为第一位获得建筑界最高奖——普利兹克奖的女性建筑师。

# 视觉之旅

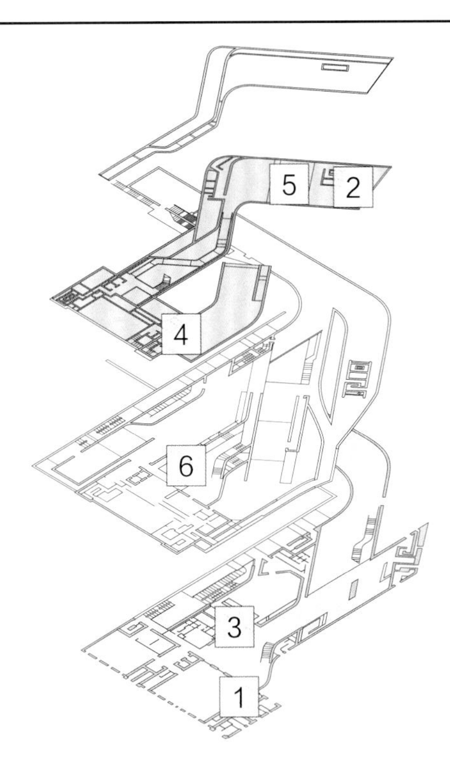


▼ **入口** 在这个位置可以明显地看出这座建筑是由相互叠加和冲撞的不同元素构成的。这些元素不仅构成了内部套房和陈列室，而且也限定了外部空间。靠近门口的这个区域可以为进出游客遮阳避雨，同时也是雕塑作品的外部展览区。

▶ **套房窗户** 这间套房突出于整个建筑之外，突出部分的尾端安装了从地板贯穿到天花板的巨大落地窗，再加上其不规则的几何形态，为看起来坚固结实的结构增加了一丝不稳定感，视觉效果更加惊人。这样的设计不仅抓人眼球，而且扩大了观景视野。

◀ **内部路径** 贯穿建筑的小路营造出冒险般的奇趣感，组成美术馆大部分的不再是一个个独立的房间，而是流动的空间。有些地方虽然没有悬挂任何展品，但是空间本身就如同巨大的雕塑般美丽。

▼ **套房“V”内部** 除了人造光源，大量自然光线透过巨大的玻璃窗倾泻而下，照亮了套房“V”中的展品。建筑师希望将博物馆与周围环境融合在一起，而透过这面窗户，周边建筑便可一览无余。

◀ **楼梯和桥梁** 与建筑的墙壁一样，连接着各处陈列室套房的内部通道也是蜿蜒曲折、高低起伏的，同时也造成了视觉对比效果——深色边缘突出了其余各处的纯白表面，而楼梯踏板的图案则与玻璃屋顶上的百叶网格相互呼应。

▲ **展览空间** 一间间墙壁雪白的陈列室为多种多样的当代艺术作品提供了绝佳的展览空间。蜿蜒的内部空间吸引着参观者向深处不断探索。大部分陈列室通过屋顶采光，天花板图案与朴素的白墙形成强烈的对比。

## 设计

在传统观念中，建筑是独立的“物体”，而扎哈·哈迪德希望打破常规，将这座博物馆设计为多座建筑的集合或“场域”，同时每一座建筑都有入口，并且建筑内部和外部之间没有刚性边界。哈迪德将这座博物馆设计为一系列曲线组合，从而实现了她的构想。从下面的建筑模型中可以更清楚地看到这些线条。俯瞰之下，线条如同高速公路般纵横交错，在三维空间中迂回前进。

▲ **MAXXI模型** 扎哈·哈迪德的建筑模型总是能揭示出她的建筑的根本概念，如图中的MAXXI模型。

## 扩展

扎哈·哈迪德以善于通过创新手段解决设计难题而闻名，她的作品总是充满张力、发人深省，即使小型建筑也不失水准，如为香奈儿设计的流动艺术展览亭。这座展览亭结构紧凑，采用了不同寻常的建材，如PVC和纤维增强塑料，能够在一星期之内组装完成，方便在不同展览地点之间的搬运。值得一提的是其采光系统，除了人造光源，还借助了自然光线，透过屋顶中央透明区域的自然光照亮了内部庭院区域。

▲ **流动艺术展览亭** 这座小型建筑的形式非常奇特，各种不同组件组装在一起，构成完全光滑的表面。

# 梼原木桥博物馆

2010年 ■ 博物馆 ■ 日本，高知

## 隈研吾

在青山绿树的掩映下，矗立着一座特别的博物馆——梼原木桥博物馆。这座建筑由日本著名建筑师隈研吾设计，用传统材料建造出别具一格的现代结构，与周围环境融为一体。梼原是日本高知县的一座小镇，四周环绕着郁郁葱葱的山林。早先，隈研吾已经为此地设计了市政厅，并且采用当地产的日本雪松修建了墙壁、地板和天花板，设计梼原木桥博物馆时，他也选用了相同的建材。博物馆的复杂木梁结构是基于传统日本寺庙屋顶的悬臂设计的，但是经过延伸和增加木梁，跨度更宽、更大胆。博物馆的结构极其特别，表面看来是由一根细长的木柱支撑，一条条木梁由此处呈扇形发散开去，支撑住绵长的、桥梁似的建筑，其中包括一间大厅和若干房间。整个建筑看起来如同一棵枝繁叶茂的大树，完全融入了周围茂密的树林中。

### 隈研吾

生于1954年

隈研吾出生在日本神奈川县，曾在东京学习建筑，后来成为哥伦比亚大学的访问学者。20世纪90年代早期，他受到后现代主义风格影响，仿照西方古典建筑设计了位于东京的两座建筑——多立克大厦和M2大厦。从那之后，他不断尝试不同手法，包括使用玻璃墙或垂直板条制成的屏风，模糊了建筑的边缘，创造出明亮的、边界不清的空间。近期，隈研吾正在努力尝试恢复日本传统建筑的风采，运用木材等建材营造建筑的轻盈感以及与环境的和谐感。

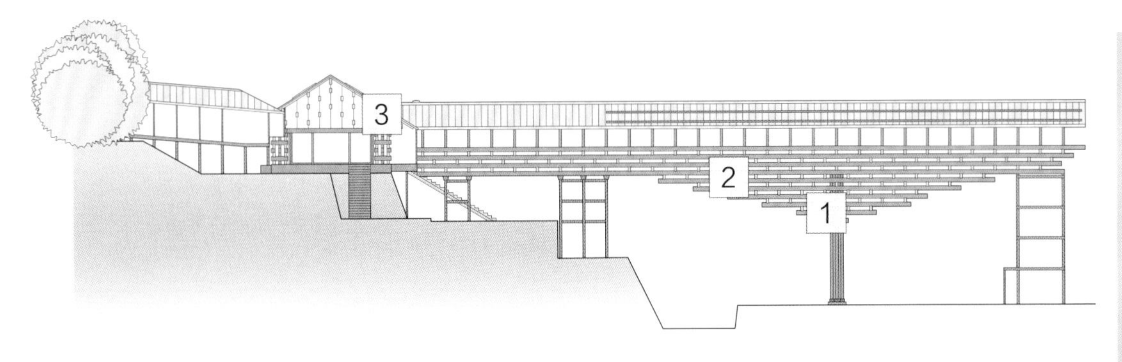


## 环境

梼原木桥博物馆选定的位置已经建成了两座巨大的市政建筑，中间隔着一条公路，因此整个基地相当局促，这给隈研吾的设计造成了不小的麻烦。为了解决这一难题，他在现有建筑之间架起了一座桥，桥的一端建造了一座小型的、像亭子一样的建筑。通过这种方式，在公路上方创造出了一个架高的空间，并且使得区域内的建筑更加紧密地结合在一起。

▲ **鸟瞰图** 比起该区域的其他建筑，梼原木桥博物馆与周围自然环境的和谐度更高。

▼ **木梁** 近距离观察这些悬臂式木梁，建筑师对木材处理的一丝不苟显而易见，经过仔细挑选后的木材不仅呈现出美丽的木纹，而且创造出了光和影的别致图案。木梁的排放方式并不是简单的上下叠加，而是在底层木梁上挖出一个浅槽，然后将上方的木梁嵌入其中，因此各个组件牢固地咬合在一起。

▲ **柱子和升降机井** 博物馆的木梁如悬臂般伸出在中心支柱外，每一层都比底下一层略宽，故建筑下方的空间更开阔。仅凭中心支柱无法支撑上方木料的巨大重量，故竖立在端部的玻璃和钢搭建的升降机井也有承重功能。暗色金属框框架和透明的玻璃墙最大限度地降低了升降机井的视觉阻碍，使人们能清晰地看到后方的树木，并将注意力集中在木结构上。

▼ **内部** 博物馆内部包覆着木板条，木梁则与外部用料十分相称。狭长的中央走廊铺设着光滑的抛光木地板，墙壁和坡屋顶也采用了相同材料，尤其是屋顶部分重复出现的斜线形态，创造了极大的视觉趣味。透过与两旁房间相连的一扇扇玻璃门，阳光倾洒而入，充沛的光线使得墙壁几乎透明，同时可以欣赏到建筑周围的乡间美景。

## 扩展

梼原木桥博物馆采用的木料咬合结构受到了传统日本宝塔的启发，如法隆寺中的宝塔（下图）。在宝塔中上翘的屋顶下方，从塔身上延伸出来的木梁连接成网络，支撑着突出部分。在宝塔内部，有一根独立的主要木柱——宝塔的“脊柱”。而梼原木桥博物馆中暴露在外的中央柱子与这座宝塔中隐藏的“脊柱”相似，起到了关键的支撑作用。

▲ **法隆寺，日本，斑鸠町** 这座著名宝塔的木结构最初建成于 6 世纪。

# 术语表

**ABACUS 柱顶石**

位于柱头上方的一块朴素的平板。

**ACANTHUS 茛苕叶饰**

古典建筑中的装饰元素，被雕刻为扇形的大叶片形状。常见于科林斯及复合柱式柱头上，也可以作为檐壁或线脚组成部分。

**ACRYL IC 亚克力**

坚固而透明的塑料板，用来替代玻璃，具有易弯曲、不易破碎等特点。

**AISLE 侧廊**

教堂或类似建筑中的侧面部分，通常借助一排柱子将空间从中殿分隔出来。在教堂和罗马巴西利卡中一般有两个侧廊，但是偶尔会设置四个。

**AMBULATORY 回廊**

回廊是围绕着教堂的半圆后殿的走廊。最初用来完成各种游行圣歌仪式。

**AMPHITHEATRE 圆形竞技场**

圆形或椭圆形会场，由一层层座椅包围，在古罗马时期用来举行角斗士比赛或其他活动。

**APSE 半圆后殿**

半圆形或多边形区域，一般位于教堂东端，有时在建筑其他部分周围，通常覆盖着拱顶。

**ARCHITRAVE 柱顶过梁**

在古典建筑中，柱顶过梁是檐部中位置最低的部分，是直接搁置在一排柱子上方的水平条状物。更宽泛地来说，柱顶过梁是靠近门口、窗口或类似开口处的带线脚的条状物。

**ART DECO 装饰艺术**

装饰艺术是一种流行于 20 世纪 20 至 30 年代的欧洲和北美地区的建筑和装饰风格。装饰艺术以运用明艳的色彩、大胆的几何图案，以及从古埃及艺术中借鉴的特定装饰主题为特色。

**ART NOUVEAU 新艺术运动**

1890 年到 1910 年间风靡欧洲的一种装饰风格，图案以由植物卷须和茎秆等演化而来的弯曲形状为主。为了强调这种风格的创新性而绝非复古派，特意命名为“新艺术”。

**ATRIUM 中庭**

在罗马建筑中，中庭指的是由一系列房间围合而成的空旷庭院，构成住宅的一部分。后来，中庭经常指代带屋顶的庭院（一般采用玻璃屋顶），属于大型建筑的一部分。

**BALUSTER 栏杆柱**

支撑围栏的短柱，一般属于楼梯或阳台的一部分。

**BANDED RUSTICATION 条状粗面砌体**

用巨大石块建造墙体的方式，在水平接合处刻出深刻的凹痕，用来强调墙体的水平条带状。

**BAPTISTERY 洗礼堂**

用来进行基督教洗礼仪式的建筑或房间，多为圆形或多边形，洗礼盘被安放在中心位置。

**BAROQUE 巴洛克风格**

常用于教堂和大型宫殿等建筑的一种建筑风格，流行于 17 世纪和 18 世纪，特别是在西班牙、意大利和欧洲中部地区。巴洛克建筑宏伟华丽，常采用弯曲的墙壁和丰富的装饰。

**BARREL VAULT 桶形拱顶**

横截面为半圆形的拱顶，形成半圆柱形，也称为隧道拱顶。

**BARTIZAN 吊楼**

突出于建筑的顶端或转角处的小型角楼，如城堡或塔楼。

**BASILICA 巴西利卡**

一种建筑形式，一般具有狭长的中殿，中殿两旁有侧廊，尽端有半圆后殿。常见于古罗马的公共建筑，后来被用于基督教教堂设计。

**BATTLEMENT 城垛**

有固定间隔的突出部分的矮护墙，常用于城堡和其他防御建筑的墙壁，也称为雉堞。

**BEAM 梁**

框架的横向部件，如屋顶木梁或现代框架结构中的水平钢梁。

**BEAUX ARTS 美术学院派风格**

一种古典建筑的装饰形式，流行于 19 世纪晚期的法国，后流传到欧洲其他地区和美国，得名自人才辈出的巴黎美术学院。

**BOSS 博斯饰**

拱肋结点处的隆起装饰物。

**BUTTRESS 扶壁**

突出于建筑外部的大型石砌结构，用来强化建筑结构。另见“飞扶壁”。

**BYZANTINE 拜占庭式**

君士坦丁堡（现为伊斯坦布尔）是 4 世纪东罗马帝国的首都，以此为中心的帝国被称为拜占庭文明。拜占庭式教堂往往以穹隆为平面中心，成为早期基督教建筑的伟大遗迹。

**CAMPANILE 钟楼**

钟塔，通常与主建筑分离。

**CAPITAL 柱头**

柱子顶端的结构。在古典建筑中，柱头设计须遵循某种柱式；在埃及建筑中，柱头一般被雕刻成非写实的莲花造型；在哥特式建筑中，常常带有叶形雕刻或朴素的线脚。

**CASEMATE 炮台**

带圆顶的房间，属于防御工事。用于安放大炮的炮台开凿了孔洞，可以发射弹药。

**CAST IRON 铸铁**

通过模具铸造的铁。17 世纪后广泛应用于制造围栏、大门、公共设施和装饰品。工业革命时期最先被用于制作工厂和仓库的框架。

**CASTLE 城堡**

在中世纪建筑中，城堡指的是有防御功能和宽敞生活区的居所，供贵族或君主居住。后来，一些郊区大宅，特别是哥特复兴风格的住宅，也被称为城堡。

**CELLA 内堂**

用来供奉神像的希腊神庙中的主要内部房间。

**CLASSICAL 古典式**

与古希腊或罗马建筑相关的建筑传统。古典建筑注重秩序，强调对称性。最纯正的古典建筑是神庙。

**CLASSICISM 古典主义**

古典风格的复兴，多以文艺复兴为起点。

**CLERESTORY 天窗层**

连拱上方的一排窗户，常见于教堂的中殿。

**CLOISTER 回廊**

一个开放式空间或庭院，常见于修道院中，四周包围着在内侧开门的带拱顶的走廊。

**COFFER 藻井**

一种内凹的装饰嵌板，位于拱顶或天花板上。

**COLONNADE 柱廊**

支撑檐部或拱券的一排柱子。

**COLUMN 圆柱**

圆形的垂直支撑部件，包括柱础、柱身和柱头几个部分。另见“柱式”。

**COMPOSITE 复合柱式**

古典建筑柱式中的一种，特征是柱头部分结合使用了科林斯柱式的莨苕叶形装饰和爱奥尼式的螺旋涡卷装饰。

**CORBEL 叠涩**

突出的块体，用于支撑上面叠放的部分，如屋顶横梁或部分拱顶，常常带有装饰性雕刻。

**CORINTHIAN 科林斯柱式**

古典建筑柱式中的一种，柱头部分雕刻着莨苕叶形装饰。

**CORNICE 檐口**

沿着建筑物顶端延伸的突出的水平线脚，尤其指古典建筑中檐部的突出上部。

**COVE OR COVING 凹圆线脚**

一种凹形线脚，特别常见于墙壁和天花板的接合处。

**CRENELLATION 雉堞**

见“城垛”。

**CROCKET 卷叶饰**

叶片形的装饰性雕刻，沿着尖顶或小尖塔边缘向外突出，相隔一定间距。在晚期哥特风格建筑中极其流行。

**CROSSING 十字中心**

在教堂中，由中殿、唱诗厢和翼殿交叉而形成的空间。十字中心上方常常加盖塔楼、尖顶或穹隆。

**CUPOLA 穹顶**

加盖在塔楼或角塔上方的小型穹隆。

**CURTAIN WALL 幕墙**

在中世纪建筑中，幕墙指的是城堡外围的防御墙，通常修建着塔楼，顶部有城垛。在现代建筑中，幕墙是指摩天大楼或其他框架结构建筑外部的非承重墙。

**DECONSTRUCTIVISM 解构主义**

从 20 世纪 80 年代起，解构主义作为一种建筑理念开始流行于建筑理论和实践中。解构主义建筑探讨的是错位、破坏、偏转和扭曲等概念。

**DENTILS 齿状线脚**

古典檐口或建筑屋檐上重复出现的矩形块体。

**DIOCLETIAN WINDOW 迪欧克勒提安窗**

半圆形窗，被一对水平条形杆分成三部分，这种窗起源于罗马的迪欧克勒提安浴室，是古典复兴式建筑的常用特色。

**DONJON 主楼**

位于中世纪城堡中心的大型塔楼，也叫做要塞。主楼中储备充足，发生战争时，城堡主人及随从可以在此避难。

**DORIC 多立克柱式**

古典建筑柱式中的一种，柱头极其朴素，并且没有柱础。

**DRUM 鼓座**

支持穹隆的垂直墙壁，在平面图上通常呈圆形或多边形。

**ECLECTIC 折中主义**

结合使用不同建筑风格元素的建筑作品和设计（尤其是 19 世纪或 20 世纪）。

**ELEVATION 立面**

建筑的外表面。表现多个建筑外表面的图纸。

**ENTABLATURE 檐部**

古典柱式的上部，包括沿着圆柱上方延伸的水平条带，整个条带由三部分组成——底部的柱顶过梁、中间的檐壁以及顶部的檐口。

**FAÇADE 正面**

建筑的前面或正面。

**FAN VAULT 扇形拱顶**

中世纪晚期英国建筑中的一种拱顶，拱肋形成的图案与打开的扇面相似。不同于其他中世纪拱顶类型，这些拱肋并没有结构功能，只起到纯粹的装饰作用。

**FINIAL 尖顶饰**

位于小尖塔或山墙顶端，或者建筑中其他类似加高位置上的装饰物。

**FLUTE 柱身凹槽**

古典圆柱 壁柱表面上垂直的内凹浅槽。

**FLYING BUTTRESS 飞扶壁**

形状类似拱券的扶壁，依附在建筑外部，能够将屋顶或拱顶的外向推力传导至地面。飞扶壁是哥特式建筑、特别是大教堂这样的大型建筑中的关键部件。

**FRAMEWORK BUILDING 框架结构建筑**

由木材、金属或其他材料制成的框架而非外墙来承载重量的建筑。

**FRESCO 湿壁画**

壁画的一种，严格来说是在灰泥未干之前即用颜料作画。

**FRIEZE 檐壁**

古典建筑中檐部的中间部分，有时装饰着浮雕或线脚。内墙上部（檐口以下）的装饰条带也被称为檐壁。

**GABLE 山墙**

坡屋顶建筑的端墙的上部，一般为三角形。

**GALLERY 高侧廊**

在教堂中，高侧廊指的是建在侧廊上方的一层，开口朝向中殿；在大型住宅中，高侧廊是建在上层的供休闲用的狭长房间。

**GAZEBO 露台**

小型塔楼、阁楼或凉亭，是专门供人眺望公园或花园美景的地方。

**GERBERETTE 格巴雷特梁**

一种铸钢制造的结构部件，用来连接立柱和横梁。

**GOTHIC 哥特式**

中世纪时期在欧洲占主导地位的建筑风格，以肋状石拱顶、飞扶壁、尖券和巨大的彩色玻璃窗为代表元素。18 世纪和 19 世纪时，哥特风格又再次流行起来，特别是教堂和公共建筑。

**GROINED VAULT 穹棱拱顶**

两个桶形拱顶正交形成的拱顶。拱顶面相交处的边缘清晰，没有拱肋。

**HAMMER BEAM 椽尾梁**

突出的横向屋顶托架，用来支撑横梁，在中世纪建筑中，使得大跨度木构屋顶的建造成为现实。

**HERM 头像界碑**

方形石柱，顶部竖立着雕刻的头像或半身像，在一些古典建筑和公园中起装饰作用。

**HIGH-TECH 高技派**

20 世纪 70 年代发展出来的一种建造和设计手法。高技派建筑的结构以及供应管道等通常都暴露在外，并且热衷于采用洁净完美的外饰面。

**ICONOSTASIS 圣幛**

东正教教堂内竖立着的带图标的屏风。

**INTARSIA 镶嵌细工**

一种镶嵌形式，采用不同颜色的木料构成图案或肖像。这种工艺流行于文艺复兴时期的意大利，特别常用于小房间的装饰，如宫殿或郊区别墅中的书房。

**IONIC 爱奥尼柱式**

古典建筑柱式中的一种，柱头雕刻着成对的螺旋涡卷饰。

**ISLAMIC ARCHITECTURE 伊斯兰教风格建筑**

该术语适用于伊斯兰教世界（包括西亚、中亚、北非、西班牙和印度）中的宗教和世俗建筑。伊斯兰教风格建筑多装饰着抽象或叶形图案，同时大量使用瓷砖。

**IWAN 大门**

带有嵌入墙面的拱券的建筑入口，用于部分伊斯兰教风格建筑中。

**JALI 加利**

伊斯兰教建筑中的镂空屏风。

**KEEP 要塞**

见“主楼”。

**KEYSTONE 拱顶石**

拱券顶部或拱顶拱肋中的一块位于中央位置的楔形石块。

**LANCET 柳叶窗**

细长的尖窗，常见于早期哥特式建筑。

**LANTERN 灯亭**

一座小型圆形或多边形结构，一般装配着窗户，位于屋顶或穹隆顶部。

**LIERNE VAULT 枝肋拱顶**

一种由大量细小拱肋组成的肋状拱顶，但是这些小拱肋并非发源于中央的博斯饰或拱顶的任何主要起拱石。拱肋形成的图案复杂而精美，装饰性极高。

**LINTEL 过梁**

跨过墙壁上的开口或圆柱之间的支撑性横梁。

**LOGGIA 凉廊**

一侧开放的走廊、阳台或房间。

**LOOP 枪眼**

墙壁上不装玻璃的小洞，常见于城堡或防御工事，便于防御者射击。

**LOUVRES 百叶窗**

重叠的木板或玻璃条，倾斜后便于通风、透光、遮雨，有时可以通过调整方向改变通风量。

**MACHICOLATIONS 堞口**

城堡墙壁或塔楼上的突出的矮护墙，开凿了孔洞，防卫者可以通过孔洞向下方的敌人投下石块或沸水。

**MANSARD 芒萨尔式屋顶**

有两道斜面的屋顶，下部比上部更陡。

**METOPE 柱间壁**

在古典柱式檐壁上，两块三垄板之间的方形镶板，有些带有雕刻。

**MIHRAB 米哈拉布**

米哈拉布是嵌在祷告厅内墙中的一个壁龛，指向麦加方向，通常装饰着精美的瓷砖或莫卡拉比。

**MINARET 宣礼塔**

伊斯兰教建筑中的高塔，一般是清真寺的一部分，用来召唤信徒做祷告。

**MOCARABE 莫卡拉比**

伊斯兰教建筑中的一种装饰形式，用微型拱券和钟乳石状的造型来装饰天花板和拱顶。

**MODERNISM 现代主义**

现代主义建筑运动起源于20世纪早期，倡导将建筑按照社会需要进行改造。现代主义建筑师受到了功能主义思想的影响（建筑的形式应该由建筑的功能来决定）。他们选用钢铁、混凝土和玻璃作为建材，基本上拒绝任何装饰。现代主义建筑倾向于不对称性，加盖平屋顶，并且借助狭长的条形窗采光。

**MOSQUE 清真寺**

在伊斯兰教建筑中，清真寺是朝向圣城麦加并进行祷告的场所。清真寺中可能还建有学校和祷告厅。

**MOULDING 线脚**

有装饰功能的边缘或条带，突出于墙壁或其他表面之上，一般用雕刻的石头制成。

**MUGHAL 莫卧儿风格**

一种优雅的建筑风格，带有复杂装饰，起源于莫卧儿王朝统治下的印度（16世纪早期到18世纪早期）。莫卧儿风格建筑中同时包含波斯和亚洲元素，如洋葱形的穹隆。

**MULLION 直棂**

划分窗口的垂直细条或构件。

**MULTIFOIL ARCH 多叶形拱**

多叶形拱的边缘弯曲，被一系列突出物打破连续性，呈现出大量微小凹痕。

**NARTHEX 教堂前廊**

在拜占庭式建筑中，位于教堂西端的入口门廊叫做教堂前廊。

**NAVE 中殿**

教堂或巴西利卡中主要的中央空间，一般两侧有侧廊。教堂中专门隔出的用于集会的主要部分。

**NEOCLASSICAL 新古典主义**

18世纪中期，从古希腊和罗马建筑中发展而来的一种建筑风格。典型的新古典主义建筑在形式上呈几何形，非常朴素。

**OCULUS 眼窗**

一种简单圆窗，一般开在穹隆上。

**OGEE 葱形拱**

葱形拱两侧的曲线分别是由下部内凹、上部外凸的两段曲线交叉形成的，广泛应用于华丽的晚期哥特式建筑。

**ORDER 柱式**

在古典建筑中，将圆柱、柱头和檐部的设计方式称为柱式。共有五种古典柱式，其中，希腊建筑采用了三种：多立克、爱奥尼和科林斯；罗马建筑中新增了两种：塔斯干和复合柱式。

**ORGANIC ARCHITECTURE 有机建筑**

弗兰克·劳埃德·赖特及其追随者所设计的建筑被称为有机建筑。有机建筑追求与周围环境的和谐以及对自然演进的敏感。从更广泛意义上来说，有机建筑也指刻意反映自然形式的建筑。

**PAGODA 宝塔**

一种中国或日本寺庙中的塔，一般是多层建筑，每一层的屋顶都向外伸出，并且顶端带有高耸的尖顶饰。

**PALLADIAN 帕拉迪奥风格**

受到意大利建筑大师安德烈·帕拉迪奥的作品和著作以及古典模型图纸（特别是罗马和意大利模型）影响的建筑风格。到18世纪，帕拉迪奥风格建筑广泛流行于意大利和英国，后来传到美国。一般来说，意大利的建筑师比起其他地方的建筑师更加严格地遵循了帕拉迪奥建筑的严谨比例设计。

**PARAPET 女儿墙**

位于屋顶或桥面边缘的起保护作用的矮墙。

**PARTERRE 花圃**

住宅附近花园中精心规划的一部分，包括布置得一丝不苟的花田、小径和低矮树篱，旨在为透过窗户或站在露台上的欣赏者创造美丽的图案。

**PAVILION 亭子**

小型装饰性建筑，主要构成花园中的景观，一般是轻型构造。

**PEDIMENT 三角山墙**

坡度低的山墙，有时雕刻着装饰物，常见于古典建筑中的门廊上方。这个术语也可以指门、窗或其他开口上方的类似三角形特征。

**PENDENTIVE 穹隅**

一种凹形结构，用来构成两面竖墙或与穹隆的弯曲下缘之间的连接。

**PIANO NOBILE 主厅**

文艺复兴式或古典住宅建筑的一层，包括各个主要房间。主厅的窗户往往比其他楼层的窗户更大。

**PIER 墩柱**

用来支撑拱券等结构的巨大石砌构件。

**PILASTER 壁柱**

突出的垂直带状石砌构件，按照圆柱规则设计，并符合某种柱式规范。

**PILE 地桩**

被打进地里的结构，用木材、金属或混凝土制作，起到支撑建筑地基的作用。

**PILOTIS 底层架空立柱**

在现代主义建筑中，将建筑物抬离地面的细柱。在采用这种设计手法的建筑师中，最著名的是勒·柯布西埃。

**PLINTH 基脚**

圆柱柱础下方最底层的石板，或任何其他结构中突出的底座。

**PORTCULLIS 吊闸**

木制大门，并用铁加固，可以上下滑动；在中世纪城堡中，吊闸属于防御工事。

**PORTICO 柱廊**

在古典神庙或其他建筑中，柱廊指的是有屋顶的入口门廊，柱子排列在前方，顶部有三角山墙，往往是建筑正面的核心特征。

**PUTTI 丘比特（男性小天使）裸像**

裸体、有翅膀的小男孩（包括小天使或丘比特）形象，是文艺复兴式或巴洛克装饰艺术中常用的绘画或雕塑表现手法。

**QUATREFOIL 四叶饰**

一种圆形开口，边缘周围被细分为四片叶子的形状。

**QUOINS 隅石**

位于建筑转角处的装饰性石块（这个术语来自法语词汇“coin”，意为转角）。

**REINFORCED CONCRETE 钢筋混凝土**

通过将混凝土灌入金属网或金属条棒构成的网格里，增加了它的抗拉强度，这种混凝土叫做钢筋混凝土。19世纪，这种产品一经问世便被广泛应用，特别是注重耐火性能的高层建筑中。有时也被称为“Ferro-concrete”。

**RELIEVING ARCH 减重拱**

修建在墙内开口或窗户上方的拱券，作用是减轻上方石料重量的影响。

**RENAISSANCE 文艺复兴式**

在建筑学中，文艺复兴式建筑最初指的是大约15世纪20年代到16世纪50年代的意大利建筑。当时，古罗马建筑的柱式和比例再次焕发了活力。在其他国家，文艺复兴式建筑包括模仿并改造意大利文艺复兴式建筑的作品，并常常会再添加一些装饰主题。

**RIBBED VAULT 肋状拱顶**

在肋状拱顶中，每一块独立的区隔被突出的石条隔开，这些石条被称为拱肋。

**ROCOCO 洛可可风格**

流行于18世纪的欧洲的建筑和装饰风格，以白色为底，大量使用贝壳、卷轴和珊瑚状造型（多为不对称排列）等主题。虽然洛可可风格总是被认为是巴洛克风格的最终阶段，但是其轻盈灵动却与许多巴洛克建筑的厚重质感大相径庭。

**ROMANESQUE 罗马式**

罗马式建筑风格在10世纪到12世纪之间在欧洲大行其道，部分受到了罗马建筑的启发。罗马式建筑常用的是圆头拱券、厚重的墙壁和相对较小的窗户。如果建造拱顶，则一般选用桶形或穹棱拱顶。

**ROSE WINDOW 玫瑰窗**

一种被花饰窗格分隔的圆形窗，形状如同车轮的辐条，常用于哥特式教堂和大教堂建筑。

**ROTUNDA 圆形大厅**

平面图为圆形的建筑或房间，一般加盖圆屋顶。

**ROUNDEL 小圆盘饰**

一种小型圆形开口或窗户，一般起装饰作用。

**RUSTICATION 粗面石块砌体**

强调相邻石块交接处的建造墙体的方式。

**SALON 沙龙**

宫殿或郊区别墅中的大面积会客厅。

**SANCTUARY 圣殿**

教堂东端的空间，用于安放主圣坛。

**SARCOPHAGUS 石棺**

用石头或赤陶制作的棺材，常常装饰着浅浮雕。

**SASH WINDOW 直拉窗**

由两个或多个可以滑动的竖向框格组成的窗户，借助凹槽和配重系统实现上下拉动。

**SEGMENTAL 弓形拱**

形状如同圆形的一部分浅弧的拱券，宽度小于半圆。

**SETBACK 缩进**

如果摩天大楼等高层建筑的靠上部位比起较低层的建筑表面后退一段距离，叫做缩进，这样可以使更多自然光线进入建筑。

**SHAFT 柱身**

附加在门口或窗口上的细长柱子，或者围绕着体积更大的圆柱或墩柱排列的一组细长柱子。

**SHINGLES 木瓦**

切割成标准形状的木制瓦片，用来覆盖屋顶、尖顶，有时也用来覆盖墙面。

**SKYSCRAPER 摩天大楼**

钢结构支撑的高耸的多层建筑，装配有高速电梯。

**SPANDREL 拱肩**

临近拱券的三角形区域。

**SPRINGING LINE OR SPRINGER 起拱线或起拱石**

拱券或拱顶从支撑物上开始升起的线或层。

**STAVE 木墙**

在早期斯堪的纳维亚教堂或会堂中的垂直的厚木板，构成部分墙体。

**STONE-DROPPING WINDOW 投石窗**

在日本城堡中的一种外伸的窗户，守卫者可以由此向下方的敌人投下石块或其他弹药。

**STUCCO 灰墁**

灰泥的一种，可以应用在建筑的内墙以及外墙，慢慢凝固后便于进行线脚装饰。

**STUPA 舍利塔**

佛教神殿的一种形式，最初由类似土墩的结构构成，后期有时会建成钟形。

**SUPERSTRUCTURE 上部构造**

建筑地基以上的部分。

**SWAG 垂花饰**

雕刻或塑模的成串织物或果实、花朵编织成花环形态的装饰物，悬挂在两个支撑点上，并配有缎带样式装饰。

**TALUS 斜面**

防御工事中倾斜的墙面底部。

**TESSERA 镶嵌片**

用于创作马赛克作品的小立方体，原料为玻璃、大理石或其他石料。

**TRACERY 花饰窗格**

一组装饰用的玻璃格条，通常用石头制成，将窗户的顶部分隔为若干小区隔。花饰窗格的样式丰富精美，在哥特式建筑中应用非常广泛。

**TRANSEPT 十字翼殿**

教堂十字的两臂，左右延伸并且与中殿和圣殿相交成直角。

**TRIGLYPH 三垄板**

古典檐壁上有着垂直凹槽的长方形体块，将柱间壁分隔开来。

**TROMPE L' OEIL 错视画**

一种能够造成错觉的装饰画风格，在巴洛克建筑中尤其流行。

**TUSCAN 塔斯干柱式**

由罗马人引入的一种建筑柱式，以不带凹槽的柱身和极端简洁的柱头和柱础为特色。

**TYMPANUM 山花面**

门口的水平过梁和上方拱券之间的区域，一般带有浮雕石板。

**VAULT 拱顶**

用石头、砖块或混凝土建造的拱形天花板。

**VESTIBULE 前厅**

建筑入口和内部之间的走廊或空间。

**VOLUTE 涡卷饰**

螺旋形卷轴状装饰物，常见于爱奥尼或复合柱式柱头上。

# 关于作者

飞利浦·威尔金斯在建筑及建筑史领域著述颇丰，包括备受赞誉的《惊人的建筑》（*Amazing Buildings*）、具有开拓性意义的《英国建筑》（*English Buildings Book*）、《古建筑的冲击》（*The Shock of the Old*），以及为近期大受欢迎的 BBC 电视节目撰写的《时光倒流：高街》（*Turn Back Time: The High Street*）。飞利浦热爱关于建筑的方方面面，他曾开设与历史建筑有关的课程、讲座，参加电台节目，并且定期发布关于英国建筑的博客（博客网址：www.englishbuildings.blogspot.com）。目前，他居住在英国的科茨沃尔德和捷克共和国的南波希米亚州。

# 关于插图

Dotname 工作室致力于制作 iPad 应用和 3D 可视化产品，与超过 50 家平面媒体合作，其应用还登上了 Gizmodo 博客（一个报道消费电子产品相关消息的流行科技博客）和 3d Arts（北欧创意广告制作公司），并且为纽约 1 新闻的“Appwarp”制作广播。

# 致谢

多林金德斯利有限公司（Dorling Kindersley）在此向以下各位对本书做出的贡献致以谢意：安娜·费舍尔和卡加尔·密斯特里协助编辑，Yenmai Tsang 协助设计。

作为出版方，我们衷心感谢以下所列摄影师对于他们摄影作品的慷慨提供及使用：

（示意词：a-上图；b-下图/底图；c-居中图；f-较远的；l-左图；r-右图；t-顶图）

1 SuperStock: Cosmo Condina (cl); TAO Images (c). View Pictures: Inigo Bujedo Aguirre (cr). 2–3 Getty Images: Ian Cumming. 4–5 Corbis: Christopher Pillitz. 6 Alamy Images: Joshua Murnane (tr); Mark Sunderland (bc). Corbis: Charles Lenars (tl); George Hammerstein (bl). Getty Images: Carma Casula / Cover (br); H P Merten (c). Lonely Planet Images: Izzet Keribar (cl). SuperStock: Fancy Collection (tc); Marka (cr). 7 Alamy Images: hemis.fr (bl). Corbis: Paul Souders (tl). SuperStock: Photononstop (cl). 8–9 Getty Images: Marco Simoni (b). 8 Corbis: Yann Arthus-Bertrand (bl). Photolibrary: (bc). 9 akg-images: Andrea Jemolo (br). Getty Images: Marc Garanger (tr); Philippe Bourseiller (tl). 10 RMN: GP (Château de Versailles) / Harry Bréjat (crb). SuperStock: Universal Images Group (bl). 11 Corbis: Jane Sweeney (br); Max Rossi / Reuters (tc). Mary Evans Picture Library: Aisa Media (clb). 12 Alamy Images: Arcaid Images (bc). Corbis: Jake Warga (br). Masterfile: Zoran Milich (bl). 13 Corbis: Abu'l Qasim (bl). Photolibrary: Keith Levit (tl). Sonia Halliday Photographs: (br). 14–15 Corbis: Mike Burton / Arcaid. 16–17 SuperStock: imagebroker.net. 17 Getty Images: DEA / A. Jemolo (br). 18 Alamy Images: Jim Henderson (tl). The Trustees of the British Museum: (clb). 19 Getty Images: (cr); Patrick Chapuis / Gamma-Rapho (bc, bl); Richard Nowitz (br). Jim Henderson / Crooktree Images: (tc). SuperStock: Robert Harding Picture Library (tl). 20–21 Alamy Images: nagelestock.com. 21 4Corners: Reinhard Schmid / Huber (br). 22 Alamy Images: Bill Heinsohn (tl). Sites & Photos: Samuel Magal (br). Werner Forman Archive: (bl). 23 Corbis: Vanni Archive (tr). Werner Forman Archive: (fbl, cr). 24 Photo Scala, Florence: Courtesy of the Ministero Beni e Att. Culturali (bc). 24–25 SuperStock: age fotostock. 26 4Corners: Giovanni Simeone / SIME (bl). Getty Images: Photoservice Electa (c). SuperStock: Ingram Publishing (br). Travel Pictures: (tl). 27 Alamy Images: Yannick Luthy (tr). Lonely Planet Images: Linda Ching (cl). Photo Scala, Florence: Courtesy of the Ministero Beni e Att. Culturali (c). Werner Forman Archive: (bl). 28–29 Masterfile: Bryan Reinhart. 29 Corbis: Alinari Archives (br). 30 Alamy Images: Gary Hebding Jr. (cl). Corbis: Vanni Archive (bl). SuperStock: Fotosearch (tl). 31 4Corners: Luigi Vaccarella / SIME (tl). Alamy Images: Joshua Murnane (c). Getty Images: Image Source (bc). SuperStock: age fotostock (cr); (br). 32–33 Corbis: Tolga Bozoglu / Epa. 33 Werner Forman Archive: (br). 34 akg-images: Electa (tl); Gerard Degeorge (br). Getty Images: Pete Ryan (cl). Photolibrary: (bc). 35 Alamy Images: Melvyn Longhurst (br). Corbis: Bob Krist (cr); Mike McQueen (bl). 36 Corbis: Atlantide Phototravel (bl); Bob Krist (r). Lonely Planet Images: Izzet Keribar (cl). 37 Alamy Images: Gezmen (tl); Michele Burgess (br). Getty Images: Ayse Topbas (cra); Kimberley Coole (tr). Lonely Planet Images: Izzet Keribar (bl). 38–39 4Corners: Fridmar Damm / Huber. 38 Corbis: Danny Lehman (bc). 40 Mary Evans Picture Library: Aisa Media (bl, br). 41 Alamy Images: Carver Mostardi (cr). The Art Archive: Gianni Dagli / National Anthropological Museum MexicoOrti (br). Mary Evans Picture Library: Aisa Media (bl). 42–43 Corbis: Steven Vidler / Eurasia Press. 43 Ancient Art & Architecture Collection: EuroCreon (br). 44 De Agostini Editore: W. Buss (tr). SuperStock: Eye Ubiquitous (bl); Fotosearch (br). 45 Alamy Images: David Parker (cl). SuperStock: JTB Photo (tl, cr, br); Pixtal (bc). 46–47 akg-images: Bildarchiv Monheim. 47 Lebrecht Music and Arts: RA (br). 48 Photolibrary: (tr). SuperStock: imagebroker.net (bl, br). 49 4Corners: Guido Baviera / SIME (br). Alamy Images: Bildarchiv Monheim GmbH (bl). Photolibrary: (c, tc, cra). 50–51 Getty Images: Philippe Bourseiller. 52 Corbis: Charles Lenars (b). Photolibrary: (c). SuperStock: Clover (cl). 52–53 Photolibrary: (t). 53 Corbis: Albrecht G. Schaefer (bl). SuperStock: age fotostock (br). Thinkstock: iStockphoto (cr). 54–55 Alamy Images: Matt Botwood. 56–57 Corbis: Joson. 56 Lebrecht Music and Arts: Leemage (tr). 58 Alamy Images: Andrew Morse (bc). Corbis: Jake Warga (bl). Photolibrary: (tl). 58–59 Alamy Images: Cathy Topping (b). 59 akg-images: Bildarchiv Monheim (bl). Ancient Art & Architecture Collection: Barry Crisp (br). Wolfgang Kaehler Photography: (tc). SuperStock: Pixtal (cr); Robert Harding Picture Library (c). 60–61 Getty Images: Herve Champollion / Gamma-Rapho. 61 SuperStock: Universal Images Group (br). 62 Corbis: Gianni Dagli Orti (br). Getty Images: Herve Champollion / Gamma-Rapho (bl). SuperStock: (tl). 63 Mary Evans Picture Library: Aisa Media (bl). Photolibrary: (c). SuperStock: Photononstop (cr). 64–65 Corbis: Michael Jenner / Robert Harding World Imagery. 65 Ancient Art & Architecture Collection: Richard Ashworth (tr). 66 akg-images: Tarek Camoisson (bl). Ancient Art & Architecture Collection: Prisma (tl). Getty Images: Manuel Cohen (br). Photolibrary: (cl). 67 Getty Images: DEA / C. Sappa / De Agostini (tr). Photolibrary: (bl). SuperStock: age fotostock (br). 68–69 Mariusz Petelicki. 69 4Corners: Günter Gräfenhain / Huber (br). 70 Alamy Images: Aivar Mikko (tr); David Robertson (bl); Rob Watkins (tc). 71 akg-images: Nadine Dinter (tc). Arcaid Images: Bildarchiv Monheim (bl). Lonely Planet Images: Grant Dixon (tl). Photolibrary: (br). 72 Sonia Halliday Photographs: (bc). 72–73 SuperStock: Tetra Images. 74 Alamy Images: Scott Hortop Images (tl). SuperStock: Photononstop (bl, tc). 75 Sonia Halliday Photographs: (tc, bl). 76 Sonia Halliday Photographs: (r). 77 Art History Images: Holly Hayes (br). Sonia Halliday Photographs: (fbl, bc, cb, crb). SuperStock: Peter Willi (tl); Photononstop (bl). 78 Alamy Images: Blickwinkel (bc). 78–79 Thinkstock: Salih Kuelcue. 80 Alamy Images: imagebroker (ca); Peter Widmann (cb, tr). 80–81 SuperStock: imagebroker.net (b). 81 akg-images: Erich Lessing (cla). Alamy Images: imagebroker (cra); Pieder (br). Bayerische Schlösserverwaltung, München, www.schloesser.bayern.de: (cb). 82–83 Masterfile: Larry Fisher. 83 Corbis: Michael Nicholson (br). 84 Corbis: Justin Foulkes / SOPA (tl); Mike Burton / Arcaid (tr). 85 4Corners: Giovanni Simeone / SIME (tc). Photo Scala, Florence: Courtesy of the Ministero Beni e Att. Culturali (cra); Photo Spectrum / Heritage Images (bl). 86 Alamy Images: Ian Dagnall (bl). 86–87 Alamy Images: Arcaid Images (t). 87 Dorling Kindersley: John Heseltine / Courtesy of Opera Di S. Maria del Fiore Di Firenze (bl). 88–89 4Corners: Richard Taylor. 90 4Corners: Giovanni Simeone / SIME (bl). Alamy Images: Bill Heinsohn (br). Getty Images: Maurizio Borgese (tl). Photolibrary: (bc). 91 4Corners: Massimo Ripani / SIME (bl). Mary Evans Picture Library: Aisa Media (br). Photolibrary: (tr). 92-tc Alamy Images: HP Canada. 92–93 Photolibrary: (t). 92 Photolibrary: (br); Doco Dalfiano (bl). Photo Scala, Florence: White Images (bc). 93 4Corners: Massimo Ripani / SIME (br). Getty Images: Image Source (cr). Photolibrary: (bl). SuperStock: imagebroker.net (c). Thinkstock: Alfredo Maiquez (tc). 94–95 SuperStock: De Agostini. 94 TipsImages: Francesco Reginato (bc). 96 Corbis: Angelo Hornak (br); Danny Lehman (tl). 97 4Corners: Guido Baviera / SIME (br). Photoshot: (tc). Robert Harding Picture Library: Mel Longhurst (cr). TipsImages: Mark Edward Smith (bl). 98–99 Photolibrary. 99 TopFoto.co.uk: The Granger Collection (br). 100 Getty Images: Shi Wei (br). 101 4Corners: HP Huber / Huber (br). Photolibrary: (cra). SuperStock: imagebroker.net (cl); TAO Images (bl). 102–103 Getty Images: Andrew Holt. 103 Alamy Images: Bhandol (crb). 104 Getty Images: Peter Packer (cr). Lonely Planet Images: Jon Davison (tc). SuperStock: imagebroker.net (bl); Universal Images Group (br). 105 Alamy Images: Matt Botwood (br). Art History Images: Holly Hayes (bl). With permission by The Provost and Scholars of King's College, Cambridge: (cr). 106–107 Corbis: Miles Ertman. 107 Corbis: The Gallery Collection (br). 108 Alamy Images: Christine Webb (bc). Photo Scala, Florence: Courtesy of the Ministero Beni e Att. Culturali (tl, br). Eva Suba: (bl). 109 Corbis: Alfredo Dagli Orti (br). Getty Images: De Agostini (tc). Photo Scala, Florence: Courtesy of the Ministero Beni e Att. Culturali (bl, tr). 110–111 TipsImages: Tomasinelli Francesco. 112–113 4Corners: Giovanni Simeone / SIME. 113 Mary Evans Picture Library: Aisa Media (br). 114 Robert Harding Picture Library: Wojtek Buss (tl). SuperStock: age fotostock (cl, bc). 114–115 SuperStock: Photononstop (b). 115 Corbis: Sylvain Sonnet (tc, bc). Robert Harding Picture Library: Sylvain Grandadam (br). 116–117 Getty Images: Panoramic Images. 117 akg-images: (tr). 118 akg-images: Hervé Champollion (clb). Photolibrary: (tl). 119 age fotostock: A&G Reporter (bc). 120–121 Photolibrary. 121 TopFoto.co.uk: RIA Novosti (br). 122 4Corners: Matteo Carassale / SIME (tc). age fotostock: Pedro Salaverría (clb). SuperStock: Igor Sinitsyn (tr); Pixtal (br). 123 Getty Images: Ludovic Maisant (tr). Photolibrary: (bl). TopFoto.co.uk: RIA Novosti (br). 124–125 TipsImages: Mark Edward Smith (b). 125 Bettman/Corbis (tr). 126 Arcaid Images: Fabio Zoratti (tr). Corbis: Yves Talensac / Photononstop (tl). TipsImages: Mark Edward Smith (cb, br). 127 4Corners: Massimo Ripani / SIME (br). Corbis: Yann Arthus-Bertrand (cra). TipsImages: Mark Edward Smith (cb). 128–129 Corbis: Ocean. 128 Lebrecht Music and Arts: Tottori Prefectural Museum / Haga Library (bc). 130 Alamy

Images: Andy Smy Travel (bc). Mary Evans Picture Library: Aisa Media (tl, bl). 131 Alamy Images: JTB Photo Communications, Inc. (cr); Malcolm Fairman (bc). Corbis: Charles & Josette Lenars (bl). Werner Forman Archive: (tr). 132–133 age fotostock: Egmont Strigl. 132 Corbis: Roger Wood (bc). 134 age fotostock: George Holton (tr). Alamy Images: JTB Photo Communications, Inc. (bl). The Bridgeman Art Library: Julian Chichester (bc). Mary Evans Picture Library: Aisa Media (br). 135 Corbis: Abu'l Qasim (br). Getty Images: Andrea Thompson Photography (bc). SuperStock: Robert Harding Picture Library (cr). TipsImages: Tomasinelli Francesco (tl). 136–137 SuperStock: George Hunter. 137 The Art Archive: Victoria and Albert Museum London / Sally Chappell (br). 138 Dorling Kindersley: Amit Pasricha (c, bl, br); Amit Pasricha (tl, cl). 139 Dorling Kindersley: Amit Pasricha (c, bl); Ram Rahman (br). SuperStock: imagebroker.net (bc). 140 Dorling Kindersley: Amit Pasricha. 140–141 Dorling Kindersley: Dinesh Khanna (b). 141 Dorling Kindersley: Amit Pasricha; Dinesh Khanna (br). 142–143 Royal Palace Foundation Amsterdam. 142 Amsterdam City Archives: (bc). 144–145 age fotostock: Hans Zaglitsch (c). 144 age fotostock: Dirk Visbach (ca); R. Kiedrowski / ARCO (bc). eyevine: Thomas Schlijper / Hollandse Hoogte (clb). 145 age fotostock: Steve Vidler (br). Royal Palace Foundation Amsterdam: Erik & Petra Hesmerg (tr, c). 146–147 hemis.fr: Bertrand Gardel. 147 Photo Scala, Florence: White Images (tr). 148 age fotostock: Jesús Nicolás Sánchez (tr); Sasty Photos (bl). hemis.fr: Bertrand Rieger (br). 149 Corbis: Bertrand Rieger / Hemis (cra). Dorling Kindersley: Courtesy of CNHMS, Paris (tl); Courtesy of l'Etablissement Public du Musee et du Domaine National de Versailles (cb). SuperStock: Cosmo Condina (br). 150–151 4Corners: HP Huber / Huber (t). 150 age fotostock: Bernard Dupont (c, bl); Bertrand Rieger (br). 151 age fotostock: Bernard Dupont (c). Corbis: Philippe Lissac / Godong (br). Mary Evans Picture Library: Aisa Media (bl). 152–153 The Art Archive: Keenpress / NGS Image Collection. 154–155 The Art Archive: Keenpress / NGS Image Collection. 155 akg-images: ullstein bild (br). 156 age fotostock: Andreas Strauss (bc, tc). Getty Images: Godong (cl). 156–157 Corbis: Massimo Listri (b). 157 akg-images: Rainer Hackenberg (cr). Corbis: Arcaid (c); Doug Pearson / JAI (tc). TipsImages: J-C.& D. Pratt / Photononstop (br). 158–159 Photolibrary. 159 Getty Images: Hulton Archive (cla). 159–161 Photolibrary: (t). 160 Photolibrary: (bc); (cl). SuperStock: Andrew Michael / age fotostock (br). 161 akg-images: Sambraus (br). Photolibrary: (bl). SuperStock: Andrew Michael / age fotostock (cra). 162 Reproduced with the kind permission of His Grace the Duke of Marlborough, Blenheim Palace Image Library: Jarrald Publishing (bl). Getty Images: VisitBritain / Britain on View (br). Mary Evans Picture Library: Aisa Media (c). 163 Reproduced with the kind permission of His Grace the Duke of Marlborough, Blenheim Palace Image Library: Jarrald Publishing (bl, t). 164–165 Alamy Images: AM Stock (b). 165 Mary Evans Picture Library: D.H. Teuffen / Interfoto (tr). 166 akg-images: Erich Lessing (cl); Paul M.R. Maeyaert (br). Alamy Images: Bildarchiv Monheim GmbH (tr). 167 Alamy Images: Bildarchiv Monheim GmbH (cb). Camera Press: Christian Kerber / Laif (cra). Corbis: Hugh Rooney (br). Getty Images: Leemage (tl). 168–169 Alamy Images: Pat & Chuck Blackley (b). 168 Corbis: (tr). 170 Archivision Inc.: Scott Gilchrist (tr, bl). Thomas Jefferson Foundation, Inc. at Monticello: (br). 171 Alamy Images: Buddy Mays (bl, br); Pat & Chuck Blackley (tc). 172–173 4Corners: Massimo Ripani / SIME (b). 173 Alamy Images: Mary Evans Picture Library (cra, tr). 174 age fotostock: Dinodia (bl); Juergen Schon / Zoonar (bc); Mike DeCesare (cl). 175 Corbis: Adam Woolfitt (bl). Photolibrary: (br). SuperStock: G.R. Richardson (c). 176–177 4Corners: Reinhard Schmid / Huber. 177 akg-images: (br). 178 4Corners: HP Huber / Huber (br). age fotostock: Anne-Sophie Wittwer (c); D. Meissner / ARCO (bl); Stefano Paterna (tl). 179 age fotostock: Fotosearch (br). Bayerische Schlösserverwaltung, München, www.schloesser.bayern.de: (tr). Corbis: Adam Woolfitt (bl). 180 Getty Images: Apic (crb). 181 Getty Images: Sylvain Sonnet. 182 Corbis: Sylvain Sonnet (r). Dorling Kindersley: Based on a plan supplied courtesy of Junta Constructora del Temple de la Sagrada Família (tl); Max Alexander (bl). 183 age fotostock: Bernard Jaubert (c). Corbis: Jeremy Horner (tr). Fotolia: Jenny Solomon (tl); Mario Savoia (bl). 184 Alamy Images: Shirley Kilpatrick (br). Mary Evans Picture Library: Aisa Media (bl). 184–185 Corbis: Sylvain Sonnet (t). 185 Corbis: Alan Copson / JAI (tc). Fotolia: kevin14 (bl). Getty Images: Nick Servian (br). Mary Evans Picture Library: Aisa Media (bc). 186–187: © DACS 2012. 186 Archives du Musée Horta, Saint-Gilles, Bruxelles: (bl). Ookaboo.com: Karl Stas (r). 187 akg-images: Hilbich (tr). Bastin & Evrard photodocumentarists: (cl, bl). Alastair Carew-Cox: (ca, br). 188–189 Corbis: Arnaud Chicurel / Hemis. 189 Roland Smithies: (br). 190 Corbis: Bertrand Rieger / Hemis (cra); (tl). SuperStock: hemis.fr (clb); Photononstop (br). 191 Alamy Images: Schütze / Rodemann (cr, clb). Corbis: Bettmann (cra). SuperStock: hemis.fr (bl). 192–193 Getty Images: Carma Casula / Cover. 194 Corbis: (bl). 195 Photolibrary: John Frechet. 196 age fotostock: Didier Forray (bl); Michael Szönyi (ca). Corbis: Vince Streano (c). 196–197 Corbis: George Hammerstein. 197 age fotostock: George Atsametakis (br). Alamy Images: Eric Bechtold (ca). Corbis: Nathan Benn (cb). 198–201 © FLC/ ADAGP, Paris and DACS, London 2012. 198–199 age fotostock: Schütze / Rodemann (b). 199 Corbis: Keystone (tr). 200 Alamy Images: Arcaid Images (bc); Schütze / Rodemann (tl). View Pictures: Collection Artedia (cl). 200–201 age fotostock: Schütze / Rodemann (b). 201 age fotostock: Schütze / Rodemann (cb); © DACS 2012 / Xavier Florensa (br). Alamy Images: Paul Raftery (c).202–207 © ARS, NY and DACS, London 2012. 202 Corbis: Bettmann (bc). 202–203 Courtesy of Western Pennsylvania Conservancy . 204 age fotostock: Spencer Grant (bl). Courtesy of Western Pennsylvania Conservancy : Christopher Little (br); Robert P. Ruschak (tl). 205 Alamy Images: Art Directors & TRIP (bl). Rex Features: Courtesy Everett Collection (br). Photo Scala, Florence: The Frank Lloyd Wright Fdn, AZ / Art Resource, NY (cra). 206 Getty Images: Laura Farr (bc). SuperStock: age fotostock (br). View Pictures: Peter Cook (bl). 206–207 View Pictures: Peter Cook (t). 207 akg-images: VIEW Pictures Ltd (tr). View Pictures: Peter Cook (bc, crb). 208–209 SuperStock: View Pictures Ltd. 209 Rex Features: Barry J. Peake (br). 210 Getty Images: Ian Cumming (bl); Wilfried Krecichwost (tl). SuperStock: age fotostock (bc); Prisma (br). 211 Alamy Images: Aurora Photos (bl). Getty Images: Dennis Hallinan (br). Newspix / News Ltd: (cra, fcra). Photolibrary: David Messent (tl). Sydney Opera House: (bc). 212 Corbis: Stephanie Maze (bc). 212–213 Fotolia: snaptitude. 214–215 Corbis: Jane Sweeney (c). 214 Dreamstime.com: Bevan Ward (c). SuperStock: imagebroker.net (clb). 215 Getty Images: Fernando Bueno (tc); Mauricio Simonetti (br); SambaPhoto (cl). SuperStock: imagebroker.net (cr). 216 Corbis: Hulton-Deutsch Collection (br). 216–217 Photolibrary: Photoservice Electa. 218 Alamy Images: Prisma Bildagentur AG (bc). SuperStock: Bryan Reinhart / Mauritius Images (bl); Photoservice Electa (tl). 218–219 SuperStock: Photoservice Electa (b). 219 Dreamstime.com: Makukolj (crb). Getty Images: VisitBritain / Britain on View (cra). SuperStock: Photoservice Electa (tl). 220 Getty Images: Evan Agostini (cra). National Gallery of Canada / Musée des beaux-arts du Canada: (b). 221 Alamy Images: AA World Travel Library (cr); JTB Photo Communications, Inc. (br); Wolfgang Kaehler (bc); Prisma Bildagentur AG (bl). Dreamstime.com: Nantela (c). 222–223 Getty Images: Mark R. Thomas (b). 223 Getty Images: Andreas Rent (tr). 224 Corbis: Bob Krist (cl). Getty Images: Altrendo Travel (bc); Cristina Arias / Cover (br); Carma Casula / Cover (bl). 225 © FMGB Guggenheim Bilbao Museoa, 2012: Erika Barahona-Ede (bl). Getty Images: LatitudeStock - TTL (cra). Mary Evans Picture Library: Aisa Media (br). 226–227 Alamy Images: Author's Image Ltd. 226 Corbis: James Leynse (bc). 228 Alamy Images: Arcaid Images (cr). Corbis: Franck Guiziou / Hemis (bl). 229 Alamy Images: Jon Arnold Images Ltd (cr). Rpbw, Renzo Piano Building Workshop: Michel Denancé (cl); William Vassal (c). 230–231 Getty Images: Nikada. 231 Adrian Smith + Gordon Gill Architecture: (br). 232–232 Dorling Kindersley: Chen Chao (t). 232 Corbis: Inmagine Asia. 233 Getty Images: David Trood (cra); Michael DeFreitas (fcra). 234 Corbis: Christopher Pillitz (br, bl). 234–235 Photolibrary: (t). 235 Corbis: Christopher Pillitz (tc); James Leynse (br). 236–237 © OMA/ DACS 2012. 236 age fotostock: Paul-Gordon (b). Corbis: Kevin P. Casey (cra). 237 age fotostock: Pawel Toczynski (cl). Corbis: John Edward Linden (br); Michael Robinson / Beateworks (tc); Ramin Talaie (bl). Dreamstime.com: Brian Walters (cra). 238 Corbis: Jose Fuste Raga (b). Getty Images: Cover (cra). 239 Corbis: Atlantide Phototravel (br); Inigo Bujedo Aguirre / View (bl); Fernando Alda (cra). Getty Images: De Agostini (ca); Jose Jordan / AFP (cla). View Pictures: Inigo Bujedo Aguirre (cl). 240–241 SuperStock: View Pictures Ltd. 241 Getty Images: Jeff J. Mitchell (br). 242 Corbis: Atlantide Phototravel (cl); Max Rossi / Reuters (r). Masterfile: Siephoto (bl). 243 Corbis: Richard Bryant / Arcaid (cl); Victor Fraile / Reuters (br). Courtesy of Zaha Hadid Architects: (cra). SuperStock: Marka (tl); View Pictures Ltd (bl). 244 Courtesy of Kengo Kuma & Associates: Takumi Ota Photography (b). Getty Images: Torin Boyd / Bloomberg (cra). 245 Courtesy of Kengo Kuma & Associates: Takumi Ota Photography (tr, ca, cla, bl). Dorling Kindersley: Demetrio Carrasco (br)



Illustrations created by Dotnamestudios © Dorling Kindersley: 26tr, 66–67c, 70br, 105tl, 108–109t, 114tr, 118–119t, 127tl, 174–175t, 178–179t, 191tl, 201tl, 218tr, 224–225t, 228–229t; 3D Illustrations: Visualisation Services: 18cr, 22–23t, 31–31c, 34–35c, 74cr, 138tr, 204–205t, 210tr

A Dorling Kindersley Book
www.dk.com

Original Title: Great Buildings


图书在版编目（CIP）数据

伟大的建筑 ：图解世界文明的奇迹 / 英国DK公司编著 ；邢真译. — 北京 ：北京美术摄影出版社，2014.5
书名原文：Great buildings
ISBN 978-7-80501-615-3

I. ①伟… II. ①英… ②邢… III. ①建筑艺术—世界—普及读物 IV. ①TU-861

中国版本图书馆CIP数据核字（2014）第028294号

---

北京市版权局著作权合同登记号：01-2014-0561

责任编辑：钱　颖
执行编辑：杜　雪
责任印制：彭军芳
书籍装帧：赵　钰　张　迪　杨　峰

# 伟大的建筑
## 图解世界文明的奇迹

WEIDA DE JIANZHU

英国DK公司　编著　邢真　译

出　版　北京出版集团公司
　　　　北京美术摄影出版社
地　址　北京北三环中路6号
邮　编　100120
网　址　www.bph.com.cn
总发行　北京出版集团公司
发　行　京版北美（北京）文化艺术传媒有限公司
经　销　新华书店
印　刷　北京华联印刷有限公司
版印次　2014年5月第1版　2018年12月第6次印刷
开　本　252毫米×301毫米　1/8
印　张　31.5
字　数　441千字
书　号　ISBN 978-7-80501-615-3
定　价　158.00元
质量监督电话　010-58572393